U0256831

BLUE BOOK

智 库 成 果 出 版 与 传 播 平 台

投资蓝皮书
BLUE BOOK OF INVESTMENT

中国 ESG 投资发展报告（2023）

ESG INVESTMENT DEVELOPMENT REPORT IN CHINA (2023)

主　编／何德旭　毛振华
副主编／冯永晟　闫文涛

社会科学文献出版社
SOCIAL SCIENCES ACADEMIC PRESS（CHINA）

图书在版编目（CIP）数据

中国 ESG 投资发展报告 . 2023 ／何德旭，毛振华主编；
冯永晟，闫文涛副主编 . --北京：社会科学文献出版社，
2023.9
　（投资蓝皮书）
　ISBN 978-7-5228-2444-4

　Ⅰ.①中… 　Ⅱ.①何… ②毛… ③冯… ④闫… 　Ⅲ.
①企业环境管理-环保投资-研究报告-中国-2023
Ⅳ.①X196

中国国家版本馆 CIP 数据核字（2023）第 162892 号

投资蓝皮书
中国 ESG 投资发展报告（2023）

主　　编／何德旭　毛振华
副 主 编／冯永晟　闫文涛

出 版 人／冀祥德
组稿编辑／恽　薇
责任编辑／孔庆梅　冯咏梅　胡　楠
责任印制／王京美

出　　版／社会科学文献出版社·经济与管理分社（010）59367226
　　　　　地址：北京市北三环中路甲 29 号院华龙大厦　邮编：100029
　　　　　网址：www.ssap.com.cn
发　　行／社会科学文献出版社（010）59367028
印　　装／天津千鹤文化传播有限公司

规　　格／开　本：787mm×1092mm　1/16
　　　　　印　张：22.75　字　数：342 千字
版　　次／2023 年 9 月第 1 版　2023 年 9 月第 1 次印刷
书　　号／ISBN 978-7-5228-2444-4
定　　价／158.00 元

读者服务电话：4008918866

编委会

主要编撰者简介

何德旭　中国社会科学院财经战略研究院院长、研究员；中国社会科学院大学商学院院长、教授、博士生导师。兼任国家社会科学基金学科评审组专家、中国金融学会常务理事兼副秘书长、中国财政学会常务理事兼学术委员、中国现代金融学会常务理事兼学术委员、中国成本研究会会长。曾任美国科罗拉多大学和南加利福尼亚大学访问学者，西南财经大学和国家信息中心博士后研究员。享受国务院政府特殊津贴，入选中宣部文化名家暨"四个一批"人才工程。在《中国社会科学》《经济研究》《管理世界》等国内权威期刊发表多篇学术论文。主持完成了国家社会科学基金重大项目、国家社会科学基金重点项目、中国社会科学院重大项目等十余项国家级和省部级重大课题的研究。出版和发表成果逾二百部（篇），多项研究成果获省部级优秀科研成果奖。

毛振华　中诚信集团创始人、董事长，中诚信国际信用评级有限责任公司首席经济学家、中国人民大学经济研究所联席所长、中国宏观经济论坛（CMF）联席主席、武汉大学董辅礽经济社会发展研究院院长，兼任武汉大学、中国人民大学和中国社会科学院研究生院教授、博士生导师。曾先后在湖北省统计局、湖北省委政策研究室、海南省政府研究中心、国务院研究室等单位从事经济研究工作。

冯永晟　经济学博士，中国社会科学院财经战略研究院副研究员，市场流通与消费研究室副主任，主要研究领域为产业经济、气候变化、ESG。在《财贸经济》《经济研究》《中国工业经济》《世界经济》《数量经济技术经济研究》《经济学动态》等期刊发表数十篇论文，已出版（及即将出版）学术著作、译作9部。

闫文涛 经济学博士，智能财富管理论坛秘书长，主要研究领域为信用科技、信用评级以及资产管理。

摘　要

《中国 ESG 投资发展报告（2023）》立足于中国背景下准确理解 ESG 投资的发展方向与路径，梳理和总结了近年来我国 ESG 投资的特征与趋势，按照总报告、产业篇、专题篇、区域篇的架构，分析了金融业、油气行业、能源电力行业等 6 个 ESG 投资热点行业并总结其发展现状和未来趋势，分专题介绍了气候风险背景下的 ESG 投资、ESG 管理对企业竞争力的影响以及 ESG 评级体系，并专门分析了北京市 ESG 投资发展现状与监管政策，为推动我国 ESG 投资理念和实践的发展提供了智库支持。

本报告指出，ESG 投资是探索中国式现代化道路、实现经济高质量发展的战略抓手。在人类面对气候变化重大挑战与我国实施碳达峰、碳中和战略背景下，ESG 投资理念在我国逐渐加速普及，成为学术界、政府部门以及金融业、能源行业等领域关注重点。近 5 年来，我国与 ESG 相关的政策探索和实践创新在不断推进。截至 2022 年，我国内地已有 99 家资管机构加入联合国责任投资原则组织（UN PRI），发布 ESG 相关报告的 A 股上市公司占比达 28.5%，较 2021 年增长了 4.2 个百分点；中国人民银行、中国证监会等政策主体相继发布政策，要求建立健全 ESG 信息披露政策，规范 ESG 投资行为。在 ESG 投资蓬勃发展的背景下，多视角探究 ESG 投资对相关行业、企业和地方的影响及其面临的问题与挑战，对应对气候风险、实现中国式现代化具有重要意义。通过 ESG 投资推动多产业共同转型，助力企业提升全要素生产力，引导地方完善 ESG 监管政策体系，代表了未来中国经济高质量发展的努力方向。

但我国的 ESG 体系建设仍处于初级阶段，把握 ESG 投资的发展路径至关重要。目前，我国面临由金融领域发轫的投资理念创新如何真正有效地助推实体经济转型升级，特别是如何助推各行各业的企业真正转变投资和运营方式的重要挑战。未来，通过科学把握 ESG 投资特点，围绕经济高质量发展内在要求，中国必将稳步构建起有力推动中国式现代化的完善的 ESG 政策体系，并使 ESG 投资从中国的经济、产业、企业，乃至地方的实际出发，寻求最佳的可持续发展路径。

报告建议，未来要走出一条中国特色的 ESG 投资发展之路并避免 ESG 陷阱的风险。首先，为应对气候变化风险需要加强 ESG 投资在风险评估、风险管理等方面的功能；其次，需要加强 ESG 政策体系建设与产业实际、潜力和趋势的紧密对接以推动产业结构升级；再次，注重 ESG 投资政策的地区、行业和性质的差异性；最后，地方应该通过政策创新将 ESG 投资纳入地方发展的政策体系，并助力 ESG 投资监管体系的完善。

关键词： ESG 投资　绿色金融　产业转型　高质量发展　风险管理

目 录 ↖

Ⅲ 专题篇

Ⅳ 区域篇

皮书数据库阅读 **使用指南**

总 报 告

General Report

B.1

中国式现代化背景下的
ESG 投资发展报告

项目组*

摘　要： ESG 投资是推进中国式现代化的战略抓手。本报告介绍 ESG 投资的基本内涵，说明在中国情境下如何准确地理解 ESG 投资，重点从气候风险管理、产业视角、企业视角和地方视角全面展现中国 ESG 投资图景。本报告认为，中国需要加强 ESG 投资在风险评估、风险管理等方面的功能；需要加强 ESG 政策体系建设与产业实际、潜力和趋势的紧密对接；需要注重 ESG 投资政策的地区、行业和性质的差异性；地方应通过政策创新将 ESG 投资纳入地方发展的政策体系，并助力 ESG 投资监管体系的完善。

* 项目组成员及执笔人：冯永晟，经济学博士，中国社会科学院财经战略研究院副研究员，市场流通与消费研究室副主任，主要研究领域为产业经济、气候变化、ESG；闫文涛，经济学博士，智能财富管理论坛秘书长，主要研究领域为信用科技、信用评级以及资产管理；刘自敏，博士，西南大学经济管理学院教授，主要研究领域为产业规制与竞争；史玙新，中国社会科学院大学；邓小泽，中国社会科学院大学。

关键词： ESG 投资　气候变化风险　产业转型　企业生产效率　地方发展

近年来，ESG 投资在中国愈发普及，已经引发了学术、政策、金融和产业界的关注热潮。ESG 投资既与正在推进的中国式现代化道路探索密切相关，也是实现高质量发展的战略抓手。正如党的二十大报告所指出的，中国式现代化是人口规模巨大的现代化，是全体人民共同富裕的现代化，是物质文明和精神文明相协调的现代化，是人与自然和谐共生的现代化，是走和平发展道路的现代化。而 ESG 投资与五个中国式现代化特征之间，存在密切联系，特别是在"双碳"目标指标下，在未来面临气候变化等重大人类共同挑战的背景下，中国更需站在人与自然和谐共生的高度来谋划发展，这也正是高质量发展的内在要求。

一　深刻理解 ESG 投资：基本内涵与中国背景

（一）把握 ESG 的基本内涵

总的来说，ESG 投资是指投资者将环境、社会和治理（ESG）等非财务因素纳入投资决策过程。近年来在金融领域，国内外越来越多的机构投资者和基金已经采用了各种考虑 ESG 因素的投资方法，可持续金融的形式已经得到迅速发展，ESG 投资已经从社会责任投资理念演变为一种独特的责任投资（Responsible Investing）形式。目前，ESG 投资已经逐渐成为绿色金融的一种主要形式，在许多发达国家和地区，ESG 投资已经逐渐从早期发展阶段转向主流金融。2020 年，ESG 投资已经增长到近 40 万亿美元；[①] 欧美发达国家代表约 80% 市值的公司已经适用 ESG 评级，近年来已经发展到

---

① Boffo, Riccardo and Patalano, Robert, "Esg Investing: Practices, Progress and Challenges", Paris: OECD, 2020.

将长期金融风险和机会纳入投资决策过程。① 传统的投资策略主要是依靠排他性筛选（Exclusionary Screening）和价值判断，而 ESG 投资是由整个金融生态系统的需求转变所刺激的，其驱动力是寻求长期财务价值与社会价值观的更好结合，而金融生态系统的需求又源自经济、社会变革的长期趋势。

ESG 投资改变金融生态系统的主要表现在于，一条基于 ESG 投资的价值链正在逐渐形成。ESG 不仅构建了一个具象化的体系来刻画可持续发展理念，还能基于可持续发展的价值观在经济活动中构建起一个动态的"价值链"。ESG"价值链"的两个重要元素是信息与资金，信息是对经济主体可持续发展能力的评价依据，资金代表资源分配，"价值链"遵循以下运动规律。

ESG 的信息源于企业，沿着一定的传递路径，最终到达资源配置者。从时空的角度看，在整个信息链传递的过程中，ESG 信息的起点是披露，企业通常会将交易所作为披露平台，根据一定的规范来披露自身客观和主观的 ESG 信息，但通常这些数据的特征是非结构化的。接着，ESG 信息由 ESG 评级机构进行结构化和整合，ESG 评级机构会依据自己的方法论来处理企业的披露信息，同时也会收集与企业相关的其他数据。最终，ESG 信息会到达资源配置者，作为其配置决策的重要参考依据。

资源配置者基于 ESG 评价结果，通过改变资源配置结构，践行与引导可持续发展，资源配置的载体通常是资金。在经济体中，存在两类资源配置者——规则制定者（间接配置者）和资源提供者（直接配置者）。规则制定者可以设定一系列有助于提高企业 ESG 指标的奖惩机制，引导资源提供者更多地参与 ESG 相关经济活动，从而实现多方共赢。

理想的 ESG"价值链"体系能通过信息传递和资源配置，形成"激励相容"的经济机制：在一个 ESG 框架下、一个规则完善的经济体中，企业（融资者）和资金提供方参与 ESG 活动能获得正向反馈（例如，高 ESG 水

---

① OECD, "Esg Investing and Climate Transition: Market Practices, Issues and Policy Considerations", Paris: OECD, 2021.

平的企业能获得更多的融资机会，投资者能够从 ESG 投资中获得长期的超额收益等），持续的正向反馈能激励 ESG 参与者持续提升整个经济体的可持续发展水平。

在当前的经济社会中构建起一个完善的 ESG "价值链" 较难一蹴而就。从信息流的角度看，目前 ESG 的披露标准跨市场不统一、ESG 的评级结果也存在较大程度的不一致，导致 ESG 信息流中存在较多噪音，对 ESG 投资者构成较大的信息识别、筛选成本。从资金的角度看，无论是学术界还是实务界，对于目前的 ESG 投资活动是否能提供超额收益仍存在一定的分歧。从规则制定者以及监管者角度看，使用何种手段才能有效地完善 ESG "价值链" 仍待长期探讨。

（二）中国背景下的 ESG 投资

近 5 年来，即便考虑新冠疫情的冲击，国内与 ESG 相关的政策探索和实践创新也在不断推进，发展态势可谓方兴未艾。在政策层面，人民银行、证监会、生态环保部、国务院国资委等提供了主要的政策推动力。比如，2018 年 9 月，证监会修订《上市公司治理准则》，首次建立 ESG 信息披露的基本框架；2020 年 12 月，中央深改委审议通过的《环境信息依法披露制度改革方案》提出，到 2025 年基本建成环境信息强制性披露制度；2022 年 5 月，国务院国资委发布《提高央企控股上市公司质量工作方案》，提出贯彻落实新发展理念，探索建立健全 ESG 体系，到 2023 年实现央企控股上市公司 ESG 报告披露全覆盖。在实践层面，相关企业的 ESG 意识不断增强。Wind 数据显示，2020~2022 年，发布 ESG 相关报告的 A 股上市公司数量持续增长，分别达 1021 家、1138 家和 1450 家，占当年 A 股全部上市企业的 24.7%、24.3% 和 28.5%。同时，越来越多的投资者开始将 ESG 因素纳入投资决策流程，因为这将关系到资产的长期投资价值和抗风险能力。

不过，目前的 ESG 体系建设仍处于初级阶段。整体而言，在 ESG 信息披露原则及指引、企业 ESG 评价体系与标准、ESG 的投资与行为指引三项 ESG 政策体系的重点内容中，目前国内的工作重心主要在于前两项。信息披露工作主要是在绿色金融标准框架下推进的，相关工作进展可以参考杨娉等国内研究；① ESG 评价工作进展可参阅本书报告 10。与此相对应，近年来关于 ESG 投资的倡导和推动，主要来自金融领域，特别是机构投资者。

摆在我们面前的一个重要挑战是，国内这一发轫于金融领域的投资理念创新，如何真正有效地助推实体经济的转型和升级，特别是如何助推各行各业的企业真正转变投资和运营方式。这似乎出现了一个"鸡生蛋、蛋生鸡"的问题，即代表可持续发展方向、具有责任投资特征的行业和企业需要包括各类资金在内的社会资金投资，以实现顺利转型；社会资金需要配置到相关行业和企业，才能确保实现可持续的回报，并获得社会的长期认可。金融和实体在推进 ESG 发展方面是否能做到协调一致，是一个重点问题。

理解这一问题的本质，关系到国内 ESG 政策体系的工作思路。一方面，基于 ESG 价值的投资需要基于真正代表可持续发展方面和路径的各类信息披露，以及基于这些信息的客观评价。但另一方面，信息披露所传递的信号，以及评价标准是否真正或"最优"地代表未来发展方向，仍存在极大不确定性。这些不确定性来自技术，也来自制度，这是国内和国际都面临的共同挑战，尽管程度上有所差异。实际上，即便对推动绿色金融的决策部门而言，目前工作的最大挑战也恰恰来自如何准确把握产业层面的、源自技术或制度层面的各种变革可能。理想状态下，信息披露和评价标准能解决这一问题，但前提在于信息披露和评价标准能够真实地反映未来，准确把握未来风险并体现长期社会价值判断。但无论是从理论上，还是实践上，要做到这一点似乎还比较困难。从国外经验看，即便是国外相对成熟的信息披露制度，似乎也无法充分规避企业"漂绿"风险。比如，企业业务似乎与可再生能源沾点边，便可被纳入 ESG 范围之内；不同评级机构的评价标准很大程度上也带有自身的主观判断，不同评级机构的理解及对 ESG 因素权重的赋值差异巨大。当然，更关键的是不同 ESG 因素的选择和权重不仅与可持续发展的方向相关，更与现实的可能转型路径相关，而这一点把握起来是有

---

① 杨娉：《我国绿色金融标准体系建设进展》，《河北金融》2021 年第 10 期。

难度的。对此一个现实例子值得思考，那就是国内针对煤电企业的信贷政策。在"双碳"目标提出之初，国内一度出现"运动式减碳"，煤电企业受到直接冲击最大，抽贷、断贷频现，发电集团的煤电投资意愿急剧下降，从而造成煤电转型升级困难，并极大加剧国内电力供应安全风险，成为2021~2022年限电风潮的重要原因之一。但实际上，国内煤电作为能源转型替代对象的方向，与煤电在能源转型进程的重要作用，并不矛盾。对此，一方面，ESG投资的行为指引至关重要；另一方面，实体产业和企业，应该发挥更加积极的作用，特别是，实体产业要向社会和投资者充分、准确地传递基于可能、可行转型升级技术路线的可持续发展价值。这就要求，金融领域的ESG理念引领必须与中国的产业实际密切结合。

正是基于以上考虑，本报告希望提供一个理解和推动ESG投资的完整体系。一方面，中国需要在制度框架层面推动ESG政策体系的完善；另一方面，要使ESG投资从中国的经济、产业、企业，乃至地方的实际出发，寻求最佳的可持续发展路径，这是决定信息披露质量和评级质量的关键。我们希望，ESG投资能真正作为中国经济高质量发展的长期风险管理手段，同时，本身也要尽量避免副作用，至少不能引发大的伴生风险。否则将可能引发接下来将要定义的"ESG投资陷阱"。但目前来看，这种副作用的风险仍较大。因此，我们强调，ESG投资绝非单纯地体现金融投资理念，而是一个管理可持续发展进程中的重大风险，引导社会资源支持社会转型，连接资本与产业、金融与实体的桥梁。唯此，中国才能建立起真正以ESG价值为导向的ESG投资体系。

（三）规避ESG投资陷阱

ESG投资超越了传统的仅基于财务价值决策的投资范围，而是植根于更广泛的基于财务回报和（非财务的）社会回报的广域范围内。一方面，纯粹的财务投资通过基于财务价值绝对值或经过风险调整的财务回报，来追求股东和债权人价值的最大化。理想状态下，可以假定资本市场能够有效地把资源分配到经济体的各个行业和各类企业，从而使利益最大化，并更广泛地促进经济发展。另一方面，纯粹的社会投资，如扶贫、慈善等，往往只寻求社会回报，特别是与环境或社会利益相关的回报，这类回报难以直接体现为股东和债权人的回报，却能展现更好的企业形象，提升社会认可度。ESG投资既非单纯考虑财务因素，也非完全不计财务因素，而是寻求一种财务回报和社会回报的融合。

财务回报和社会回报的融合方式决定了 ESG 投资的实现方式，以及 ESG 政策体系的特征。那么问题在于：这种融合将如何影响金融市场的运转，又将如何影响企业的决策？进一步地，究竟是什么因素决定了财务回报和社会回报的融合方式，又是谁来决定这种融合？

抛开 ESG 的具体维度，只要社会越来越关注 ESG 投资，一个直观的结果便是，有效金融市场对相关资产的定价也必然偏离经典的资产定价逻辑，更明确地说，即资产价格不再单纯由企业财务的基本面决定。反过来，资产价格不仅会传递企业财务面信息，也会传递 ESG 绩效的信息，而这将会给不同投资者带来不同的信号。

假定投资者偏好已经确定，以煤电和可再生能源为例，如果投资者均希望向欧洲看齐，尽快实现全可再生能源发电并淘汰煤电，那么就可能认为煤电的现有估值相对于其环境绩效而言太高，于是会选择放弃持有，或者不再投资，而这将导致既有煤电资产的搁浅或者新增投资的下跌。但实际上，由于可再生能源发电的特性，煤电在支持新型电力系统方面仍将在很长时期内发挥压舱石作用，因此其环境绩效和财务面都不应被低估。如果被人为低估，那么将可能面临我们所定义的"ESG 投资陷阱"。

所谓"ESG 投资陷阱"，即美好的 ESG 愿景使整个社会层面的 ESG 投资偏好超越当前的技术、产业和制度实际及变革潜力，从而导致转型中断，甚至倒退。避免 ESG 投资陷阱的关键在于，寻求财务回报和社会回报的最优融合方式，所谓最优是指 ESG 投资偏好要与技术、产业和制度变革的路径相协调。

毫无疑问，国家政策在塑造社会的 ESG 投资偏好中扮演重要角色。2021 年 9 月中共中央、国务院印发的《关于完整准确全面贯彻新发展理念

做好碳达峰碳中和工作的意见》（中发〔2021〕36号）实际上就是在发挥塑造社会ESG投资偏好的作用，而且是顶层风向标作用。不过，这还仅仅是避免ESG投资走向最坏方向，并不能保证ESG投资走在最佳路径上，要做到这一点，必须要对产业和企业的ESG发展现状和潜力有一个客观准确的把握。

同时，市场在形成各类主体的ESG投资偏好方面将发挥基础性作用。一方面，一定要避免不合理的过度政策干预，因为这可能会扼杀可能的ESG投资潜力，比如旨在提升环境绩效的不当干预，反而可能同时造成工人失业从而损害社会绩效。另一方面，要健全市场经济机制，实际上，ESG政策体系发挥作用的核心逻辑，均以市场经济为前提才能成立，包括金融市场和实体产业。

此外，ESG投资偏好的形成不能通过直接借鉴国外ESG评价体系来获得。尽管近年来，国内ESG评级机构发展非常迅速，也做出了诸多有益探索，但如果缺乏对产业的深度理解，很难相信此类评级能够提供理想合意的投资依据。根本上，中国目前仍处于塑造社会层面ESG投资偏好的阶段。在这一阶段，要真正发挥ESG投资的引领作用，首要的工作是引导产业、企业更加主动地理解ESG投资理念，一方面，这将有助于降低"漂绿"动机，另一方面，将有利于挖掘更契合实际和潜力的转型机遇。

二　应对气候变化风险：ESG投资的重任

（一）气候变化风险是可持续发展的最大风险之一

近年来，极端气候频发对全球的经济发展以及人民的生产生活带来了严重的影响。联合国2022年4月发布的《减少灾害风险全球评估报告》谈及了在过去20年间，全球每年约有大中型灾害350～500次。而这一数字也在过去10年中进一步攀升。在气候风险带来的危机面前，发展中国家所受到的冲击最为严重，因灾害受到的年均损失约占国内生产总值的

1%，而这一比例在发达国家为 1‰~3‰。对中国而言，气候变化和极端天气的影响也愈发频繁，比如 2023 年 5~6 月份，河南等地在麦收季遭遇连续降雨，影响了小麦品质，并在一定程度上引发了对粮食安全的担忧。

（二）ESG 投资是应对和管理气候风险的有效工具

鉴于气候变化和可持续发展议程带来的社会和经济挑战的紧迫性，社会各界正进一步加大对气候变化的关注，并已采取一系列行动促进全球可持续发展。在此背景下，金融业投资活动也逐渐趋向绿色化，越发关注企业在 ESG 领域的相关表现和可持续发展能力。随着资本市场的发展和 ESG 理念的深入，国内外各类金融机构和投资者都在不同程度上进行了 ESG 投资实践。同时，考虑气候风险是 ESG 投资的重要方面之一，随着国际机构和各国政府号召，投资者在具体实践过程中也越发关注企业的气候风险管理。

（三）ESG 投资是中国参与全球气候治理的有力方式

中国"一带一路"倡议提出以来，中国对外投资项目、区域间的贸易往来快速增加。为进一步推进共建"一带一路"绿色发展，《"一带一路"绿色投资原则》将低碳和可持续发展议题融入"一带一路"建设，以提升项目投资的环境和社会风险管理水平，推动投资的绿色化，在满足"一带一路"国家和地区基础设施发展的巨大需求的同时，有效支持环境改善和应对气候变化。

（四）与气候变化密切相关的产业更加关注 ESG 投资

从行业角度来看，ESG 投资在不同行业中都呈现不断增长的趋势，特别是在与气候变化密切相关的行业和领域。具体来说，主要集中于以下几种行业。

（1）可再生能源。以太阳能和风能为主的可再生能源，已成为减少化石能源消耗、推动能源替代、减少能源行业碳排放的主力，这一行业正受到

广大 ESG 投资者的持续关注和支持。

（2）清洁技术。清洁技术旨在减少各产业对传统资源投入的依赖，通过提供实现清洁化转型的技术创新和解决方案，提升能源利用效率，促进可持续发展，在全球范围内得到迅速发展。

（3）电动交通。交通行业作为全球温室气体排放的主要来源，其减碳和转型受到 ESG 投资者越来越多的关注，特别是电动汽车发展和充电基础设施建设，已经成为 ESG 投资领域重点之一。

（4）绿色建筑。建筑行业的设计、施工、使用和拆除等各环节都会产生大量的能源消耗和碳排放，建筑行业转型需求和绿色建筑的理念正使 ESG 投资者愈发关注具有高能效标准的项目和企业。

三　产业视角：ESG 投资推动多产业共同转型

正如第一节所提供的方法论，金融领域的 ESG 理念引领必须与中国的产业实际密切结合。因此，当我们关注 ESG 投资时，必须要考察不同行业的实践、潜力和趋势，做出一个尽可能准确的研判。相应地，ESG 政策体系的构建，必须要有超过金融行业的视野。在本报告中，除了重点关注作为关键推动者的金融行业外，我们还考虑了面临巨大转型压力的油气行业、正在经历系统变革的能源电力行业、正在快速发展的电动汽车行业、必须加速升级创新的传统制造业，以及新兴的蓝碳产业。

（一）金融行业

金融行业是 ESG 投资实践的关键推动者。金融行业参与 ESG 实践具有特殊性，具体表现在它从监管者和市场主体两方面参与 ESG 实践。一是金融监管机构通过信息传递、资金引导两大机制对 ESG 投资形成"自上而下"的推动。二是金融机构作为金融市场参与者传导 ESG 政策，引导企业进行 ESG 活动；自身作为市场主体践行 ESG 理念并披露 ESG 表现，如推出绿色金融产品、环保类保险产品、绿色债券等。

当前，银行、保险、证券等行业均主动探索并践行 ESG 理念，取得了一定的发展成就。2021 年，我国有 47 家上市银行主动发布 ESG 或社会责任报告，占全部上市银行的 79.66%。在报告中，有 90% 以上的银行表示遵循或制定了绿色金融相关的管理办法或意见，远高于国际上 28% 的披露比例。[①] 此外，银行业在进行绿色投融资、开展普惠金融服务、保护个人数据安全、推动乡村振兴和共同富裕等方面做出了卓越贡献，代表了其在"E"和"S"方面的良好表现。保险和证券行业也在参与环境及社会风险管理，创设、发行、销售 ESG 相关金融产品，引导资金合理高效地流向符合 ESG 理念的实体领域等方面进行了实践。

但金融业 ESG 实践亦面临一些困难与挑战。从监管方面来说，ESG 披露及评级标准相对割裂，信息和筛选成本高，可用性低；从资金管理方面来说，ESG 投资活动能否带来超额收益仍具有争议；从 ESG 实践方面来说，受限于信息质量低、市场机制及政策尚不健全、产品和服务体系尚不完善等问题，ESG 实践尚在起步阶段，任重道远。

未来，金融业应贯彻落实并服务于国家战略，持续加强 ESG 产品开发，构建统一的 ESG 业务标准、披露标准、评级标准，在明确 ESG 目标下搭建合理有效的 ESG 管理架构，深入推进 ESG 实践。

（二）油气行业

油气行业是关系全球经济命脉的基础产业，具有鲜明的环境责任和社会责任属性。近年来，油气行业不断创新 ESG 实践，其实践活动也受到了资本市场、监管部门、国际组织以及社会公众的广泛关注。ESG 理念的深入发展推动了油气行业的变革，带动了油气行业 ESG 相关投资、消费、监管的变化。具体来说，ESG 理念引导投资资金和消费流向绿色产业及产品，推动石油企业低碳转型，助力建立健全 ESG 监管政策，实现油气行业"碳中和"目标。

[①] 数据来源于中诚信国际信用评级有限责任公司。

油气行业的ESG实践经历了从"单纯应对ESG争议事件"到"主动创新ESG实践、建立ESG管理长效机制"的转变。近年来,油气行业更加关注应对气候变化、推进能源转型等关键议题。具体来说,在"碳中和"目标的引领下,油气行业致力于节能减碳,积极布局低碳业务,将天然气作为绿色发展的战略重点;勇担社会责任,在确保生产安全、助力乡村振兴方面做出了卓越贡献;积极推动完善ESG管治架构,不断提升ESG信息披露质量。

油气行业的ESG实践面临一些问题与挑战。一是油气在全球能源结构中还将长期占据绝对比例,推动能源转型升级短期难以完全实现;二是新能源项目建设具有重资产、建设周期较长的特点,需要大量且稳定的资金支持;三是企业ESG管理体系仍不完善。其未来发展方向是:全面贯彻落实绿色低碳发展战略,充分考虑地缘政治、市场、政策和技术水平等因素,分阶段、分层次实现能源接替的平稳过渡;加大政策争取力度,争取绿色金融和转型金融资金的支持,通过优惠的投融资政策降低成本;将ESG因素纳入投资全流程,加强ESG管理顶层设计,建立健全企业ESG管理体系。

(三)能源电力行业

实现"双碳"目标,能源是主战场,电力是主力军。由于能源电力行业的清洁低碳转型与ESG投资具有相同的低碳愿景,在电源结构优化调整、行业转型升级加速的背景下,能源电力行业普遍将ESG投资作为行业转型的重要工具。如国家电网在央企中率先发布"碳达峰、碳中和"行动方案,将ESG因素引入投资决策中。ESG投资与能源电力行业转型升级具有相辅相成、相互促进的关系。ESG投资注入资金推动能源电力行业清洁能源的使用,促进能源电力行业转型升级;"双碳"目标、可再生能源战略等积极的政策信号进一步吸引ESG投资进入能源电力行业,实现二者共同发展。

目前我国能源电力企业在ESG实践方面进行了许多有益的探索。能源电力企业大多设置实质性ESG议题,推动清洁生产。明确ESG组织体系和管理职责,开展专业化管理,如中国核电成立ESG管理领导小组和办公室,中国石化设立可持续发展委员会。不断优化 ESG 披露内容和披露方式，截至 2023 年 6 月，A 股上市能源电力企业中，有 61 家企业发布 ESG 或社会责任报告，披露其环境、社会及治理情况，占 A 股全部能源电力企业的 62.8%；有 25 家企业连续 10 年以上发布 ESG 或社会责任相关报告；2022 年新增发布企业 8 家。[①]

尽管进行了一些有益的探索，我国能源电力行业 ESG 实践仍处于起步阶段。大多企业虽能够且较早地履行国内监管政策要求，但对于国际标准的关注度不足，各评级机构标准和覆盖范围不一，使得企业 ESG 报告可用性降低。能源电力行业未来应将"双碳"目标融入自身战略发展目标中，持续推进电源结构优化调整，不断提升清洁能源占比，推动行业转型升级；借鉴 ESG 实践的国际经验，提升对于国际标准的关注度，将 ESG 各项议题纳入企业战略目标，抓住市场机遇，迎接挑战。

（四）电动汽车行业

汽车产业是全球温室气体排放比重较高的领域之一，在国内原油对进口原油的依赖程度一直居高不下的困境下，发展电动汽车是践行能源结构转型、"双碳"战略的大势所趋，作为新能源汽车行业的主要分支，电动汽车代表了行业主流趋势。

"双碳"目标的提出正在助推行业转型，电动汽车行业上市公司持续面临政策法规、产业链上下游、资本市场及利益相关方等方面的要求。企业需要不断提升自身 ESG 管理能力来应对国际市场上更为严格的要求，制定符合自身实际的"双碳"目标及实现路径，以实际行动承担环境责任，关切利益相关方的诉求，建立良好的沟通机制，履行社会责任。

目前，电动汽车产业不论是传统车企还是"造车新势力"，都已经开始架设 ESG 委员会之类的职能部门，全面监督、管理 ESG 工作推进。企业普遍关注气候变化以及生产过程中的排放污染问题，并且均有相关绩效披露，

---

① 数据来源于《国家电投社会责任报告（2022）》。

甚至有相关的气候战略。然而在电动汽车行业 ESG 投资发展过程中，仍面临提高信息披露质效、提升 ESG 管理能力、构建特色估值体系的挑战。

未来应该由监管部门、企业、资管机构、评级机构、指数机构多方协作，共同应对挑战。监管部门不断完善 ESG 投资顶层设计，规范不同行业 ESG 定性指标、定量指标及披露标准，普及 ESG 投资理念，强化"漂绿"等行为的甄别与监管；企业把握机遇，提升自身 ESG 表现，按时、准确、完整地披露 ESG 各维度信息；资管机构将 ESG 投资纳入公司业务流程，制定 ESG 投资业务目标，设立 ESG 投研部门，开展 ESG 评价体系建设；评级机构推动 ESG 评价体系建设，力图对更多企业实现 ESG 评级覆盖；指数机构为市场提供公开透明的 ESG 业绩基准，帮助投资机构及投资者更好地甄别 ESG 投资标的、度量 ESG 投资业绩。

（五）制造业

制造业产业作为我国经济增长的重要引擎及当前碳排放的主要领域，积极探索 ESG 领域，通过绿色转型赋能产业、共建绿色生态。

国际上一些发达国家的制造业 ESG 政策已较为成熟，欧盟、美国、日本、新加坡等国家和地区的 ESG 政策条例对于我们有一定的借鉴意义。全球 ESG 监管框架和信息披露准则持续快速发展，强制性 ESG 信息披露对于中国企业提出了新要求。在"双碳"背景下，2022 年以来我国政府的相关部门及资本市场监管机构相继出台的政策文件大多聚焦于企业 ESG 信息披露及其自身实现绿色发展等方面，国内制造业上市公司持续完善 ESG 信息披露以贯彻落实新发展理念要求。中央各部门持续发布 ESG 投资工作方案推动 ESG 实践，各地方政府及时响应号召，ESG 相关组织标准显著增多。

以 2009~2022 年中国沪深两市 A 股公开上市的制造业企业为样本对象的实证分析强调了 ESG 因素对企业战略管理和业绩改善的重要性。尽管如此，目前制造业产业在 ESG 投资表现上尚存在"漂绿"现象频发、信息披露质量偏低、评价体系缺乏统一规范标准、ESG 数据缺乏科学性和规范性、管理制度建设有待改进等问题。

未来，制造业企业应在经营管理过程中践行 ESG 投资理念，不断健全制造业 ESG 信息披露框架制度，以数字化转型提升 ESG 竞争力，逐步构建标准化制造业 ESG 评价体系，加强 ESG 投资策略赋能企业价值的正向效应。

（六）蓝碳产业

蓝碳经济是利用二氧化碳等传统经济副产品，提供生态服务和生态产品的减碳经济。近几年来，全球蓝碳交易日益活跃。海洋碳汇作为助力碳达峰碳中和的重要手段，在推动海洋生态修复和保护工程中发挥着举足轻重的作用，同时也是我国构建海洋蓝碳经济的创新引擎。近年来，我国国家层面及地方政府不断出台关于支持蓝碳交易的政策，鼓励蓝碳产业的发展。以厦门海洋碳汇交易为例，创新运用海洋碳汇，完成多个项目及首宗海洋渔业碳汇交易，创造新模式、新机制。

蓝碳产业在 ESG 投资方面通过蓝碳交易实行碳中和助力企业 ESG，企业通过参与蓝碳业务在绿色融资企业库参评过程中实现加分，为企业 ESG 建设打下良好的基础。蓝碳金融赋能金融机构践行 ESG 理念三大领域，ESG 投资在蓝碳产业的发展未来可期。

四　企业视角：ESG 投资助力高质量发展

尽管体系化的"ESG 投资"近年来才活跃起来，但实际上，与 ESG 相关的绿色转型、社会责任和企业治理等问题一直是十八大以来中国经济发展的重要议题。因此，我们可以进行一些基于历史数据的分析，来验证 ESG 投资对中国企业生产率提升的真正影响。

本报告以 2012~2021 年中国 A 股 1229 家上市公司为样本，厘清了 ESG 实践对全要素生产率的影响结果和作用路径：对企业而言可以促进其提升 ESG 信息透明度和披露责任感，将 ESG 融入发展战略中；对投资者而言可以加深对目标公司了解，降低投资风险；对政府而言，其可以助力实现"双碳"目标，并缓解企业融资难、人才缺失及创新不足等问题，实现多重政策目标。

（一）ESG投资提升企业的全要素生产率

企业ESG实践对全要素生产率提升有显著促进作用。企业应注重ESG实践，通过积极履行环境、社会及公司治理责任，并及时披露ESG信息，向市场传递更多有效信息，带来社会认可效应，从而在资源获取及利用方面获得优势，最终实现全要素生产率提升的目的。政府及相关监管机构作为ESG投资框架的重要组成部分，需要协同企业共同构建ESG生态系统，建设和维护披露标准、数据信息、评级信息等ESG基础设施。其虽没有权力强制企业进行全方位ESG实践和投资，但在企业践行责任投资理念的最低门槛上需要做出严格规定，如在企业环境保护规章制度、员工安全与福利、消费者权益保护等方面。同时，政府可以对ESG综合绩效表现较好或提升较多的企业给予奖励，如税收优惠、政府补贴，给予市场参与方正向的反馈。同时，监管部门应该完善与ESG建设相关的制度，比如加大企业虚假披露ESG信息的惩罚力度，增加企业披露虚假信息的成本，促使企业做出正确的ESG决策。

（二）ESG投资通过多种路径实现"双赢"

企业ESG实践可以通过缓解融资约束、促进人力资本结构优化以及提升技术创新能力的路径，提升全要素生产率，实现企业效益与社会效益的"双赢"。基于此，首先，各方应着力拓宽多元化的融资渠道，缓解企业融资约束问题。政府积极推动金融机构进行创新，开发新型绿色金融产品，拓宽企业ESG投资的信贷范围，降低ESG表现良好企业的贷款利率，完善ESG生态系统融资体系，给予企业最大支持。具体来说，在金融产品方面，金融机构应将数字金融与绿色金融相结合，让数字科技助力ESG发展；在金融服务方面，金融机构应提供辅助企业开展ESG实践的服务，参与到ESG信息披露中，帮助其实现绿色转型。其次，ESG体系下，企业要想显著提高全要素生产率，需要切实提升核心技术，凝心聚力攻坚克难，加大技术创新和先进设备投资，并逐步提高对技术创新投入的承载、消化吸收能力，通过技术创新和改革来实现企业全要素生产率稳健提升的目标。同时企业应杜绝资源浪费，着力提高资源配置效率，以少投入换高产出，优化投资结构，实现降本提效，为高质量发展奠定基础。最后，企业要重视人力资本结构的优化，着力提高劳动力素质和人力资本素质，定期进行创新型及高学历人才引进，并重视企业福利以达到储备优秀人才的目的。

（三）ESG 的助力作用存在明显的异质性

在中西部地区、重污染行业及国有企业中，企业 ESG 实践对全要素生产率的影响较为显著。当前中国中西部地区金融资源相对匮乏，绿色金融发展较慢，所以其 ESG 发展潜力大，企业的 ESG 实践会迅速吸引大众关注，资源配置水平会因此迅速提高，全要素生产率也显著提升，重污染行业同理。而国有企业在我国持续深化改革的大背景下，万众瞩目，相比于非国有企业承受着更大的压力。基于此，国有企业会更为积极主动地实施可持续战略，因此其有充足动力去进行 ESG 绩效改善，以此促进资本、劳动、人力资本等生产要素投入，实现全要素生产率的稳健提升。所以，首先，在未来的金融发展中应延伸绿色金融"服务半径"，探索绿色发展新路径，积极总结绿色金融改革试验区的成功经验和交流，并将先进经验及时推广至其他地区。其次，重污染企业亟须构建 ESG 生态框架，完善 ESG 治理，提高绿色声誉，践行社会责任；非污染行业也要持续深化绿色发展及可持续发展理念，致力于经济调整和产业升级，发挥带动作用，引领产业链上的企业积极践行责任投资理念。最后，国有企业承载着推动中国 ESG 发展的重任，要起到"表率作用"，积极主动披露 ESG 信息，以"领头羊"的姿态领跑我国企业的 ESG 体系建设；非国有企业作为我国经济建设的重要力量，应积极响应国家号召，承担社会责任，加强 ESG 信息披露与实践，努力实现绿色转型与产业升级，在可持续发展的道路上行稳致远。

（四）ESG 投资能够推动经济高质量发展

关于企业 ESG 实践对中国经济高质量发展的贡献率分析，可以使用企业 ESG 表现对 GDP 的贡献率进行具象化表达。在省级层面上，各省企业

ESG 实践对本省 GDP 的贡献率为正，且大西北和长江中游地区企业 ESG 实践对经济发展的促进作用尤为明显。而在全国层面上，2013～2021 年，贡献率虽有波动，但总体呈增长趋势。基于此，我国应高度重视企业 ESG 实践，采取积极措施促进企业责任投资，以实现促进 GDP 提升的目的。具体来说，一方面要加快推进 ESG 体系建设，建立完善的 ESG 信息管理系统，鼓励企业加入 ESG 披露队伍，进行绿色转型，推动经济高质量发展；另一方面，国家积极引导 ESG 投资、完善 ESG 政策法规、规范 ESG 标准，并采取相关政策扶持企业绿色发展，提升技术效率，引导经济发展方式的转变，实现高质量发展。

图 1 展示了 2013～2021 年全国层面企业 ESG 表现对 GDP 的贡献率。从图 1 可以看出，2013 年以后我国企业越来越注重 ESG 投资，且其在促进 GDP 的提高上有了较大成就，因此未来我国各地企业有必要进一步提高 ESG 投资，以进一步促进全要素生产率提升，彻底转变经济发展方式，实现经济持续较快发展。同时，2013～2021 年，我国企业 ESG 表现对经济增长的贡献波动较大。2013～2015 年呈下降趋势，2016 年稳步上升，2018 年后回落，2021 年大幅上升。其中，2015 年及 2020 年因全国经济波动，全要素生产率下跌，企业 ESG 实践对 GDP 贡献率较低。总体来看，2013～2021 年，ESG 的表现对 GDP 的贡献率平均为 0.018%，未来要更加重视企业 ESG 实践在经济增长中所起的作用，以促进我国经济高质量发展。

在省级层面上，全国各地区企业 ESG 表现对 GDP 的贡献均为正，说明企业 ESG 表现提高对地区经济发展有促进作用，即企业的责任投资会带来全要素生产率的提高，继而促进当地生产总值增加。其中，在大西北地区和长江中游地区，这种促进作用尤其明显，主要是因为这些地区发展相对落后，省内企业持续强化 ESG 管理理念，促使 ESG 年均增长率提高，最终取得成效，促进 GDP 提升，实现经济高质量发展。而在各沿海地区，企业 ESG 表现对 GDP 的贡献率较低，可能的原因是沿海地区经济相对发达，随着改革的深入，企业 ESG 表现对 GDP 提升的阻力日益加大，但总体来看，其对经济增长依然具有重要推动作用。

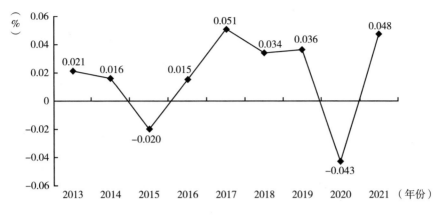

图 1　2013～2021 年全国层面企业 ESG 表现对 GDP 的贡献率

五　地方视角：推动 ESG 投资的重要政策力量

从地方政策层面观察 ESG 投资无疑是一个重要视角，本报告通过对北京市 ESG 投资发展现状与监管政策进行城市间的比较分析发现，在 ESG 发展水平上，北京市国企及高市值公司的头部效应分化明显，环境维度相较社会与治理维度发展迅速，不同行业在 ESG 信息披露和评级表现上存在客观差距。在政策监管上，北京 ESG 投资政策与"两区"建设高度融合，并且以环境维度为主。此外，由于北交所服务中小企业的特殊定位，北交所相比上交所、深交所在信息披露要求上存在滞后。

（一）北京市的 ESG 投资监管政策特点

当前，北京市 ESG 投资监管呈现如下两个特点。第一，北京市 ESG 投资监管政策主要集中于环境维度，集中表现为促进绿色金融发展。这与国家层面的 ESG 投资监管特征一致，即环境、社会与治理三个维度不平衡，环境维度的政策文件较多，而社会与治理维度的规定较少。

国家以及北京市对于环境维度的监管发展包括如下几个方面。首先，中国对环境治理方面的研究和重视开始时间较早，加之近年来国际社会对于气

候变化问题的重视，推动环境维度监管的发展；其次，社会维度在中国的内涵更为丰富，共同富裕框架下的"社会责任"比西方利益相关者框架下的"社会责任"更复杂；最后，与通常意义上的公司治理不同，ESG 议题下的"治理"要求将环境议题和社会议题纳入治理体系、治理机制和治理决策之中，"治理"方面监管难度增加。

近年北京市绿色金融政策重点关注绿色生态圈构建，以及开始强调绿色金融发展安全。首先，在绿色生态圈建设上，从整体上提出打造国家绿色发展示范区，展现出政府对于北京绿色发展生态建设的重视；其次，在产品市场方面，强调落实减排交易、绿色金融产品供给和评级机构发展；再次，除了对绿色金融的鼓励发展以外，北京市政府也强调绿色金融体系要以安全为底线。

第二，"两区"建设中体现着 ESG 理念，是推动北京市 ESG 投资发展的重要举措。国家服务业扩大开放综合示范区中一部分政策举措直接涉及环境、社会责任和公司治理领域。此外，中国（北京）自由贸易试验区建设中，国际商务服务片区更是直接设立全球 ESG 投融资研究中心，多项建设涉及 ESG 发展相关领域。

（二）关于北京市推动 ESG 投资的建议

根据北京 ESG 投资的发展特点，相应的建议便是在北京市构建分层次、有顺序、实质性的 ESG 投资监管框架，充分依托"两区"建设与雄厚科技基础等优势，借鉴海外养老金等政策性资金的 ESG 投资市场化引导措施，协同行业协会、团体组织以及企业多方共同推动北京市 ESG 投资发展。当然，针对北京的建议对其他地区也有一定的借鉴意见，但各地还需要结合自身特点，因地制宜地完善 ESG 投资监管政策体系。

六　结论与建议

综上，推动中国的 ESG 投资发展是构建基于 ESG 理念的现代化治理能力和治理体系的战略路径。基于广域视野的系统视角，需要超越单一的金融领域，紧密对接中国式现代化中的探索要求，走出一条中国特色的 ESG 投资发展之路并避免 ESG 投资陷阱。从应对气候变化风险角度而言，中国需要加强 ESG 投资在风险评估、风险管理等方面的功能；从推动中国产业结构升级视角而言，中国需要加强 ESG 政策体系建设与产业实际、潜力和趋势的紧密对接；从提升企业全要素生产率并助力经济高质量发展而言，中国需要注重 ESG 投资政策的地区、行业和性质的差异性；从地方政策的功能视角而言，地方应该通过政策创新将 ESG 投资纳入地方发展的政策体系，并助力 ESG 投资监管体系的完善。此外，本书还提供了针对中国的 ESG 评级体系和评级表现的深入分析，并探讨了 ESG 投资在提升企业竞争力方面的作用。根本上，通过科学把握 ESG 投资的特点，紧密围绕经济高质量发展的内在要求，中国必将稳步构建起有力推动中国式现代化的完善的 ESG 政策体系，并尽快实现基于准确客观的 ESG 信息披露和评级的有效 ESG 投资。

产业篇

Industrial Reports

B.2
金融业 ESG 投资发展报告

项目组[*]

摘 要: 我们深入分析各类不同金融机构的 ESG 实践情况,关注金融机构在 ESG 融合、ESG 投资和 ESG 推动中发挥的作用,并重点分析金融机构如何践行 ESG 投资、如何利用自身的特有职能推动金融市场的 ESG 整合和发展。金融机构层面,银行 ESG 实践主要来自绿色贷款,专注气候风险管理水平的提升。保险机构通过 ESG 相关保险产品矩阵实践 ESG。证券公司发挥多业务线"桥

---

* 项目组成员:彭文生,中金公司首席经济学家、中金公司研究部负责人;刘均伟,中金公司研究部量化及 ESG 首席分析师、执行总经理;周萧潇、潘海怡,中金公司研究部量化及 ESG 分析师;祁星、金成、吕晔梓、郭婉祺,中金公司研究部量化及 ESG 研究员;陈健恒,中金公司研究部固定收益首席分析师、董事总经理;许艳,中金公司研究部固定收益分析师、董事总经理;王海波、邱子轩、万筱越,中金公司研究部固定收益分析师;张帅帅,中金公司研究部银行首席分析师、执行总经理;林英奇、许鸿明,中金公司研究部银行分析师;姚泽宇,中金公司研究部非银金融及金融科技首席分析师、执行总经理;毛晴晴、李亚达,中金公司研究部非银金融及金融科技分析师;周东平,中金公司研究部非银金融及金融科技研究员;曾韬,中金公司研究部电力设备新能源首席分析师、执行总经理;曲昊源,中金公司研究部电力设备新能源分析师。

梁"功能,引导 ESG 投资。我们认为,影响 ESG 产品策略选择和规模增长的因素包括:发展路径、投资者认知、政策推动、资金引导、资本市场深度。债券资产是全球 ESG 投资的重要品种。在我国生态文明建设顶层设计的指导下,我国绿色债券市场经历了品种扩充、制度完善和制度统一再规范三个阶段。此外,私募股权和另类投资也是 ESG 投资发力的重要方向。

关键词: ESG 投资   ESG 整合   绿色债券   "GSS+" 债券

一 ESG 价值链通过金融市场发挥促进机制

(一)概述

ESG 不仅构建了一个具象化的体系来刻画可持续发展理念,还能基于可持续发展的价值观在经济活动中构建起一个动态的"价值链"。ESG"价值链"的两个重要元素是信息与资金,信息是对经济主体可持续发展能力的评价依据,资金代表资源分配,"价值链"遵循以下运动规律。

ESG 的信息源于企业,沿着一定的路径传递,最终到达资源配置者。从时空角度看,在整个信息传递的过程中,ESG 信息的起点是披露,企业通常将交易所作为披露平台,根据一定的规范披露自身客观和主观的 ESG 信息,但通常这些数据的特征是非结构化的。接着,ESG 信息由 ESG 评级机构进行结构化和整合,ESG 评级机构会依据自己的方法论处理企业的披露信息,同时收集与企业相关的客观数据以及另类数据。

资源配置者基于 ESG 评价结果,通过改变资源配置结构,践行与引导可持续发展,资源配置的载体通常是资金。经济体中存在两类资源配置者——规则制定者(间接配置者)和资源提供者(直接配置者)。规则制定者可以设定一系列有助于提高企业 ESG 指标的奖惩机制,引导资源提供者

更多地参与 ESG 相关经济活动，从而实现多方共赢。

一个理想的 ESG "价值链" 体系能通过信息传递和资源配置形成 "激励相容" 的经济机制：在一个 ESG 框架下、一个规则完善的经济体中，企业（融资者）和资金提供方参与 ESG 活动能获得正向反馈（例如，高 ESG 水平的企业能获得更多的融资机会，投资者能够从 ESG 投资中获得长期的超额收益等），持续的正向反馈能激励 ESG 参与者持续提升整个经济体的可持续发展水平。

（二）金融监管机构的作用

监管政策在 ESG 投资的发展中起着十分重要的 "自上而下" 的推动作用，并且，"自上而下" 的 ESG 监管推动机制来自两个层面（见图 1）。

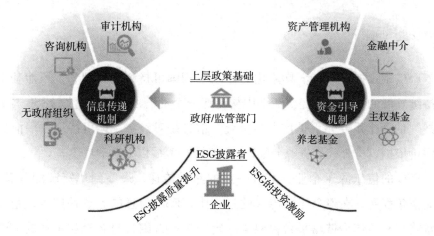

图 1 "自上而下" 的 ESG 监管推动机制示意

1. 信息传递机制：从监管出发，设置严格的披露要求，提升披露质量

作为 ESG 研究的基础，企业披露信息的准确性和规范性在很大程度上决定外部对其 ESG 治理能力的判断结果。

2. 资金引导机制：弱化监管，强化引导

从资金角度看，ESG 投资过程较难从制度方面被监管，政策层面的激励和引导是被广泛采用的方式。尤其是以主权基金和养老基金为代表的长期资金，其投资理念与 ESG 投资较为契合，从政策层面加以引导就可以起到积极的带动作用。

二 ESG 金融监管发展

从金融业 ESG 监管发展的趋势可以看出，与 ESG 相关的监管政策文件的发布存在周期性特点：与金融机构相关的 ESG 监管政策文件的发布数量每过 2~3 年就会出现"猛增"（如 2015 年、2017 年和 2020 年）。从发布者的类别来看，金融监管部门、部分法人团体以及货币当局是 ESG 监管政策文件的主要发布者。

我们根据具体的 ESG 监管政策文件发布情况，可以将全球金融监管的发展过程大致分为三个阶段。

1. 以责任投资原则、倡议为主阶段（2015年之前）

在该阶段，各国、各地区的政府发布一系列原则性（principles，括号中单词为与全球金融机构相关的 ESG 监管政策文件的关键词，下同，见图2）、指南性（guidelines）政策文件，主要是指引机构投资者能够评估企业经营过程中的环境、气候、社会等风险，并且引导资金更多地流向可持续发展水平高的资产或项目。另有部分政策文件是单独针对环境、气候风险的管理、绿色（green）金融等方面的。

2. 投资者尽责管理形成立法阶段（2016~2018年）

在该阶段，对于投资者的监管规则从原则和指南层面上升为进行更实际的尽责管理（stewardship）的政策文件，不仅要求金融机构作为投资者尽责地调查和分析被投资的企业，还要求机构投资者以基于股东身份拥有的投票权参与企业的重要经营决策，使被投资的企业把与 ESG 相关的议题纳入实际经营范围。

3. 可持续投资产品分类及信息披露趋于严格阶段（2019年之后）

在该阶段，监管者逐渐开始强制金融机构披露（disclosure）投资全流

程的 ESG 信息，部分监管政策文件制定了基本的投资者 ESG 信息披露要求（requirements），部分监管政策文件直接援引国际上比较通用的 ESG 信息披露框架（framework）。

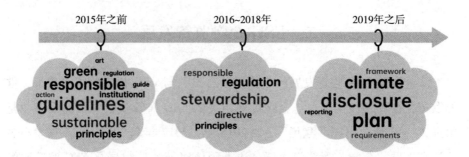

图 2　与全球金融机构相关的 ESG 监管政策文件的关键词云

资料来源：MSCI，中金公司研究部。

目前，监管方面相对成熟的七个国家/地区的监管政策文件的共同点在于，其都在指引金融机构披露在投资过程中的可持续信息以及相应的风险管理措施。全球主要国家/地区与金融机构相关的 ESG 监管政策法规信息见表 1。

表 1　全球主要国家/地区与金融机构相关的 ESG 监管政策法规信息

类型	国家/地区	部门	监管政策法规	需要披露的内容	发布年份
自愿披露	新加坡	金融管理局	《环境风险管理指引》	资产的环境风险信息	2022
	日本	金融厅	《尽责管理守则》	机构投资者对上市公司进行可持续发展经营管理的信息	2020
"不遵守就解释"	法国	立法议会	《绿色增长能源转型法》	资产层面的气候以及其他与 ESG 相关的风险	2021
	英国	金融管理局	《尽责管理守则》	资管机构对尽责管理十二项守则的具体遵守方式	2020

续表

类型	国家/地区	部门	监管政策法规	需要披露的内容	发布年份
强制披露	欧盟	立法议会	《可持续金融披露条例》	资管机构在投资决策流程中对 ESG 风险的整合策略，以及其如何考虑所投资产的 ESG 风险对投资组合的主要不利影响	2021
	中国香港	证券及期货事务监察委员会	《基金经理行为守则》	基金经理将与气候相关的风险纳入投资、风控流程的具体措施之中	2021
	新西兰	国会	《金融行业（气候相关信息披露及其他事项）修正案 2021》	强制符合要求的金融机构按照 TCFD 建议披露与气候相关的信息	2021

资料来源：相关国家/地区监管机构官方网站，IOSCO，Financial Sector（Climate-related Disclosures and Other Matters）Amendment Bill，中金公司研究部。

金融机构的 ESG 监管的演变主要由联合国以及联合国成立的多个多边机构共同推动，各国、各地区的金融机构通过做出相应的可持续金融承诺以主动按照国际标准进行投融资、设计和发行相应的金融产品、提供相应的金融服务。各国、各地区的金融监管当局通过拓展联合国的 ESG 金融倡议并根据市场的特点制定具有不同强制程度的法律法规。

1. 联合国：全球 ESG 金融机构联盟发起者

全球金融机构广泛参与的 ESG 投资倡议组织，是由联合国全球契约组织（United Nations Global Compact，UNGC）和联合国环境规划署金融倡议（United Nations Environment-Finance Initiative，UNEP FI）共同发起成立的联合国负责任投资原则（United Nations Principles for Responsible Investment，UN PRI）。UN PRI 构建起了覆盖全球的可持续投资联盟，联合国希望借助 UN PRI 平台向全球的机构投资者传播 ESG 对投资的重要意义，引导投资机构将 ESG 因素纳入整个投资流程，并定期披露资产层面的可持续发展投资

绩效。此后，针对商业银行和保险业，UNEP FI 单独发起成立了负责任银行原则（Principles for Responsible Banking，PRB）① 和可持续保险原则（Principles for Sustainable Insurance，PSI）②，将 ESG 原则覆盖影响力较大的金融行业。联合国以及联合国成立的多边机构发起的 ESG 金融机构联盟见图 3。

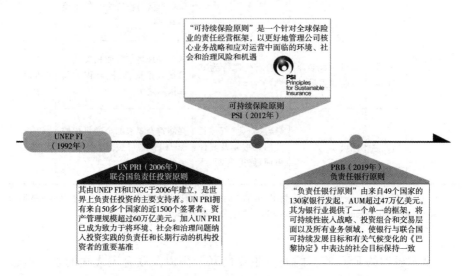

图 3　联合国以及联合国成立的多边机构发起的 ESG 金融机构联盟

资料来源：UNEP FI，中金公司研究部。

2. UN PRI：联合国负责任投资原则

2004 年，UNGC 与全球金融机构（见表 2）共同提出 ESG 倡议后，于 2006 年发起成立了 UN PRI，旨在帮助投资者理解环境、社会和治理等 ESG 因素对投资价值的影响③。截至 2022 年 7 月 31 日，共有 4944 家机构签署 UN PRI 条例。

---

① "Principles for Responsible Banking," https://www.unepfi.org/banking/bankingprinciples/.

② "Principles for Sustainable Insurance," https://www.unepfi.org/insurance/insurance/.

③ "Creating Markets That Deliver Greater Value to Society," https://www.unglobalcompact.org/what-is-gc/our-work/financial.

同时，我们发现，海外头部资管机构基本均已签署 UN PRI 条例，总部在欧洲的资管机构签署 UN PRI 条例的时间都相对较早①。

表2　2004 年与 UNGC 共同提出 ESG 倡议的全球金融机构

国家/地区	金融机构
中国香港	汇丰银行
英国	英杰华集团、亨德森全球投资、ISIS 资产管理
瑞士	瑞士联合银行、嘉盛银行、瑞士信贷集团
美国	高盛、摩根士丹利、创新资本、卡尔佛特集团
荷兰	荷兰银行
法国	安盛集团、巴黎银行、国家人寿保险
德国	德意志银行、环球资产管理公司
巴西	巴西银行
澳大利亚	西太平洋银行
阿联酋	KLP 保险

资料来源：UNGC，中金公司研究部。

截至 2022 年 7 月 31 日，我国有 21 家公募基金、6 家证券公司/资管子公司以及 6 家保险公司/资管子公司为 UN PRI 条例的签署方（见表3）。

表3　申请加入 UN PRI 的中国主要金融机构

年份	公募基金	证券公司/资管子公司	保险公司/资管子公司
2017	华夏、易方达		
2018	嘉实、鹏华、华宝、南方、博时		中国人寿资产
2019	摩根华鑫、大成、招商	东证资管	平安保险集团（AO）
2020	兴全、汇添富、银华	第一创业证券	

---

① "Signatory Directory," https：//www.unpri.org/signatories/signatory‐resources/signatory‐directory.

年份	公募基金	证券公司/资管子公司	保险公司/资管子公司
2021	工银瑞信、广发、建信、中欧、国投瑞银、海富通、中加	华泰证券资管、国元证券、长城证券	泰康保险集团（AO）、泰康资产、太平洋保险集团（AO）、安联保险资管
2022	国泰	中金公司	

注：数据截至 2022 年 7 月 31 日；右侧标记"（AO）"的保险公司在 UN PRI 中被登记为资产所有者。

资料来源：UN PRI，中金公司研究部。

3. PSI：可持续保险原则

可持续保险原则成立于 2012 年，呼吁保险公司针对可持续发展议题（环境保护、气候风险、健康风险、收入保障等）在保险产品设计层面进行努力。在这一背景下，PSI 提出四大原则。

原则 1：在保险公司的战略、风控、产品、理赔管理以及营销活动中纳入对 ESG 议题的考虑。

原则 2：为客户以及合作伙伴提供 ESG 风险管理解决方案[①]。

原则 3：与政府、监管机构以及利益相关方共同推动社会可持续发展。

原则 4：在 ESG 议题方面，保险公司应当构建起常态化的信息披露制度，以对外公开保险公司对可持续保险原则的落实进展。

目前，太平洋保险、平安保险、鼎瑞再保险（中国香港）、友邦保险（中国香港）已经加入 PSI。

4. PRB：负责任银行原则

负责任银行原则成立于 2019 年，是联合国成立的多边机构发起的 ESG 金融机构联盟中中国金融机构深度参与程度较高的一个。中国工商银行是《负责任银行原则》项目发起银行中的唯一一家中资银行，兴业银行、华夏银行是首批支持者并参与（见表 4）。中国工商银行作为《负责任银行原则》核心工作组成员、发起银行中唯一一家中资金融机构，全程深度参与

---

① "The Principles，" https：//www. unepfi. org/insurance/insurance/the-principles/.

其起草的相关工作。中国工商银行从发展中国家国情出发，提出了诸多有益建议，被《负责任银行原则》项目所采纳。

表 4   参与《负责任银行原则》项目的中国商业银行

年份	中国商业银行
2019	中国工商银行、华夏银行、兴业银行
2020	九江银行
2021	天府银行、青岛农商行、中国邮政储蓄银行、江苏紫金农商行、恒丰银行、重庆三峡银行、中国银行、吉林银行、中国农业银行、浙江安吉农商行、南京银行
2022	中国民生银行、江苏银行、苏州银行、广东佛冈农商行

资料来源：PRB，中金公司研究部。

三   金融机构的 ESG 实践

（一）概述

金融机构在 ESG 投资中扮演的角色是多样化的。我们对金融机构的相关职能做了分解（见图 4）。

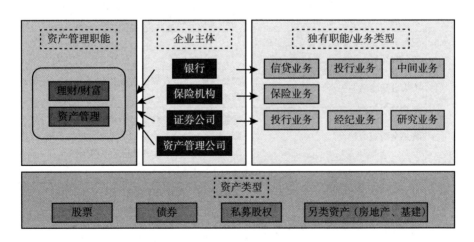

图 4   金融机构在 ESG 投资中的职能

资料来源：中金公司研究部。

基于金融机构 ESG 实践的角色分类，接下来，我们将首先分别阐释银行、保险机构、证券公司的各自独有职能/业务下的 ESG 实践；其次，站在资产管理职能的角度，分析资产管理人/资金方维度的 ESG 投资实践；最后，针对股票、债券、私募股权等不同类型资产的 ESG 投资框架进行深入的探讨。

（二）持牌机构的 ESG 金融业务实践

1. 银行的 ESG 实践

（1）中国特色的银行业 ESG 实践框架

结合中国实体经济与金融体系的关系和政策特点，我们梳理了银行业在 ESG 框架下各维度的相关内容、特色业务及实践，并根据国内银行公布的 ESG（或社会责任）报告整理出评判相关业务或实践的量化标准（见表 5）。

表 5　中国银行业 ESG 议题和特色业务及实践梳理

维度	内容	量化标准
环境（E）	绿色投融资，助力实现"双碳"目标	绿色贷款余额、"两高一剩"行业贷款余额、贷款组合碳足迹
	绿色运营，控制总部及分支机构的运营排放	绿色运营温室气体排放量，能源、水、纸消耗情况，"碳中和"网点建设和运营情况
	资源利用、环境保护、支持生物多样性等常规环境议题*	
社会（S）	个人数据隐私与安全	隐私计算、分布式数据传输协议等个人信息保护技术应用
	普惠金融能力建设	普惠小微贷款余额、支持战略性新兴产业贷款余额、小微企业贷款余额、民营企业贷款余额、服务渠道建设情况、公众金融教育活动绩效
	乡村振兴和共同富裕	涉农贷款余额
	助力实体经济	"两新一重"领域贷款余额
	消费金融保护	消费金融风控指标
	客户权益、员工培训、员工权益等常规社会议题	每股社会贡献值、客户投诉与满意度

续表

维度	内容	量化标准
治理（G）	投融资风险和内控管理	差异化贷款定价、经济资本分配
	ESG 信息披露	社会责任/环境信息披露报告
	满足宏观审慎和微观审慎等要求	资本充足率、流动性指标、资本/杠杆情况、资产负债情况、不良贷款率、外债风险、信贷政策执行情况
	管理控制、董事会、薪酬、会计、商业道德等常规治理议题	董事会背景、反腐培训、信息科技与信息安全投入

＊该项多为定性指标，量化标准较少。

资料来源：SASB，中国人民银行，中国金融学会《中国绿色金融发展研究报告（2021）》，中金公司研究部。

（2）银行更加注重 ESG 信息披露的完善

银行 ESG 信息披露体现了 ESG 实践的成果。目前，银行的 ESG 信息披露主要参照 2009 年中国银行业协会发布的《中国银行业金融机构企业社会责任指引》，同时，银行参考"赤道原则"及全球报告倡议组织（Global Reporting Initiative，GRI）、气候相关财务信息披露工作组（Task Force on Climate-Related Financial Disclosure，TCFD）等国际组织的 ESG 信息披露框架进行整合。

中国银行的 ESG 信息披露主要有两种形式。

①ESG（或社会责任）报告。这是较为普遍的银行 ESG 信息披露形式。报告的主要披露框架沿用 2009 年的经济责任、社会责任、环境责任三个维度，部分银行会接轨 GRI 等国际组织信息披露框架，在报告中注明相应披露框架的内容索引。

②环境信息披露报告。近几年，受对气候相关风险重视度逐渐提高的影响，部分银行纷纷开始以全行/支行形式发布独立的环境信息披露报告。环境信息披露报告主要参照中国人民银行发布的《金融机构环境信息披露指南》、TCFD 的披露建议框架。在国际上，银行业的环境信息披露比例有所提升，2020 年的披露比例为 28%，在 8 个行业中位列第 5（见图 5）。2020年，我国约 90% 的上市银行遵守或制定绿色金融相关制度，但较少披露绿

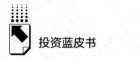
色投融资活动折合减排/节约量数据、"两高一剩"① 及过剩产能行业贷款余额等信息（见图6）。

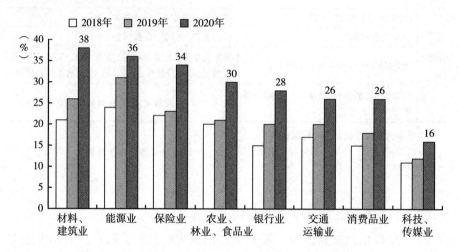

图5　2018~2020 年国际上 8 个行业的环境信息披露比例

资料来源：TCFD，中金公司研究部。

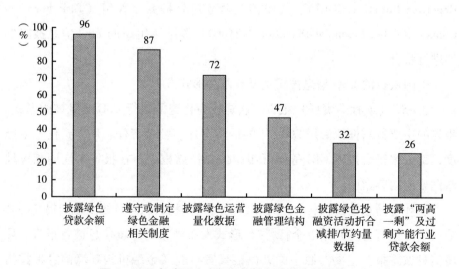

图6　2020 年我国上市银行环境相关信息披露情况

资料来源：公司公告，中诚信绿金，中金公司研究部。

---

① "两高一剩"指高污染、高能耗、产能过剩。

（3）贷款业务：绿色贷款靠前发力，高环境风险贷款有所压降

根据 2019 年由中国国家发展改革委、工业和信息化部等七个部门联合印发的《绿色产业指导目录（2019 年版）》，绿色贷款是主要投向节能环保产业、清洁生产产业、清洁能源产业、生态环境产业、基础设施绿色升级和绿色服务等领域的贷款（见图 7）。

绿色贷款是我国绿色金融体系的主要实践方式。银行业绿色金融相关业务主要包括发放绿色贷款、承销或发行绿色债券，其中，发放绿色贷款是最主要的绿色金融业务。截至 2021 年，我国绿色贷款余额为 15.9 万亿元，高于贴标绿色债券余额（1.5 万亿元）（见图 8）。2021 年，我国新增绿色贷款为 4.0 万亿元，占新增绿色贷款和新发行贴标绿色债券的比例为 85.1%（见图 9）。

发放绿色贷款是高增速、高资产质量的成长性贷款业务，绿色贷款对全部新增贷款的贡献度逐渐上升。①高增速：截至 2022 年第二季度，我国绿色贷款余额达到 19.6 万亿元，同比增长 41.0%（见图 10）。②高资产质量：近年来，绿色贷款不良率维持低位，2021 年为 0.33%，显著低于其他对公贷款。③高增量贡献：我们测算，截至 2022 年 6 月，绿色贷款对全部贷款的增量贡献达 27%，绿色贷款靠前发力体现我国贷款投向结构向绿色低碳逐渐转型。

政策端，绿色贷款纳入 MPA 考核和银行评级政策范围，激励银行发展绿色贷款。根据我国绿金委相关负责人的介绍[①]，24 家全国系统重要性银行的绿色信贷绩效从 2017 年第三季度起纳入 MPA 考核范围，绿色信贷占比较高的银行可获得较高的 MPA 得分。2021 年 7 月 1 日，《银行业金融机构绿色金融评价方案》正式实施，绿色金融业务的评价结果被纳入央行金融机构评级等政策和审慎管理工具范围，评级较好的银行可能取得较低的核定存款保险差别费率，或在规模扩张、业务准入及再贷款等货币政策工具运用上得到央行的激励。

向前看，绿色贷款有望保持高增长。考虑到绿色贷款执行情况纳入MPA 评估体系、绿色碳减排工具等结构性工具支持下绿色贷款营利性有所

---

① 详见：https://www.cnfin.com/greenfinance-xh08/a/20180401/1754795.shtml。

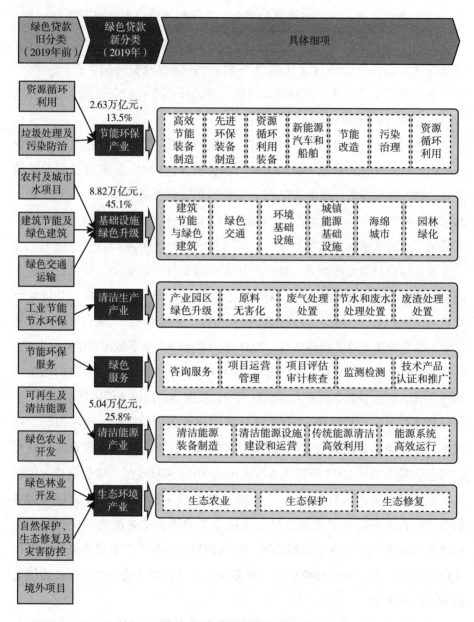

图7 绿色贷款分类口径梳理

注：数据为截至 2022 年第二季度的数据。

资料来源：《绿色信贷统计信息披露说明》，《绿色产业指导目录（2019 年版）》，中国人民银行，中金公司研究部。

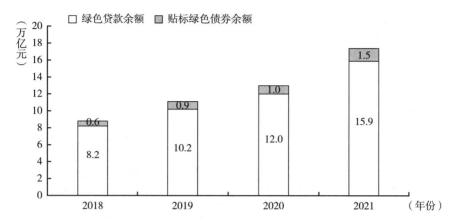

图8 2018~2021 年我国绿色贷款余额和贴标绿色债券余额

资料来源：Wind，中国人民银行，CBI，中金公司研究部。

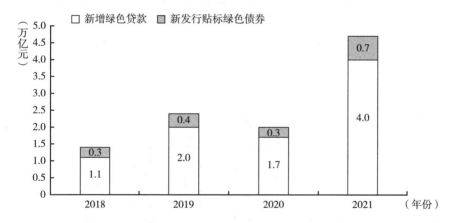

图9 2018~2021 年我国新增绿色贷款和新发行贴标绿色债券规模

资料来源：Wind，中国人民银行，CBI，中金公司研究部。

提高、资产质量继续占优，且银行压降高环境风险行业贷款敞口让出信贷融资需求缺口，我们预计未来绿色贷款有望继续保持高增长。同时，以基建为代表的绿色项目融资需求可以支撑绿色贷款保持高增长，从而达到银行计划的信贷投放目标。我们预计，2022 年绿色贷款或将新增 6.4 万亿元（见图11）。

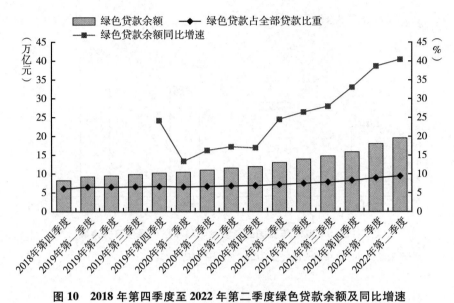

**图10　2018年第四季度至2022年第二季度绿色贷款余额及同比增速
与绿色贷款占全部贷款比重**

资料来源：Wind，中金公司研究部。

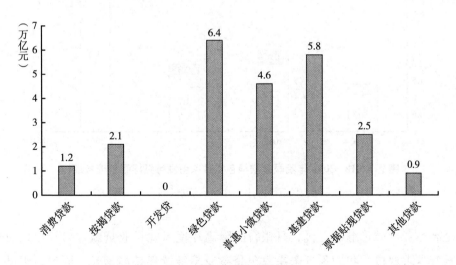

图11　2022年新增贷款情况

注：数据为预测数据。

资料来源：Wind，中金公司研究部。

存量贷款结构向绿色可持续转型。近年来，银行压降投向高环境风险行业、高碳排放行业的贷款敞口。如光大银行对钢铁、水泥、平板玻璃等"两高一剩"行业设定指令性限额，并根据这些行业存量客户的环境保护、安全生产等实施情况将客户分为支持类、维持类、压缩类和退出类四个类别，分类管理，逐级退出。上市银行压降环境风险较大行业的贷款占比及敞口占比变动见图 12。

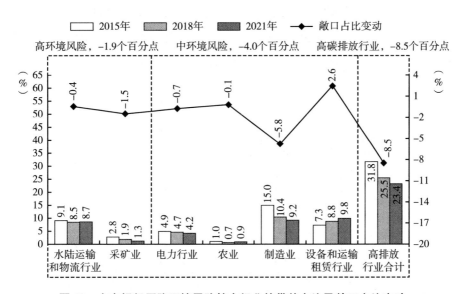

图 12　上市银行压降环境风险较大行业的贷款占比及敞口占比变动

注：行业环境风险评分为 Amundi 2018 年环境风险评级结果，如高风险分类全称为"Elevated Risk"；贷款占比为我们根据上市银行年末各类贷款占全部贷款比重测算得到，贷款规模包括对相应行业发放的绿色贷款；"高排放行业"主要指企业碳排放量较高的行业，此处测算的行业主要包含水陆运输和物流行业、采矿业、电力行业、制造业四类。

资料来源：NGFS，Wind，公司公告，中金公司研究部。

（4）宏观风险管理：央行开展气候风险压力测试

气候、环境相关风险会对金融稳定造成冲击，因此成为近年来各国监管部门关注的重点。一些国际机构号召各国监管部门开展气候风险评估与监管。2017 年，央行与监管机构绿色金融网络（Central Banks and Supervisors Network for Greening the Financial System，NGFS）成立，呼吁各国监管部门重视气候相

关环境风险,并将其纳入审慎监管范围。在这些国际机构的呼吁下,各国央行逐渐将气候相关风险压力测试提上日程。气候风险传导路径和气候压力测试流程见图13。2016年,央行等七部门在《关于构建绿色金融体系的指导意见》中提出"支持银行和其他金融机构在开展信贷资产质量压力测试时,将环境和社会风险作为重要的影响因素",同年,中国工商银行开始发布环境因素压力测试结果,分析在环境政策收紧的情况下高耗能产业信贷质量的变化情况。随后,央行于2020年发布的《中国金融稳定报告(2020)》中正式明确气候风险的界定方式和影响金融稳定的风险传导机制,并于2021年组织部分银行业金融机构开展第一阶段气候风险敏感性压力测试。

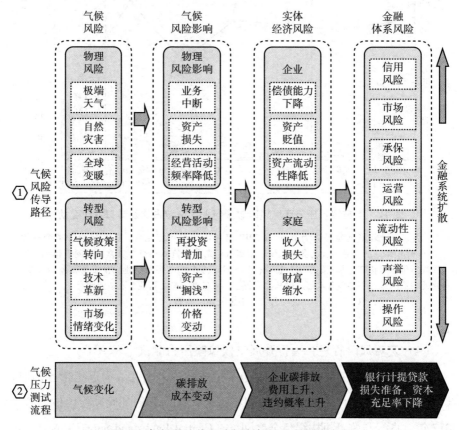

图13 气候风险传导路径和气候压力测试流程

资料来源:中国人民银行,NGFS,中金公司研究部。

央行气候风险压力测试①发现，气候风险会影响企业还款能力，使银行资本充足率由 14.9%下降至 14.3%（见图 14）。

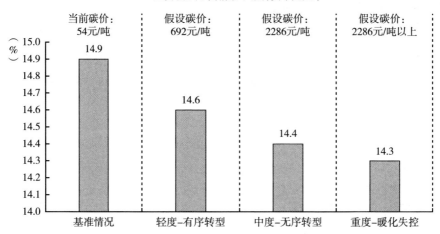

压力测试不同情形下银行资本充足率

图 14　不同气候风险压力测试情形下的银行资本充足率

注：基准情况下碳价为我们按 2021 年 12 月 31 日全国碳市场碳排放配额收盘价计算得到；"轻度-有序转型""中度-无序转型"情形下，假设碳价按每年每吨上升 10 美元、35 美元估算得到，汇率参照 2021 年 12 月 31 日汇率中间价。

资料来源：中国人民银行，NGFS，上海环境能源交易所，iFinD，中金公司研究部。

（5）微观业务运营：银行开拓可持续金融的增量市场

以目前银行 ESG 业务中体系较为成熟的绿色金融为例，绿色金融架构设计核心在于贯彻 FPA 理念，搭建涵盖贷款、债券、信托、投行等领域的平台化绿色金融产品体系。

产品设计方面，紧跟政策创新产品，缓解期限错配，从而降低绿色项目融资成本。部分绿色项目（如污水处理、清洁能源、地铁和轻轨项目）的周期较长，银行出于避免过度期限错配考虑可能会限制长期贷款规模。银行

① 测试包括三种情形，即碳价分别上升至 692 元/吨、2286 元/吨、2286 元/吨以上（当前碳价为 54 元/吨），银行资本充足率分别下降到 14.6%、14.4%、14.3%。在碳价为 2286 元/吨以上时，会出现较多物理风险。

可通过发行绿色债券、把绿色项目未来收入作为抵押提供贷款等缓解期限错配问题，降低绿色项目融资成本。如湖州银行开发"碳价贷"产品，发放全国绿色金融改革创新试验区首笔碳排放配额质押贷款；兴业银行依托央行发放的碳减排支持工具，创新引入"碳减排挂钩贷款"业务，2021年兴业银行新增绿色金融融资余额主要由绿色贷款、绿色投行组成（见图15），充分发挥"商行+投行"的作用。中国工商银行等10家银行承销国内首批可持续发展挂钩债券，进一步创新绿色债权业务等。国内银行绿色金融产品创新示意见图16。

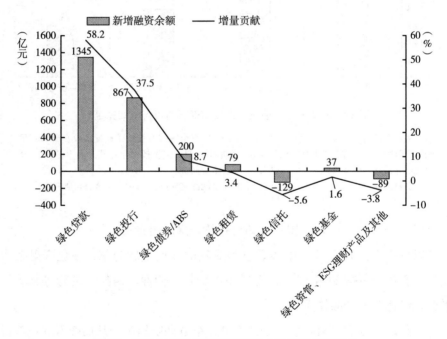

图15 2021年兴业银行新增绿色金融融资余额拆分

资料来源：公司公告，中金公司研究部。

2. 保险机构的ESG实践

保险机构的ESG实践可以分为两个重要部分：①负债端ESG实践，即业务端的ESG实践，保险机构以保险产品和服务为依托，参与到环境及社会风险治理中；②资产端 ESG 实践，即投融资的 ESG 实践，主要通过对 ESG 相关优质资产的投融资活动进一步增进社会效益、改善环境。

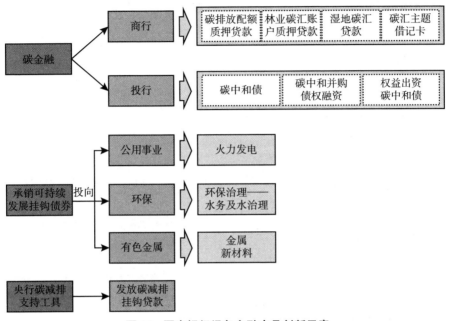

图 16 国内银行绿色金融产品创新示意

资料来源：公司公告，中金公司研究部。

（1）负债端 ESG 实践：参与环境及社会风险管理，产品矩阵初具雏形

保险机构作为重要的风险管理及承担者，已参与到部分环境及社会治理的风险管理工作中。负债端 ESG 实践主要指保险机构通过承保 ESG 相关风险标的，提供对应保险产品及服务而参与到环境及社会可持续发展的治理中。目前，我国相关保险产品矩阵已初具雏形，主要可以分为环境类、社会普惠类 ESG 保险产品。其中，环境类 ESG 保险产品包含巨灾或天气风险保障类、环境损害风险保障类、鼓励实施环境友好行为类、绿色资源风险保障类、促进资源节约高效利用类、绿色产业风险保障类和绿色金融信用风险保障类产品等。社会普惠类 ESG 保险产品包含民生责任类、社会普惠保障类、三农类和疫情风险保障类产品等。

（2）资产端 ESG 实践：险资运用的独特要求及保险资管的私募定位与可持续投资理念天然契合

保险机构的资产端兼具资金方和发行方的角色，资金方主要通过自有保险资金进行投资；发行方作为资管机构管理第三方资金，参与相关投融资活动（见表6）。

表6　国内保险机构资产端 ESG 实践内容

	主要内容	责任投资/ 投资服务类别	主要投资/投资服务内容
资金方	投资 ESG 相关资产	环境类	投资"双碳"及清洁能源主题资产 对高污染、高排放相关资产进行评估及撤资
		社会普惠类	投资基础建设、普惠类主题资产
发行方	设立资管产品，为环境及社会责任相关重点企业及项目融资	环境类	设立"双碳"及清洁能源资管产品 发行绿色债券
		社会普惠类	设立基础建设、普惠类资管产品
投资服务	提供 ESG 投资服务及咨询	指数	ESG 权益指数、ESG 债券指数等
		其他配套服务	协助相关企业或项目进行投融资

资料来源：公司公告，中金公司研究部。

（3）资产负债匹配

保险资金主要由保险保费这一负债性流入组成，在保险期限届满之前，承保保险公司所有的资产（即扣除受托管理的资产）都是该公司所签发保单的备付资金，因此负债性是保险资金的首要特性。刚性负债成本决定了险资对长期稳定的投资回报需求较高。因此，保险资金资产负债匹配要求下对长期投资的需求与可持续投资的长期理念是天然契合的。

对于满足险资运用监管框架，我国保险资金运用监管目前以"偿二代"风险导向监管为主①，以大类资产比例限制为辅。根据"偿二代"二期监管文件，对保险公司投资的绿色债券信用风险最低资本给予 10% 的折扣，或

---

① 详见《保险公司偿付能力监管规则（Ⅱ）》，http：//www.cbirc.gov.cn/cn/view/pages/government Detail.html？&docId=1027892&itemId=861&generaltype=1。

将在一定程度上促进保险公司加大对绿色债券的投资力度。

作为发行方，保险资管产品定位为私募产品，具备 ESG 相关项目的投融资基础。银保监会于 2020 年 3 月发布的《保险资产管理产品管理暂行办法》指出，保险资管产品应当面向合格投资者通过非公开方式发行，产品形式包括债权投资计划、股权投资计划、组合类产品和银保监会规定的其他产品。我们认为，保险资管产品的私募产品定位将使其能够参与到更多优质 ESG 相关非标、另类资产的投融资计划中。

（4）保险行业 ESG 实践：保险行业实践依然不足，大型险企探索较多

目前，保险行业对 ESG 相关投融资规模及实践依然不足，大型险企探索较多。从实践来看，我国保险行业对 ESG 投资仍处于认知层面，真正进行 ESG 投资实践、整合 ESG 策略或发行 ESG 投资产品的仅限于部分大型保险机构。以中国平安及中国人寿为例，中国平安在 2021 年的负责任投融资总额已达 1.22 万亿元，中国人寿在 2021 年的新增绿色投资占总投资的比例约为 1%，累计投资占比约为 6%，它们均已做了较多探索。

3. 证券公司的 ESG 实践

证券公司作为资本市场的核心服务中介，可以通过发挥财务管理/经纪业务、投资银行业务、机构业务、研究业务、融资业务及其他的"桥梁"功能，帮助创设、发行、销售 ESG 相关金融产品，引导资金合理高效地流向符合 ESG 理念的实体领域，在满足优质企业融资需求的同时，拓宽投资者的 ESG 产品图谱，最终助力社会 ESG 理念形成。

（1）财富管理/经纪业务。近年来，我国证券公司积极引入以绿色环保产品为代表的 ESG 基金产品，并积极推进财富管理客户服务方面的 ESG 转型。例如，2021 年，中信建投证券销售新发 ESG 概念（新能源、低碳、碳中和、环保概念等）基金共 35 只，合计金额为 14 亿元；光大证券于 2021年上半年参与鹏华基金低碳 ETF 销售 2600 万元、易方达低碳 ETF 销售 473万元、华夏碳中和 ETF 销售 13500 万元、泰康碳中和 ETF 销售 8000 万元。

（2）投资银行业务。①股权业务方面。近年来，我国证券公司积极支持绿色环保、科技创新等 ESG 相关企业进行股权融资，并为贫困地区的企

业提供保荐、并购以及再融资服务。2017~2021 年,我国证券公司支持绿色环保型企业 IPO 上市融资规模由 35 亿元增至 61 亿元,对应 CAGR 达14.9%。2021 年,券商服务脱贫县企业公开发行股票并上市项目数量共 10个,推荐脱贫县企业在全国中小企业股份转让系统挂牌项目数量共 6 个。②债权业务方面。2021 年,我国券商承销绿色债券(含 ABS)及创新创业公司债总额为 1720 亿元(见图 17),2017~2021 年 CAGR 达 49.7%,占券商合计债券及 ABS 承销金额的比重由 0.68%增至 1.43%。③财务顾问业务方面。部分头部券商已开始探索 ESG 领域财务顾问业务,如 2021 年中信证券担任菲达环保发行股份购买资产并募集配套资金的独立财务顾问。

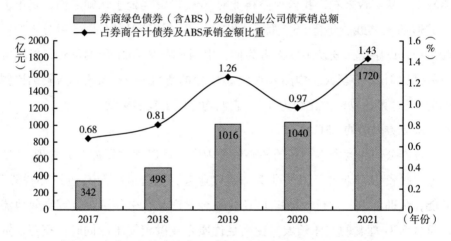

图 17 券商绿色债券(含 ABS)及创新创业公司债承销总额与占券商合计债券及 ABS 承销金额比重

资料来源:《证券公司履行社会责任专项评价数据统计结果》,中国证券业协会;Wind,中金公司研究部。

(3)机构业务。①现货业务方面。自科创板做市商规定发布以来,我国证券公司开展股票做市的范围已拓展至新三板、北交所、科创板,部分券商积极参与包括绿色环保企业在内的 ESG 相关企业的做市业务。以国元证券为例,2021 年,其做市业务库存股中新能源企业占比接近 30%。②金融衍生品方面。2021 年,中金公司与中信银行完成国内首笔挂钩"碳中和"

绿色金融债的场外衍生品交易，与无锡农村商业银行完成首笔"乡村振兴"主题场外利率衍生品交易，与国泰君安成功落地市场首单挂钩 CFETS "碳中和"债券指数收益互换。③环境权益交易方面。2021 年，国泰君安固定收益部完成碳金融交易量约 2300 吨，期内亦完成发行市场首单挂钩碳排放配额的收益凭证；兴业证券通过参股并负责经营的海峡股权交易中心参与排污权、碳排放权、用能权及林业碳汇等环境权益交易，2021 年累计完成资源环境要素交易 4.41 亿元，协助企业落地 2.35 亿元绿色融资。

（4）研究业务。①行业智库建设及研究投入方面。证券公司近年来积极推出 ESG 系列深度研究报告及相关投研论坛，涵盖 ESG 发展脉络、ESG 与企业经营、ESG 产品发展和 ESG 监管等多维度。②产品创设方面。证券公司近年来积极发布 ESG 相关指数，中金公司、中信证券、东方证券等分别推出"中国中金碳中和指数""中信证券 ESG 100 指数""东方证券·碳中和指数"。

（5）融资业务及其他。部分证券公司通过股票质押等业务提供 ESG 领域的融资支持。例如，2020 年，国金证券支持民企发展所投股票质押项目共计 117 个，规模合计 76.46 亿元；2021 年，国元证券通过股票质押业务服务清洁能源的新增融资占比为 13.48%，累计融资占比为 5.53%。

（三）ESG 投资实践

1. 各类资产的 ESG 投资总览

根据 UN PRI，ESG 投资策略总体上可分为两个大类、五个子类，与全球可持续投资联盟（Global Sustainable Investment Alliance，GSIA）发布的 ESG 投资策略具有相似性。ESG 投资策略的主要类型见图 18。

不同类型资产具有适用的 ESG 投资策略（见图 19）。ESG 整合策略、负面筛选策略、正面筛选策略多用于股票和债券的 ESG 投资，影响力投资和社区投资更多用于房地产、基建等另类资产的 ESG 投资，而企业参与和股东行动在私募股权中更为常用。

ESG 投资的资产管理规模近年来呈现较快增速。根据 GSIA 对全球主要市场（欧洲、美国、加拿大、日本、大洋洲）的统计，ESG 投资的资

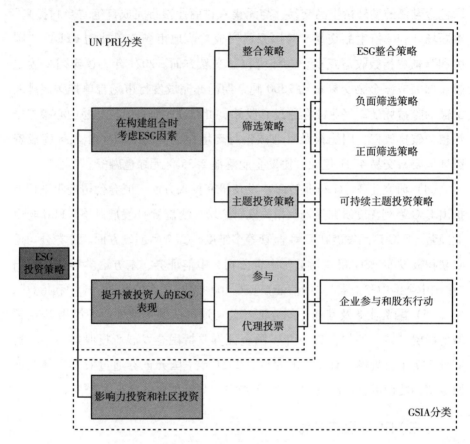

图 18　ESG 投资策略的主要类型

资料来源：UN PRI，GSIA，中金公司研究部。

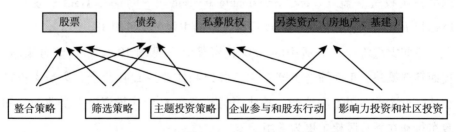

图 19　ESG 投资策略在不同资产中的适用性

资料来源：中金公司研究部。

产管理规模从 2012 年初的 13.26 万亿美元增至 2020 年初的 35.30 万亿美元（见图 20），CAGR 为 13.02%，远超全球资产管理行业的整体增速（6.01%）。

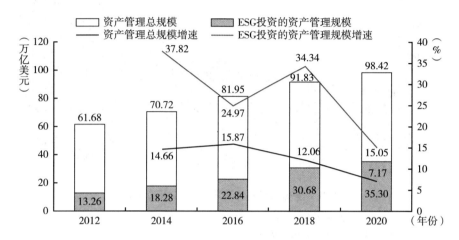

图 20　全球主要市场资产管理总规模及增速与 ESG 投资的资产管理规模及增速

注：根据 GSIA 统计口径，每年数据为当年年初的管理规模。

资料来源：GSIA，中金公司研究部。

目前，全球市场的 ESG 投资以股票资产为主，债券资产的 ESG 投资规模增长迅速。根据 EPFR 数据统计，截至 2022 年 8 月 31 日，全球市场 ESG 投资规模达 2.20 万亿美元，其中股票资产、债券资产、平衡资产、货币市场资产、另类资产的 ESG 投资规模分别为 1.34 万亿美元、4709 亿美元、2129 亿美元、1633 亿美元和 83 亿美元（见图 21），占比分别为 61.04%、21.45%、9.70%、7.44% 和 0.38%。

2. 股票资产 ESG 投资实践

（1）股票资产 ESG 投资策略

①筛选策略

筛选策略是指根据投资者的偏好、价值观或道德准则，运用筛选标准选择或剔除候选投资清单上的公司。

从筛选方式来看，筛选策略分为绝对排除、阈值排除和相对排除三类。

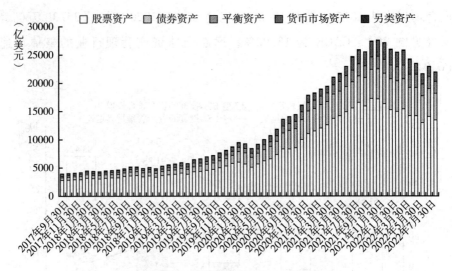

图21 全球市场各类资产的ESG投资规模

注：数据截至2022年8月31日。
资料来源：EPFR，中金公司研究部。

绝对排除是指不投资"排除标准"所涵盖的公司，例如，不向化石燃料或有侵犯人权行为的公司进行直接投资。阈值排除是指排除部分投资，例如，将化石燃料或化石燃料相关服务的间接投资收入允许值设置为不超过10%。相对排除是指在同类资产中选择ESG表现最佳的资产投资，比如投资进行能源转型或董事会多样性正在改善的公司，而不是通过收入敞口确定。

我们选取MSCI ESG指数（MSCI ESG Index）探究海外各类ESG投资策略的收益表现。MSCI ESG筛选指数排除项明细见图22。

MSCI ESG筛选指数（MSCI ESG Screened Index）采用负面筛选的编制方式，基于环境、社会和治理三大支柱，纳入一系列排除项，旨在排除与争议性武器、民用武器、核武器和烟草有关的公司，从动力煤和油砂开采中获得收入的公司，或不遵守联合国全球契约原则的公司，其细分指数包括MSCI欧洲ESG筛选指数（MSCI Europe ESG Screened Index）和MSCI美国ESG筛选指数（MSCI USA ESG Screened Index）。MSCI欧洲ESG筛选指数净值表现见图23。MSCI美国ESG筛选指数净值表现见图24。

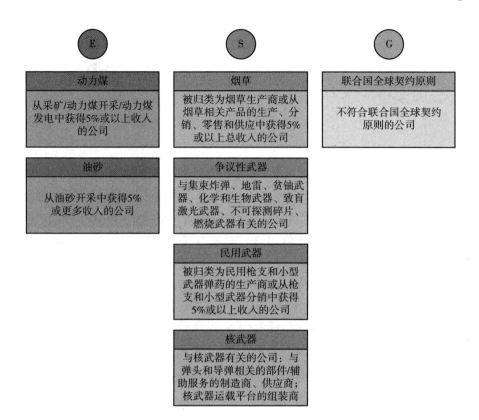

图 22　MSCI ESG 筛选指数排除项明细

资料来源：MSCI，中金公司研究部。

　　MSCI ESG 领先指数（MSCI ESG Leaders Index）主要采用正面筛选〔正面筛选又称同类最佳筛选，是指投资相对同行具有积极 ESG 表现，ESG 评级超过特定阈值的行业、公司或项目，被纳入 ESG 表现最佳的公司〕的编制方式，在每个行业中选出拥有最高 MSCI ESG 评级的公司，采用自由流通市值加权合成，旨在代表同行业中高 ESG 评级公司的收益表现，目标覆盖率为基准指数的 50%，其细分指数包括 MSCI 欧洲 ESG 领先指数（MSCI Europe ESG Leaders Index）和 MSCI 美国 ESG 领先指数（MSCI USA ESG Leaders Index）。MSCI 欧洲 ESG 领先指数以 MSCI 欧洲指数为基准，包括 15 个欧洲发达市场的大市值和中市值股票。MSCI 美国 ESG 领先指数以 MSCI

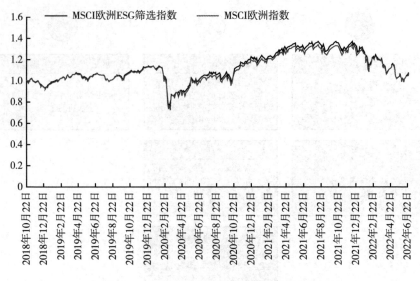

图 23　MSCI 欧洲 ESG 筛选指数净值表现

注：MSCI 欧洲 ESG 筛选指数成立日期为 2018 年 10 月 22 日。

资料来源：Wind，中金公司研究部（样本期：2018 年 10 月 22 日至 2022 年 7 月 29 日）。

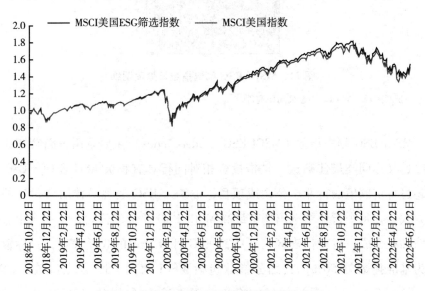

图 24　MSCI 美国 ESG 筛选指数净值表现

注：MSCI 美国 ESG 筛选指数成立日期为 2018 年 10 月 22 日。

资料来源：Wind，中金公司研究部（样本期：2018 年 10 月 22 日至 2022 年 7 月 29 日）。

美国指数为基准，包括美国市场的大市值和中市值股票。MSCI 欧洲 ESG 领先指数净值表现见图 25。MSCI 美国 ESG 领先指数净值表现见图 26。

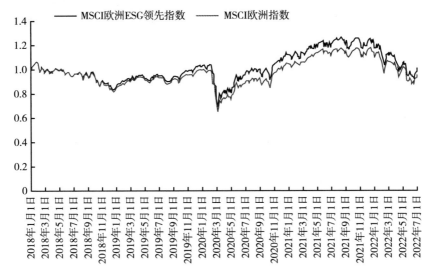

图 25　MSCI 欧洲 ESG 领先指数净值表现

资料来源：Wind，中金公司研究部（样本期：2018 年 1 月 1 日至 2022 年 7 月 29 日）。

②ESG 整合策略

ESG 整合策略是指资产管理人将环境、社会和治理因素系统且明确地纳入传统的财务分析之中。ESG 整合策略不会以牺牲投资组合收益为代价，不会禁止投资特定行业、国家或公司，也不会大幅改变原有投资框架，而是在原有投资框架中加入对 ESG 方面的识别和评估要求，将定性分析和定量分析方法相结合，从而降低风险并提高收益。

目前，ESG 整合策略是市场上主流的 ESG 投资策略。目前，ESG 整合策略的资产规模已经超过负面筛选策略，成为当前市场上主流的 ESG 投资策略，且使用率正以每年 17% 的速度较快增长。2022 年初，ESG 整合策略规模合计 25.50 万亿元，在各类策略规模中占 43.03%。

从框架来看，ESG 整合框架分为三个部分，分别是 ESG 研究、证券估值和组合管理（见图 27）。

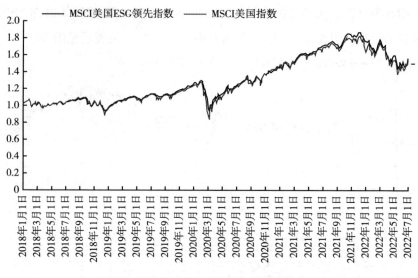

图26　MSCI 美国 ESG 领先指数净值表现

资料来源：Wind，中金公司研究部（样本期：2018 年 1 月 1 日至 2022 年 7 月 29 日）。

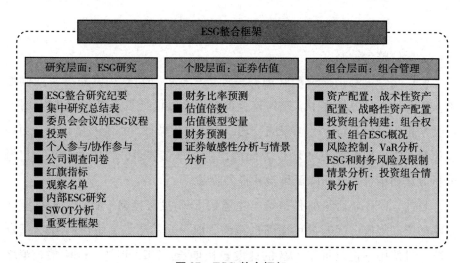

图27　ESG 整合框架

资料来源：UN PRI，中金公司研究部。

研究层面：ESG 研究。首先，从公司报告、第三方机构等来源收集财务和 ESG 信息（信息收集）；其次，通过定性分析等方式，识别影响股票估值的重要财务和 ESG 因子（重要性分析）；最后，与公司/发行人讨论这些重要因子，并监测参与投票活动的结果（主动所有权评估）。

个股层面：证券估值。评估重要 ESG 因子对公司价值的影响，由于在传统的财务分析和估值中加入重要 ESG 因子，因此，这可能使财务预测结果、估值模型变量、估值倍数等发生变化。

组合层面：组合管理。根据纳入 ESG 因子后的财务模型，决定是否改变投资组合权重，并通过 ESG 与财务风险敞口计算、VaR（Value at Risk）分析等方法进行风险管理。

ESG 整合方式采用的投资策略为基本面策略、量化/Smart Beta 策略、指数投资策略（见图 28）。

投资策略	ESG整合方式	具体做法
基本面策略	ESG因子与其他所有重要因子一并被纳入绝对和相对估值模型	根据ESG因子的预期影响，调整财务预测（例如，收入、运营成本、资产账面价值和资本支出）或公司估值模型（例如，股利贴现模型、现金流贴现模型和调整现值模型）
量化/Smart Beta策略	ESG因子与价值、质量、规模、动量、增长和波动等因子一并被纳入量化模型	①剔除：通过研究ESG因子与风险和风险调整后收益之间的关系，将ESG排名低的股票权重降为零②权重调整：根据ESG因子与其他因子间的统计关系，调整投资范围内的股票权重
指数投资策略	重要ESG因子与传统因子一并被识别并转化为投资组合构建规则	通过调整指数成分股权重或跟踪已经进行权重调整的指数，降低指数整体的ESG风险或特定ESG因子的风险敞口

（主动 ↓ 被动）

图 28　ESG 整合方式采用投资策略的具体做法

资料来源：UN PRI，中金公司研究部。

基本面策略：ESG 因子可以与其他所有重要因子一并被纳入绝对和相对估值模型。投资者根据 ESG 因子的预期影响，调整财务预测（例如，收入、运营成本、资产账面价值和资本支出）或公司估值模型（例如，股利

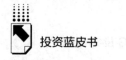

贴现模型、现金流贴现模型和调整现值模型）。以 Robeco SAM 为例，公司建立了一个 EVA 模型，通过估算重要 ESG 议题对企业成长、盈利、风险等方面的影响，识别有能力创造长期价值的优质企业。

量化/Smart Beta 策略：ESG 因子可以与价值、质量、规模、动量、增长和波动等因子组合并构建量化模型，从而提高组合进行风险调整后的超额收益，减少收益下行风险，并强化组合的 ESG 风险应对能力。

指数投资策略：重要 ESG 因子可以与传统因子一并被识别并转化为投资组合构建规则。投资者通过调整指数成分股权重或跟踪已经进行权重调整的指数，来降低指数整体的 ESG 风险或特定 ESG 因子的风险敞口。以 MSCI 为例，公司通过最小化碳风险敞口重新调整低碳指数的成分股权重，构建了 MSCI 全球低碳目标指数。本报告以 MSCI ESG 通用指数为例进行介绍。

MSCI ESG 通用指数（MSCI ESG Universal Index）使用 ESG 整合策略，在自由流通市值加权的基础上，根据公司的 ESG 表现进一步调整其在指数中的权重，提升了组合对高 ESG 评级公司和积极 ESG 趋势公司的敞口；同时与基准指数保持相同或相近的行业暴露，保留了广泛、多元化的投资范围，其细分指数包括 MSCI 欧洲 ESG 通用指数（MSCI Europe ESG Universal Index）和 MSCI 美国 ESG 通用指数（MSCI USA ESG Universal Index）。MSCI 欧洲 ESG 通用指数净值表现见图 29。MSCI 美国 ESG 通用指数净值表现见图 30。

③可持续主题投资策略

可持续主题投资是指投资有助于可持续发展的主题或资产。根据麦肯锡公司在 2022 年发布的季刊，可持续主题投资有六大潜力赛道（见图 31），经麦肯锡公司预估，到 2030 年，这六大潜力赛道将对应 7 万~11 万亿美元的投资机会。

④代理投票

代理投票是股票投资者的重要工具，用于向公司传达观点或参与关键决策（例如，董事委任和董事会薪酬）。代理投票涉及的操作流程包括：制定投票政策、研究、投票以及在年度股东大会前后与被投资公司沟通。代理投票在私募股权的 ESG 投资策略中较为常见。

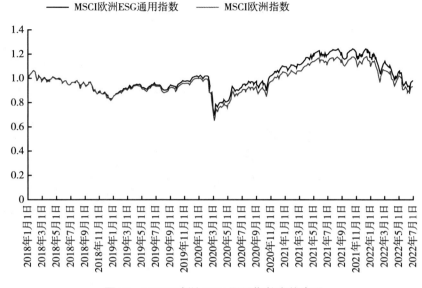

图 29　MSCI 欧洲 ESG 通用指数净值表现

资料来源：Wind，中金公司研究部（样本期：2018 年 1 月 1 日至 2022 年 7 月 29 日）。

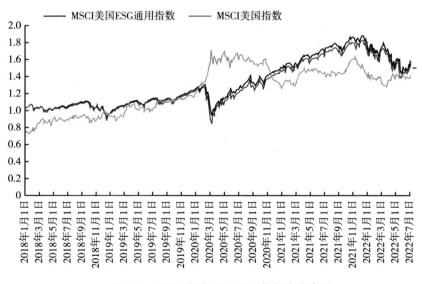

图 30　MSCI 美国 ESG 通用指数净值表现

资料来源：Wind，中金公司研究部（样本期：2018 年 1 月 1 日至 2022 年 7 月 29 日）。

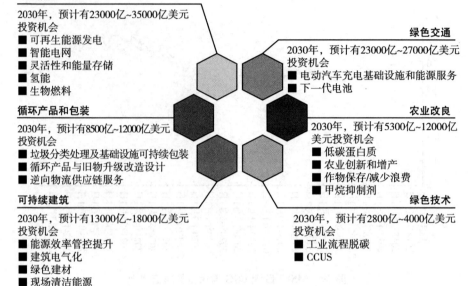

图31　可持续主题投资的六大潜力赛道及相关内容

资料来源：麦肯锡公司，中金公司研究部。

（2）股票资产 ESG 投资产品

ESG 整合策略占据主流地位，负面筛选策略的地位显著下降。随着 ESG 披露及评价体系的完善，加之资产管理机构在 ESG 投资实践过程中的不断进化，采用 ESG 整合策略的资产管理规模已经超过负面筛选策略，其成为目前市场上份额占比最高的 ESG 投资策略，2020 年初的规模合计 25.195 万亿美元（见图 32），在各类策略的规模中占 43.03%（见图 33）。同时，我们发现，ESG 整合策略对负面筛选策略有一定的替代性，采用负面筛选策略的资产管理规模从 2018 年初的 19.77 万亿美元下降至 2020 年初的 15.03 万亿美元。

①ESG 投资的地区分布：欧洲退居第二位，美国发展迅猛，日本快速增加

综合对欧洲、美国、日本三个国家/地区 ESG 投资产品发展情况（见图 34、图 35）的分析，我们认为影响 ESG 产品策略选择和规模增长的因素可

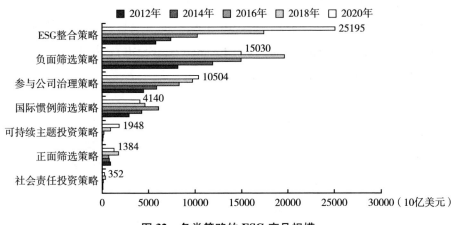

图 32　各类策略的 ESG 产品规模

资料来源：GSIA，中金公司研究部。

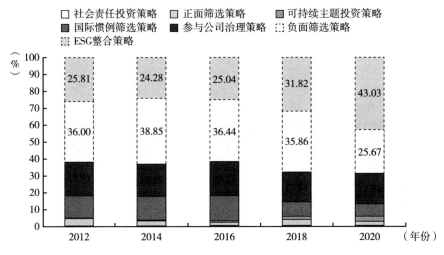

图 33　各类策略的 ESG 产品规模占比

资料来源：GSIA，中金公司研究部。

能包括：发展路径、投资者认知、政策推动、资金引导、资本市场深度。欧洲、美国、日本市场 ESG 发展影响因素对比见表 7。

欧洲市场作为 ESG 投资的先驱，经过多年发展，处于相对成熟的阶段，

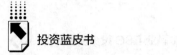

各类策略占比稳定,负面筛选策略依然是最主流的策略。监管政策更加重视ESG 投资活动的规范性和透明性,2019 年欧盟发布《可持续金融信息披露条例》(Sustainable Finance Disclosure Regulation,SFDR),打击"漂绿"行为,直接导致欧洲 ESG 投资规模首次下降。

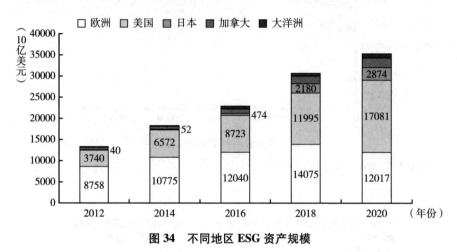

图 34　不同地区 ESG 资产规模

资料来源:GSIA,中金公司研究部。

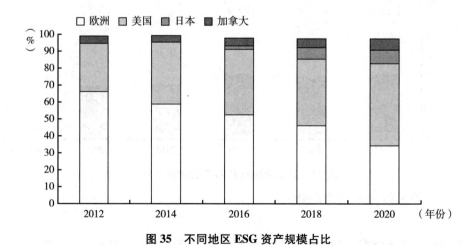

图 35　不同地区 ESG 资产规模占比

资料来源:GSIA,中金公司研究部。

美国作为 ESG 投资的追随者，处于快速发展阶段：一是投资者对 ESG 投资的认可程度和需求水平提高；二是美国资本市场高度发达，其金融产品规模的增长速度快于欧洲，优秀产品的正反馈效应较强。

日本主要通过政策推动和资金引导发展 ESG 投资。日本的两大养老金管理机构（政府养老投资基金和养老金协会）分别于 2015 年和 2016 年成为联合国及 UN PRI 的签署成员，遵循 ESG 投资策略，进一步推动 ESG 产品规模增加。

表7　欧洲、美国、日本市场 ESG 发展影响因素对比

单位：%

	发展路径	投资者认知	政策推动	资金引导	资本市场深度	2012~2020年开放式基金规模复合增速	2012~2020年ESG产品规模复合增速
欧洲	●	●	●	◑	◑	7.80	4.03
美国	◑	●	◑	◑	●	9.32	20.91
日本	○	◑	◑	●	◑	10.13	70.63

注：●代表该因素对该地区 ESG 产品发展影响较大，◑代表该因素对该地区 ESG 产品发展有一定影响，○代表该因素对该地区 ESG 产品发展影响较小；虽然日本市场 ESG 产品、开放式基金规模复合增速均高于美国，但其 ETF 的主要持有人为日本政府，市场化程度相对较低。

资料来源：GSIA，ICI，中金公司研究部。

②国内 ESG 产品：泛 ESG 主题基金规模与业绩更有优势

a. 主动管理 ESG 产品：环境主题、泛 ESG 主题基金近期表现较好

在碳达峰、碳中和的背景下，以"环境""社会责任"为考量因素的 ESG 主题已经成为基金新的投资理念。该投资理念正被更广泛地接受、认可和利用，越来越多的 ESG 主题基金落地。目前，国内基金以泛 ESG 主题基金为主，即广义 ESG 基金，指投资环境、社会、公司治理、可持续、新能源等 ESG 相关范畴的基金。具体来看，产品以主动型基金为主，偏股混合型是主要投资方式。

截至 2022 年 8 月 25 日，15 只 ESG 主题基金规模约为 72.81 亿元；2 只环境主题基金规模约为 49.34 亿元；4 只社会责任主题基金规模约为 76.84

亿元；67 只泛 ESG 主题基金规模约为 1864.67 亿元（见图 36），其中共有 59 只产品在 2022 年的表现超过同期沪深 300 指数。

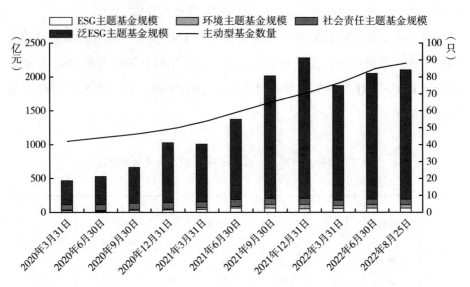

图 36　主动管理 ESG 产品中各主题基金规模与主动型基金数量

注：数据截止时间为 2022 年 8 月 25 日。
资料来源：Wind，中金公司研究部。

b. 被动管理 ESG 产品：泛 ESG 主题基金规模具有优势，被动型基金近期的收益稳定性优于主动型基金

从总体收益表现来看，截至 2022 年 8 月 25 日，共有 60 只存续超过了一个月的被动型基金（见图 37），共有 58 只产品在 2022 年的表现超过同期沪深 300 指数。9 只 ESG 主题基金规模约为 9.33 亿元，2022 年以来的平均收益率为-10.23%，其中共有 8 只产品在 2022 年的表现超过同期沪深 300 指数。

3. 债券资产 ESG 投资实践

（1）投资端：ESG 因素被逐步纳入全球主流投资策略

UN PRI 已经给出管理固定收益类别资产 ESG 问题的指南，其中包括在构建固定收益投资组合时纳入 ESG 因素和与发行人就 ESG 问题进行沟通，即积极鼓励发行人进行 ESG 风险管理。

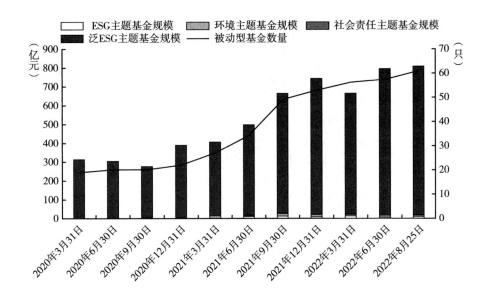

图 37 被动管理 ESG 产品中各主题基金规模与被动型基金数量

注：数据截止时间为 2022 年 8 月 25 日。

资料来源：Wind，中金公司研究部。

具体来看，将 ESG 因素纳入固定收益投资组合构建实践主要有三种方法：整合法、筛选法和主题法。不同的方法有不同的应用场景，适用的发行人也不尽相同。内容、纳入方法和特点见图 38。

①2019 年以来 ESG 基金规模快速增长，但固定收益类资产规模占比仍较低

海外 ESG 债券基金规模从 2019 年开始快速增长。具体来看，从资产配置情况来看，各地区可持续投资基金投资资产主要是权益资产，固定收益类资产占比不高。截至 2022 年 6 月末，权益资产、固定收益类资产、货币市场资产和配置类基金资产的规模分别为 1.57 万亿美元、6303 亿美元、4472 亿美元和 5044 亿美元（见图 39），占比分别为 48%、19%、14% 和 15%。分区域来看，欧美可持续投资基金中固定收益类资产的比例相对更高，日本的 ESG 主题基金资产几乎全为权益资产。

	整合法	筛选法	主题法
内容	■ 在对特定发行人、证券或整体投资组合结构做出投资决策时，实质性ESG因子可以连同传统财务因子一并被识别和评估 √ 投资研究：识别可能影响下行风险的实质性ESG因子 √ 证券估值：将实质性ESG因子纳入财务分析与估值范围 √ 投资组合管理：将ESG分析纳入风险管理和投资组合构建决策	■ 利用一组筛选标准，根据投资者的偏好、价值观或道德准则，确定哪些发行人、行业或活动有资格或没有资格进入投资组合 √ 负面筛选：避开绩效最差的公司 √ 基于规范的筛选：采用现有框架 √ 正面筛选：纳入绩效最佳的公司	■ 进行主题投资识别并将资本配置到与某些环境或社会效益相关的主题或资产，如清洁能源、能源效率或可持续农业
纳入方法	■ 公司发行人：将实质性ESG因子纳入信用研究和评估、财务状况/比率预测和相对价值/价差分析范围 ■ 主权/次级主权发行人：治理和政治因素长期以来是主权信用分析的一部分，社会和环境因素（如不平等、与气候相关风险和能源转型）变得日益重要	■ 根据投资者的偏好、价值观或道德准则，运用筛选标准选择或剔除候选投资清单上的发行人。筛选标准通常纳入或排除特定产品、服务或实践	■ 公司发行人：选择应对可持续性挑战的发行人，或为可持续性项目融资的证券。可根据特定的债券标准（如绿色债券标准）进行认证 ■ 主权/次级主权发行人：将募集资金用于资助可持续性项目或预算项目的固定收益证券（如绿色主权债券）
特点	■ 较全面地展现发行人面临的风险和机遇 ■ 适用仅考量风险—收益状况的投资者 ■ 主要用于管理下行风险 ■ 可适应现有投资流程	■ 可适应现有投资流程 ■ 通常出于道德原因,限制对某些行业、区域或发行人的投资 ■ 将不具有财务重要性的ESG因子或道德考量纳入投资决策	■ 可适应现有投资流程 ■ 通常出于道德原因，限制对某些行业、区域或发行人的投资 ■ 将不具有财务重要性的ESG因子或道德考量纳入投资决策 ■ 引导资本流向促进提升环境、社会效益的发行人或证券 ■ 主要用于识别机遇

图 38　将 ESG 因素纳入固定收益投资组合的方法

资料来源：UN PRI，中金公司研究部。

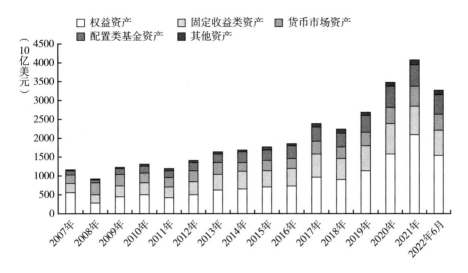

图 39   全球开放式 ESG 主题基金资产规模

资料来源：晨星，中金公司研究部。

②境内监管政策渐进完善，但目前 ESG 固收产品规模较小

除相关监管和支持政策不断出台以外，ESG 债券投资基础设施也不断完善。

中债发布债券发行主体 ESG 评价体系。该体系综合考虑行业、个体差异，根据相关国家政策、行业标准设置 60 余个指标，覆盖全部公募信用债发行主体，填补了债券市场 ESG 评价体系的空白。

当前，ESG 产品以理财产品为主，基金数量较少。境内资管机构 ESG 产品规模不断增长。理财产品方面，2021 年 6 月末存续 72 只，发行金额达到 429 亿元，较 2020 年末增长 49.49%，2021 年末的金额增长至 962 亿元（见图 40）。虽然基金的规模小于理财产品，但是呈现增长态势，截至 2022 年第一季度，泛 ESG 固收基金有 12 只，达到 262 亿份（见图 41）。

（2）资产端：境外 GSS+债券发展迅速

①境外 GSS+债券定义明确且规模持续增长

根据气候债券倡议组织（Climate Bonds Initiative，CBI）的分类，在全

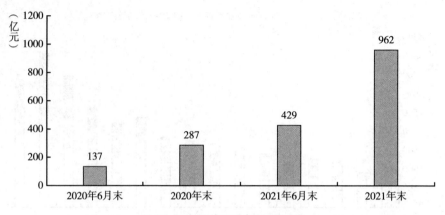

图40　ESG 理财产品发行金额

资料来源：中国理财网，中金公司研究部。

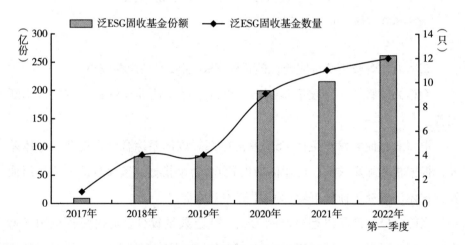

图41　泛 ESG 固收基金发行情况

资料来源：Wind，中金公司研究部。

球可持续债券市场中，绿色债券、社会责任债券、可持续发展债券、可持续发展挂钩债券、转型债券被统称为 GSS+（Green，Social，and Sustainable+）债券，其中前三者合称 GSS 债券，后两者合称转型债券。

截至 2022 年第一季度，绿色债券、社会责任债券、可持续发展债券、可持续发展挂钩债券和转型债券的累计发行规模分别为 17000 亿美元、5514 亿美元、5639 亿美元、1555 亿美元、102 亿美元，全部类型的 GSS+债券累计发行规模突破 3 万亿美元。

GSS+债券发行量持续稳定上升，2020 年增长 1 倍左右，2021 年发行规模突破 1 万亿美元。

目前，在国际市场上，绿色债券、社会责任债券、可持续发展债券、可持续发展挂钩债券适用的主要标准分别是国际资本市场协会（International Capital Market Association，ICMA）发布的《绿色债券原则》（2014 年首次发布，2021 年更新）、《社会责任债券原则》（2017 年首次发布，2021 年更新）、《可持续发展债券指引》（2017 年首次发布，2021 年更新）、《可持续发展挂钩债券原则》（2020 年首次发布），由市场主体自愿使用而不具有强制适用效力。

绿色债券、社会责任债券、可持续发展债券属于限定募集资金用途的债券。绿色债券/社会责任债券需要具备《绿色债券原则》/《社会责任债券原则》中提出的四大核心要素：募集资金用途、项目评估与遴选流程、募集资金管理、报告。除了这四大核心要素外，《绿色债券原则》（2021 年版）/《社会责任债券原则》（2021 年版）明确了关于绿色债券/社会责任债券框架和使用外部评审两项旨在提高透明度的重点建议。《绿色债券原则》（2021 年版）/《社会责任债券原则》（2021 年版）强调发行人向利益相关方披露和报告的四大核心要素和两大重点建议信息必须透明、准确及真实。其中，《绿色债券原则》适用于可持续发展债券的底层绿色项目，《社会责任债券原则》适用于可持续发展债券的底层社会责任项目。

可持续发展挂钩债券不限定募集资金用途，属于实体绩效挂钩的债券。可持续发展挂钩债券需要具备《可持续发展挂钩债券原则》（2020 年版）中提出的五大核心要素：关键绩效指标（KPI）的遴选、可持续发展绩效目标（SPT）的校验、债券特性、报告、验证（见表 8）。

表8　ICMA 关于可持续发展挂钩债券的监管指引

		相关内容
来源		ICMA 发布的《可持续发展挂钩债券原则》(2020 年版)
是否限定募集资金用途		否
特性		募集资金可用于一般用途,以实现关键绩效指标(KPI)和可持续发展绩效目标(SPT)
五大核心要素	关键绩效指标(KPI)的遴选	1. 关键绩效指标必须对发行人的核心可持续发展和业务战略至关重要,切实应对该行业在环境、社会和/或治理等方面的相关挑战,并且,发行人管理层可以通过管理使用 2. 关键绩效指标应符合以下条件:具有重要的战略意义;可基于一致的方法论进行计量或量化;可进行外部验证;可进行基准标杆比对 3. 建议发行人尽量选择过往年度报告、可持续发展报告或其他非财务报告中已涵盖和披露过的关键绩效指标,以使投资人能够评估该关键绩效指标的历史表现。建议发行人与投资人明确沟通关键绩效指标的遴选依据与过程,以及关键绩效指标与可持续发展战略的适应性与关联性 4. 发行人应提供关键绩效指标的明确定义,其中应包括指标应用范围和计算方法。指标应用范围,例如,发行人总排放量占某一基准的比例;计算方法,例如,在使用与经济活动强度相关的关键绩效指标时明确定义选取何种经济活动强度,通过设置可行的、有科学依据的或对标行业标准的基准线来计算关键绩效 5. 指标遴选可参考 SMART 理论,即选取具体、可测量、可实现、相关性高并且具有明确时效性的指标
	可持续发展绩效目标(SPT)的校验	1. 设定目标应综合考虑与多个基准标杆相比较:在可行的情况下,建议通过对选定的关键绩效指标进行至少三年的测量跟踪和记录来评价发行人的表现,并对关键绩效指标进行前瞻性指导;与发行人的同行业企业相比,其基于可持续发展绩效目标在同业中所处的水平,或现行行业标准及/或以科学为依据,即基于科学的情景假设、绝对水平或国家/地区/国际的官方目标,或对标公认的行业最佳技术,来设定与环境、社会效益主题相关的目标 2. 有关目标设定的信息披露应明确以下内容:实现目标的时间表,包括目标绩效评估日期/期间、触发事件和可持续发展绩效目标的评估频率,如适用、选择哪些经验证的基准线或参考值以对比关键绩效指标,以及选择使用该基准线或参考值(包括应用日期/期间)的理论依据;如在何种情况下会对基准情景或基准值进行重新计算或形式调整;在考虑到行业竞争和保密性的情况下,发行人将尽可能披露如何达成其预设的可持续发展绩效目标,发行人无法直接控制的、可能影响其实现可持续发展绩效目标的任何其他关键因素 3. 鼓励外部评审机构在债券发行前的第二方意见中评估发行人选定的关键绩效指标的相关性、稳健性、可靠性,明确可持续发展绩效目标的选定依据

续表

		相关内容
债券特性		1. 可持续发展挂钩债券的特性在于,因所选的关键绩效指标达到(或不能达到)预定的可持续发展绩效目标,而促使其财务和/或结构特征发生改变 2. 可持续发展挂钩债券的关键绩效指标定义、可持续发展绩效目标(包括计算方法)及其财务和/或结构特征可能发生的变化,需在债券文件中进行披露 3. 发行人应在发行前文件中陈述后备机制,以应对可持续发展绩效目标无法通过恰当的方法计算或得出的可能情况。如有必要,发行人还应考虑在债券文件中列举可能发生的特殊事件
报告		1. 可持续发展挂钩债券的发行人应当公布并确保以下信息易于查询:每年更新所选关键绩效指标的结果,其中包括相关的基准线数据;可持续发展绩效目标的验证报告,需列示可持续发展绩效目标的结果、实现可持续发展效益情况及其对应期间、结果对债券的财务和/或结构特征所产生的影响以及任何有助于投资人监控发行人可持续发展绩效目标积极推进的信息 2. 报告应定期发布,至少每年一次,在每个评估日期/阶段都应披露相关报告,披露可持续发展绩效目标的结果是否需对财务和/或结构特征进行调整 3. 发行人可以在债券文件中进行信息披露,也可以通过发布一份单独的文件进行披露,例如,可持续发展方面的框架文件、投资人简报会资料、外部评审报告、发行人网站或年度可持续性发展报告、年度报告
验证		发行人应聘任具有相关专业知识和资质的外部评审机构,验证频率为至少每年一次;每个评估日期/阶段,直到最后一次触发事件的时间段结束都应该有相应的验证报告,以验证可持续发展绩效目标的结果是否会导致需对财务和/或结构特征进行调整

资料来源:ICMA,中金公司研究部。

绿色债券历史较久,相关监管指引较为完善。除了 ICMA 发布的《绿色债券原则》外,CBI 发布的《气候债券标准 3.0》和欧盟的《欧盟绿色债券标准(草案)》的应用也较为广泛(见表9)。

《气候债券标准 3.0》和可持续金融技术专家组在 2019 年 6 月发布的《欧盟绿色债券标准》(EU GBS)提案完全接轨。

表9 《欧盟绿色债券标准（草案）》与《气候债券标准3.0》对比概览

	《欧盟绿色债券标准(草案)》	《气候债券标准3.0》
项目和资产的资格	以欧盟分类方案为基础,其中包括对相关活动的具体标准。关于气候变化减缓的标准与《巴黎协定》的目标一致	以气候债券分类方案和不同行业的资格标准为基础。所有标准的目标均与《巴黎协定》的目标一致
绿色债券框架	必须按照特定要求编写绿色债券框架文件,并在发行前或发行时披露该文件	必须按照特定要求编写绿色债券框架文件,并在发行前或发行时披露该文件
发行前报告	法律文件必须包括关于债券的环境目标和募集资金用途的特定信息	法律文件必须包括关于募集资金的使用和管理、外部审查机构和发行后的报告计划的特定信息
发行前外部审查	发行前强制审查,发行前或发行时披露核查机构报告	发行前强制审查,发行前或发行时披露核查机构报告
发行后报告	其是根据特定要求编写的、强制提交的报告。在募集资金完全投放前必须按年度提交并披露报告,并在资金投放出现重大变化时提交报告。两种类型报告——投放报告和效益报告被规定	其是根据特定要求编写的、强制提交的报告。在债券存续期间必须按年度提交并披露报告。三种类型报告——投放报告、资格报告和效益报告被规定
发行后外部审查	在募集资金完全投放时或之后进行至少一次强制核查。核查机构报告强制披露	在发行后的两年内至少进行一次强制核查。核查机构报告强制披露
外部核查机构的资质	必须是自愿临时注册计划(Voluntary Interim Registration Scheme)的注册机构	必须在气候债券倡议组织官网的授权核查机构名单里
现有债券的贴标	在强制核查和披露了关键文件的情况下允许贴标	在强制核查和披露了关键文件的情况下允许贴标

资料来源：CBI，欧盟，中金公司研究部。

从2015年推出绿色债券以来，银行间市场和交易所市场几乎每年都会有新的债券品种推出。2015年和2016年，银行间市场和交易所市场分别推出绿色债券品种；2018年，银行间市场推出乡村振兴债券；2020年，银行间市场推出蓝色债券和疫情防控债券，交易所市场推出疫情防控债券；2021年，银行间市场推出可持续发展挂钩债券、碳中和债券和革命老区债券，交易所市场推出蓝色债券、可持续发展挂钩债券、碳中和债券和乡村振兴债券；2022

年，银行间市场和交易所市场分别推出转型债券（见图 42）。其中，乡村振兴债券、疫情防控债券和革命老区债券可以看作广义上的社会类债券。目前，主题债券涵盖几乎所有债券品种，包括政策银行债、地方政府债、中票、短融/超短融、PPN、公司债、企业债、资产证券化产品和可转债等。

　　无论是发行量还是存续规模，银行间市场的主题债券品种多于交易所市场。从存量情况来看，无论是银行间市场还是交易所市场，疫情防控债券和绿色债券占比最高。截至 2022 年 6 月末，银行间市场 GSS+债券存续量前四的品种分别为疫情防控债券（10730 亿元）、绿色债券（9508 亿元）、碳中和债券（2800 亿元）和乡村振兴债券（1810 亿元）（见图 43）；交易所市场 GSS+债券存续量前三的品种分别为绿色债券（3752 亿元）、疫情防控债券（1601 亿元）、碳中和债券（1041 亿元）（见图 44）。

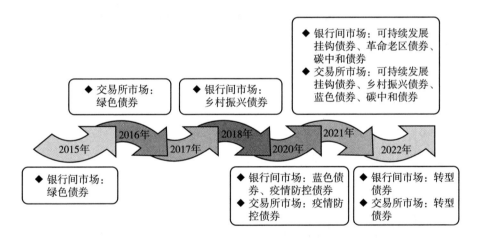

图 42　境内 GSS+债券品种推出情况

资料来源：中国银行间市场交易商协会、上交所、深交所、中金公司研究部。

　　②绿色债券标准逐步实现国内统一，与国际接轨

　　中国 GSS+债券最主要的品种——绿色债券一直是市场关注的重点。其发展受到中国生态文明建设顶层设计的指导，中国绿色债券市场经历了品种扩充（2015～2016 年）、制度完善（2016～2020 年）和制度统一再规范（2020 年至今）三个政策变迁阶段（见图 45）。

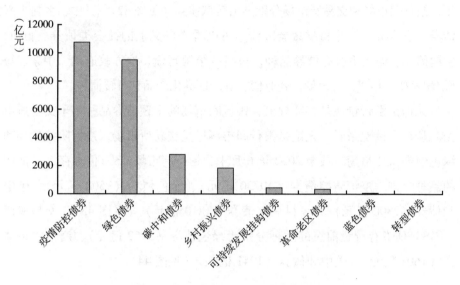

图43 银行间市场 GSS+债券存续量

注：数据截至 2022 年 6 月末。
资料来源：Wind，中金公司研究部。

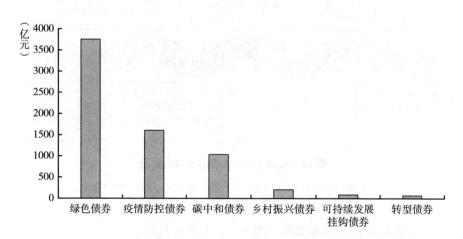

图44 交易所市场 GSS+债券存续量

注：数据截至 2022 年 6 月末。
资料来源：Wind，中金公司研究部。

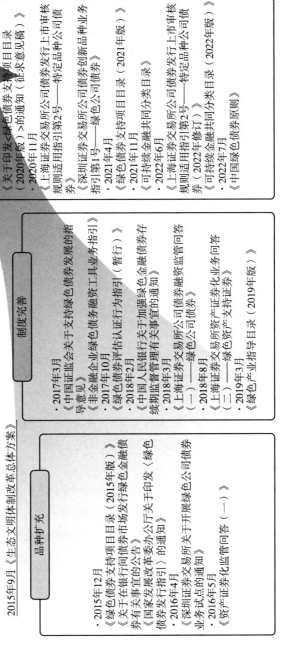

图 45 中国绿色债券市场三个政策变迁阶段的情况

资料来源：中国人民银行、国家发改委、上交所、深交所、中金公司研究部。

2020 年 7 月，由中国人民银行提议，由中欧等经济体共同发起的可持续金融国际平台（IPSF）发起设立可持续金融分类目录工作组，工作组通过对中国的《绿色债券支持项目目录（2019 年版）》和欧盟的《可持续金融分类方案——气候授权法案》进行全面和细致的比较，详细分析了中欧编制绿色与可持续金融分类目录的方法论和结果，并在此基础上编制了《可持续金融共同分类目录报告——气候变化减缓》（Common Ground Taxonomy：Climate Change Mitigation）。

7 月 29 日，绿色债券标准委员会组织全体成员单位制定并发布了《中国绿色债券原则》，统一了境内绿色债券标准：第一，要求募集资金 100% 用于绿色项目；第二，明确要求说明绿色项目具体信息或评估与遴选流程；第三，募集资金管理更加规范，要求发行人开立募集资金监管账户或建立专项台账，对资金进行全流程监管、可追踪；第四，存续期信息披露相关要求更具体。

B.3
油气行业 ESG 投资发展报告

王震　邢悦*

摘　要： 近年来，ESG 理念深刻改变着油气行业的发展环境。一是 ESG 投资框架引导资金流入绿色产业，令高碳项目面临较高融资约束。二是 ESG 消费观念带动市场偏好转向绿色产品，推动企业低碳转型。三是 ESG 监管政策陆续出台，导致合规风险和经营成本提高。四是 ESG 激励机制不断完善，助力油气行业碳中和目标实现。为应对 ESG 理念给行业发展带来的挑战和机遇，中国油气行业不断创新 ESG 实践，包括主动向绿色低碳的生产模式转型，勇担社会责任，不断完善 ESG 管治架构并持续提高 ESG 信息披露质量。展望未来，中国油气行业应主动适应环境变化并适时调整经营战略和发展策略。从战略、融资、投资、管理及信息披露五个方面，持续创新 ESG 实践，提升 ESG 绩效，树立 ESG 引领者形象。

关键词： 油气行业　能源转型　绿色金融　ESG 投资

一　引言

作为关系全球经济命脉的基础产业，油气行业具有鲜明的环境责任和社

---

* 王震，经济学博士，中国海油集团能源经济研究院院长、教授、博士生导师，主要研究领域为能源经济、绿色金融、战略管理；邢悦，管理学硕士，中国海油集团能源经济研究院研究员、中级经济师，主要研究领域为 ESG 管理、绿色金融、财务管理。

会责任属性，其ESG实践受到资本市场、监管部门、国际组织以及社会公众的广泛关注。

1989年，埃克森公司的一艘巨型油轮发生漏油事故，严重破坏了事故发生地的生态环境并引发了一系列相关社会问题，社会公众对埃克森公司的治理能力产生严重信任危机。治污工作使埃克森公司付出了极高的人力和资金代价。2015年，埃克森美孚被曝出隐瞒气候风险的丑闻，令公司股票暴跌。为应对ESG争议事件，埃克森美孚公司开始系统制定并持续优化ESG实践，包括：发布"低碳未来"倡议、制订短期与长期计划并对降低运营排放做出承诺；与全球非营利组织合作参与社区建设；成立可持续发展咨询小组，独立审查公司的可持续发展活动。

2010年，英国石油公司的墨西哥湾钻井平台发生漏油事故，给附近海域造成严重的环境污染和生态破坏。事故发生后，英国石油公司及时做出回应：一是更换执行总裁，新上任的执行总裁对被污染海域采取了积极的补救措施，最大限度地减轻了事故所造成的污染和危害；二是加强生产安全监管，对所有在用矿井进行了全面的安全检查，清除了安全隐患；三是在环境、社会和公司治理三个方面持续开展创新实践，并及时发布可持续发展报告，展现ESG实践成效。

油气行业多年来的ESG实践经历体现了从"单纯应对ESG争议事件"到"主动创新ESG实践、建立ESG管理长效机制"的转变。特别是近年来ESG理念愈加注重油气行业应对气候变化、推进能源转型等关键议题，新的理念内涵使油气行业的发展环境有了深刻变化，要求油气行业相应地调整发展战略与经营策略，应对ESG理念带来的新的机遇与挑战，实现行业可持续发展。

二 ESG理念对油气行业的影响

ESG理念深刻改变了资本市场和产品市场的偏好。此外，政府监管部门持续完善相关监管要求，防范企业出现ESG风险事件，并积极出台相应的激励机制，鼓励企业开展 ESG 实践。发展环境的变化深刻影响了油气行业的生产经营成本和绩效。

（一）ESG 投资：资金流入绿色产业，高碳项目面临高融资成本约束

ESG 理念推动 ESG 投资蓬勃发展，油气行业在资本市场融资方面面临越发严格的 ESG 标准和投资审核。越来越多的投资机构认识到企业的 ESG 表现可以给投资带来长期且稳定的收益，并将 ESG 理念融入投资框架中。签约加入联合国责任投资原则组织（UN PRI）的机构数量快速增加，截至 2022 年底，UN PRI 签署机构数量已超过 5300 家，覆盖全球多个国家和地区。此外，可持续发展基金、ESG 指数投资的规模与种类也日益增加。随着 ESG 因素被纳入能源领域投资的决策和管理过程中，风险可控、收益稳定的清洁能源项目受到更多青睐，而高耗能、高碳排放的传统化石能源项目面临较高的融资约束。

多数金融机构和投资人明确表示要降低对传统化石能源项目的融资总额，提高融资成本。2014 年，洛克菲勒兄弟基金会宣布将剥离其持有的化石燃料资产；2017 年，世界银行宣布在 2019 年后将不再向石油和天然气勘探与开采项目提供贷款；2019 年，欧洲投资银行（EIB）宣布，为应对气候变化挑战，将在 2021 年底前停止为一切化石能源项目提供贷款，包括燃煤发电及天然气发电项目；2020 年，贝莱德承诺将退出环境风险较高的投资项目，并将推出排除化石燃料的新投资产品；2020 年 8 月，埃克森美孚被剔除道琼斯工业平均指数 30 只代表股票，至此美国道琼斯股市中的能源股权重降至 2%；2021 年，美国、加拿大等 20 多个国家和国际组织签署声明，表示将在 2022 年底前停止对国外的化石燃料项目提供公共资金支持；2021 年 11 月，格拉斯哥净零排放金融联盟发布的进展报告中称，目前拥有着 130 万亿美元资产的 450 多家公司加入了格拉斯哥净零排放金融联盟，该联盟以 21 世纪中叶达到净零排放为目标，承诺减少对化石燃料的投资；2022 年，我国银保监会印发《银行业保险业绿色金融指引》，要求银行保险机构

将 ESG 理念融入绿色金融风险评估，企业的 ESG 表现成为影响融资和投保成本的关键因素。

（二）ESG 消费：市场偏好转向绿色产品，推进石油企业低碳转型

随着 ESG 理念在全球的推广加速，广大消费者的环境保护、绿色生态意识越来越强，对绿色产品的需求逐渐增加，要求油气企业采取有效的措施提升环境绩效，提供绿色产品。2019 年，国际海事组织（IMO）发布船舶"限硫令"，自 2020 年 1 月 1 日起在全球范围内实施船用燃油硫含量不超过 0.50%m/m 的规定，以减少全球航运高硫燃油的使用；2020 年，英国政府宣布将禁售燃油车法令生效的日期从 2040 年提前到 2035 年，以期实现零碳排放目标，英国运输部长表示，英国计划最早将于 2032 年开始实施汽油动力、柴油动力与混合动力汽车的禁售法令。

销售端的政策变化引发能源消费结构优化，进而直接影响油气行业的市场需求，要求油气企业做出业务调整，加速产品转型升级。一是加速可再生能源布局，加快推进清洁能源替代。充分利用太阳能、风能等可再生新能源，逐步降低传统化石能源比重。大力发展氢能，构建氢能从生产到销售全过程一体化的协同运营模式。二是加速能源产品升级，提升油品和化工产品质量。供应国Ⅵ标准、国Ⅴ标准油品，满足市场对高质量油品的需求。针对 IMO 的限硫规定，研发生产含硫量在 0.5%m/m 以下的低硫船用燃料油，保护海洋大气环境。持续提升绿色化工产品制造水平和全生命周期绿色管理水平，研发并生产清洁、绿色、优质的化工产品。

（三）ESG 监管：监管政策陆续出台，合规风险和经营成本提高

随着温室气体减排成为全球共识，各国监管部门陆续出台多项相关监管政策，导致油气行业的合规风险和经营成本不断提高。目前，相关监管政策主要聚焦于以下四个方面。

一是直接出台相关政策，要求并引导油气行业绿色低碳发展。2020 年 9 月 22 日，习近平总书记在第七十五届联合国大会一般性辩论上提出我国力

争 2030 年前碳达峰、努力争取 2060 年前实现碳中和的目标后，我国相关监管部门陆续出台多项绿色低碳发展政策，油气行业绿色转型成本不断提高。2021 年 9 月，中共中央、国务院于印发的《关于完整准确全面贯彻新发展理念做好碳达峰碳中和工作的意见》中明确提出，"加快构建清洁低碳安全高效能源体系"。2022 年 1 月 29 日，国家发展改革委、国家能源局联合发布《"十四五"现代能源体系规划》，要求增强能源供应链稳定性和安全性，并加快推动绿色低碳转型，为我国能源领域发展提供顶层设计。同时，国家发展改革委、国家能源局、生态环境部等部委从气候变化、节能减排等方面对能源领域发展做出规划（见表 1）。

表 1 我国油气行业 ESG 相关政策

发布主体	时间	政策文件	油气行业相关内容
中共中央、国务院	2021 年 9 月 22 日	《关于完整准确全面贯彻新发展理念做好碳达峰碳中和工作的意见》	加快构建清洁低碳安全高效的能源体系；强化能源消费强度和总量双控；大幅提升能源利用效率；严格控制化石能源消费；积极发展非化石能源；深化能源体制机制改革
国家发展改革委、国家能源局	2022 年 1 月 29 日	《"十四五"现代能源体系规划》	增强能源供应链稳定性和安全性；加快推动绿色低碳转型；提升能源产业链现代化水平；增强能源治理效能
国家能源局	2022 年 3 月 29 日	《2022 年能源工作指导意见》	提出增强供应保障能力，坚持深入落实碳达峰、碳中和目标要求，大力发展非化石能源，着力培育能源新产业新模式，持续优化能源结构
工信部、国家发展改革委等六部委	2022 年 4 月 7 日	《关于"十四五"推动石化化工行业高质量发展的指导意见》	以推动高质量发展为主题，以深化供给侧结构性改革为主线，以改革创新为根本动力，在传统产业改造提升、高端新材料和精细化学品发展、产业数字化转型、本质安全和清洁生产等方面重点发力
生态环境部等六部委	2022 年 6 月 14 日	《国家适应气候变化战略 2035》	提高能源行业气候韧性，开展气候变化对能源生产、运输、存储和分配的影响及风险评估；根据气候资源和能源需求变化，优化能源结构和用地布局
生态环境部等七部委	2022 年 6 月 10 日	《减污降碳协同增效实施方案》	紧盯环境污染物和碳排放主要源头，突出主要领域、重点行业和关键环节，优化天然气使用方式，优先保障居民用气，有序推进工业燃煤和农业用煤天然气替代

续表

发布主体	时间	政策文件	油气行业相关内容
国家能源局	2022年10月9日	《能源碳达峰碳中和标准化提升行动计划》	到2025年，初步建立起较为完善、可有力支撑和引领能源绿色低碳转型的能源标准体系，能源标准从数量规模型向质量效益型转变

资料来源：国家发展改革委、国家能源局、工信部、生态环境部。

二是运用碳市场、碳税等碳定价机制，促进油气行业节能减排。发达国家的碳定价机制已运行多年，具有较为丰富的经验。欧盟碳排放权交易市场已于2013年将石油行业纳入监管范围。2017年，加拿大阿尔伯塔省开始对油砂行业征收碳税。碳交易费用和碳税增加了油气行业的运营成本。2017年，康菲石油公司向挪威政府、加拿大不列颠哥伦比亚省政府和阿尔伯塔省政府共计缴纳了3000万美元的碳税。荷兰皇家壳牌石油公司在2018年能源转型报告中指出，全球二氧化碳排放价格每吨增加10美元，壳牌的税前现金流将减少约10亿美元。我国的全国碳市场于2021年7月正式启动，预计"十五五"期间，石化化工行业将纳入全国碳市场控排范围，且预期未来免费碳配额比例逐步降低、碳价呈上涨态势，油气企业的履约成本压力将愈加突出。

三是完善信息披露要求，倒逼油气行业提升ESG管理水平。随着信息披露要求不断提高，油气行业的信息披露合规成本和ESG管理成本相应增加。综观全球主要上市地ESG政策监管情况，各地均出台相应政策，为ESG信息披露机制提供依据和行动准则。各地交易所要求与指引不断变化更新，ESG信息披露要求从严的趋势较为明显，各地交易所逐渐将ESG披露从自愿披露，向半强制披露甚至强制披露过渡，披露要求趋向多元化、全面化。2022年3月31日，国际可持续发展准则理事会（ISSB）发布了其成立以来首份可持续披露准则，即《国际财务报告可持续披露准则第1号——可持续相关财务信息披露一般要求（征求意见稿）》及《国际财务报告可持续披露准则第2号——气候相关披露（征求意见稿）》，对油气行业产业链中的勘探开采企业、中游管输企业、炼化和销售企业、油气服务企业提出了明确的披露要求。上述两项准则于 2023 年 6 月 26 日正式发布。香港联交所已强制要求上市公司披露 ESG 信息，并在 2019 年修订的《环境、社会和管治报告指引》中增加了强制披露内容，将所有"社会"范畴的关键指标的披露要求从自愿披露提升为"不遵守就解释"，并要求披露董事会 ESG 管治声明。此外，2023 年 7 月，香港绿色和可持续金融跨机构督导小组表示，计划在 2025 年之前强制实施按照气候相关财务信息披露工作组（TCFD）的建议就气候相关资料进行披露的要求。中国内地目前以自愿披露为主，仅对重点排污单位、"上证公司治理板块"样本公司、境内外同时上市的公司及金融类公司等特定主体，规定了需要强制披露的信息范围，证监会和交易所正在研究制定进一步健全 ESG 信息披露制度，预期未来内地上市公司将面临更为严格的信息披露要求。

四是国务院国资委对中央企业 ESG 实践提出更高要求，推动油气中央企业发挥标杆作用。对于油气中央企业来说，早期国务院国资委的监管要求主要聚焦于绿色低碳发展方面，近年来，随着社会责任局的成立，对 ESG 各个方面提出了全面的监管要求。在 2021 年 9 月提出《关于完整准确全面贯彻新发展理念做好碳达峰碳中和工作的意见》两个月后，国务院国资委印发《关于推进中央企业高质量发展做好碳达峰碳中和工作的指导意见》，对中央企业的万元产值综合能耗、万元产值二氧化碳排放、可再生能源发电装机比重等指标提出了更加严格的要求。2021 年、2022 年国务院国资委先后印发《中央企业节能减排监督管理暂行办法》和《中央企业节约能源与生态环境保护监督管理办法》，将中央企业节约能源与生态环境保护考核评价结果纳入中央企业负责人经营业绩考核体系。2022 年 3 月，国务院国资委成立社会责任局，明确要求抓好中央企业社会责任体系构建工作，指导推动中央企业积极践行 ESG 理念，主动适应、引领国际规则标准制定，更好推动可持续发展。2022 年 5 月，国务院国资委发布《提高央企控股上市公司质量工作方案》，要求中央企业集团公司统筹推动上市公司进一步完善 ESG 工作机制，提升 ESG 绩效，在资本市场中发挥带头示范作用；推动更

多中央企业控股上市公司披露 ESG 专项报告，力争到 2023 年相关专项报告披露"全覆盖"。

（四）ESG 激励：绿色金融与转型金融助力碳中和目标实现

绿色金融通过差异化定价引导资金流向清洁能源领域，为油气企业布局新能源产业提供资金支持。目前，我国已经建立起多层次的绿色金融体系，其中，绿色信贷是绿色金融的主干业务品种，2022 年末，全国本外币绿色信贷余额 22.03 万亿元，同比增长 38.5%，增速较上年末提高 5.5 个百分点，全年新增 6.13 万亿元，存量规模居全球前列；截至 2022 年底，绿色债券市场累计存量规模 17657.6 亿元，新发行国内绿色债券 525 只，发行规模 8675.91 亿元，发行数量同比增长 8.92%，上市规模同比增长 45.18%，2022 年上市绿色债券募集资金的 50.8% 均投向清洁能源领域。[1]

近年来，我国金融机构不断创新绿色金融产品，为实体经济绿色低碳发展发挥积极作用。中国农业银行创新推出可再生能源补贴确权贷款、合同能源管理未来收益权质押贷款等新型贷款产品，为能源转型提供多元化融资支持；中国建设银行于 2020 年成立了风电项目团队，为风电企业发放 2.3 亿元贷款用于风电项目抢装；兴业银行"十四五"期间绿色融资方向聚焦能源结构绿色转型和项目储备，2020~2022 年承销绿色债券合计 500 亿元，[2] 2021 年发行国内首只权益出资型"碳中和"债券 20 亿元，[3] 募集资金全部用于收购新能源发电公司。

转型金融是对绿色金融体系的重要补充。作为专门为高碳行业低碳转型提供资金支持的重要金融手段和支持工具，转型金融倡导关注高污染、高能耗、高碳行业的融资需求，能够弥补绿色金融仅关注绿色项目的短板，有效

① 陈霄：《绿色金融行业专题报告：绿金深化发展，转型金融促电力行业降碳》，未来智库，https://baijiahao.baidu.com/s？id=1759240790328268442&wfr=spider&for=pc。
② 陈晔：《为实体经济添动能，兴业银行非金债券承销规模近 6000 亿元》，钱江晚报，https://baijiahao.baidu.com/s？id=1749180694234713829&wfr=spider&for=pc。
③ 王一凡：《兴业银行落地市场首批"碳中和债"》，央广网，https://baijiahao.baidu.com/s？id=1692110719429692148&wfr=spider&for=pc。

满足石油等高碳行业低碳转型发展的资金需求。随着构建转型金融框架的必要性逐渐凸显，不少国际组织、政府部门、行业协会以及金融机构，都在积极参与制定或研究转型金融标准。2022 年 11 月，转型金融的发展迎来新的里程碑，G20 领导人峰会批准并正式发布《G20 转型金融框架》，标志着国际社会对转型金融框架达成共识。

目前，我国部分监管部门、行业协会和金融机构已经开展了转型金融方面的市场实践和标准制定工作。浙江省湖州市发布了适用于本地的转型金融目录和激励措施，中国建设银行、中国银行等金融机构发布了转型债券指南，中国银行间市场交易商协会发布了指导可持续挂钩债券和转型债券发行的试点意见。总体而言，我国的转型金融实践尚处于起步阶段，未来发展还面临转型经济活动的界定标准缺乏顶层设计、契合"双碳"目标的转型金融创新性工具相对匮乏、与转型相关的企业环境信息披露质量有待提高等问题。为更好激励高碳行业低碳转型发展，需要借鉴转型金融框架，加快建立符合我国国情的转型金融体系：一是加紧制定转型金融支持目录，积极启动转型示范项目；二是加强转型金融产品创新，强化转型金融激励机制；三是明确转型信息披露要求，规范第三方评估认证行为。

三 中国油气行业的 ESG 实践

在 ESG 理念的广泛影响下，中国油气行业积极应对 ESG 挑战与机遇，不断创新 ESG 实践，大力推进绿色低碳发展，勇担社会责任，持续完善 ESG 管治架构并提升 ESG 信息披露质量。

（一）碳中和目标引领绿色低碳发展

减少化石能源消耗、降低碳排放以及向清洁能源转型已经成为全球应对气候变化的首要选项。中国始终秉持人类命运共同体理念，实施积极应对气候变化国家战略，并且在 2020 年宣布了"2030 年碳达峰"和"2060

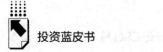
年碳中和"的宏伟目标，绿色低碳转型步伐不断加快。作为温室气体排放的主要行业，油气行业积极落实国家关于碳达峰、碳中和的重大战略决策部署，加速应对气候变化，通过制定低碳战略和减排目标、实施稳油增气并布局新能源产业、加强能源综合利用等措施，主动向绿色低碳的生产模式转型。

1. 理念融入发展战略，制定公司"双碳"目标

中国油气企业普遍将绿色低碳理念融入其价值体系和业务发展战略中。2022年6月，三大石油公司陆续发布"双碳"行动方案，明确碳减排目标和时间表。

中国石油于2020年将"绿色低碳"纳入公司战略，设立由董事长牵头的新能源新材料事业发展领导小组，加强新能源发展战略和规划制定工作。2022年6月5日，中国石油制定并发布《中国石油绿色低碳发展行动计划3.0》，确立了按照"清洁替代、战略接替、绿色转型"三步走的绿色低碳转型路径，包括"三大行动""十大工程"的具体行动部署，以及力争2025年前后实现碳达峰、2035年外供绿色零碳能源超过自身消耗的化石能源、2050年前后实现"近零排放"的碳减排目标。

中国石化重塑业务组合并制定包括"绿色洁净"在内的六大战略目标。以打造世界领先洁净能源化工公司为愿景，全面实施世界领先发展方略，加快构建以能源资源为基础、以洁净油品和现代化工为两翼、以新能源新材料新经济为重要增长极的"一基两翼三新"产业格局。中国石化以《中国石化2030年前碳达峰行动方案》作为"双碳"工作主线，制订年度碳达峰工作计划，全面实施"碳达峰八大行动"和33项实施措施，积极开展减缓与适应气候变化行动，提出"确保在国家碳达峰目标前实现二氧化碳达峰，力争比国家目标提前10年实现碳中和"的目标。

中国海油于2018年提出绿色低碳战略，通过全力推进绿色低碳发展，为建设美丽中国和经济社会高质量发展提供清洁能源保障。2022年，中国海油制定并发布《中国海油"碳达峰、碳中和"行动方案》，提出按照"清洁替代、低碳跨越、绿色发展"三个阶段，通过实施稳油增气、能效

提升、清洁替代、产业转型、绿色跨越、科技创新六大行动，力争实现
2028 年碳达峰、2050 年碳中和、"十四五"期间碳排放强度降幅 10%~
18% 的目标（见表 2）。

表 2   中国三大石油公司绿色低碳战略与"双碳"目标

	中国石油	中国石化	中国海油
公司战略	创新、资源、市场、国际化、绿色低碳	价值引领、市场导向、创新驱动、绿色洁净、开放合作、人才强企	创新驱动战略、国际化发展战略、绿色低碳战略、市场引领战略、人才兴企战略
"双碳"行动方案	《中国石油绿色低碳发展行动计划 3.0》	《中国石化 2030 年前碳达峰行动方案》	《中国海油"碳达峰、碳中和"行动方案》
发布时间	2022 年 6 月 5 日	2022 年 6 月	2022 年 6 月 29 日
实施路径	清洁替代阶段（2021~2025 年） 战略接替阶段（2026~2035 年） 绿色转型阶段（2036~2050 年）	—	清洁替代阶段（2021~2030 年） 低碳跨越阶段（2031~2040 年） 绿色发展阶段（2041~2050 年）
行动部署	• 绿色企业建设引领者行动：节能降碳工程、甲烷减排工程、生态建设工程、绿色文化工程 • 清洁低碳能源贡献者行动："天然气+"清洁能源发展工程、"氢能+"零碳燃料升级工程、综合能源供给体系重构工程 • 碳循环经济先行者行动：深度电气化改造工程、CCUS 全产业链建设工程、零碳生产运营再造工程	• 清洁低碳能源供给能力提升行动 • 炼化产业结构转型升级行动 • 能源结构优化调整行动 • 节能降碳减污行动 • 资源循环高效利用行动 • 绿色低碳科技创新支撑行动 • 绿色低碳保障能力提升行动 • 绿色低碳全员行动	• 稳油增气 • 能效提升 • 清洁替代 • 产业转型 • 绿色跨越 • 科技创新
碳达峰时间	2025 年前后	2030 年之前	2028 年
碳中和时间	2050 年前后	2050 年	2050 年

资料来源：根据各公司 ESG 报告内容整理。

2. 坚持实施稳油增气，积极布局低碳业务

中国油气企业在"稳油"基础上，把加快天然气发展作为构建清洁低碳、安全高效的现代能源体系、保护生态环境的重要举措和主攻方向（2020~2022 年中国三大石油公司天然气产销量见表3）。

表3　2020~2022 年中国三大石油公司天然气产销量

指标	中国石油			中国石化			中国海油		
	2020 年	2021 年	2022 年	2020 年	2021 年	2022 年	2020 年	2021 年	2022 年
国内天然气产量（亿立方米）	1131	1378	1455	303	339	353	199	226	253
国内天然气产量同比增长（%）	9.9	5.5	5.6	2.4	11.9	4.1	15.0	13.6	11.9
国内天然气产量占公司国内油气产量当量之比（%）	47.2	51.6	52.5	42	44	45	—	—	—
国内天然气产量占全国天然气总产量之比（%）	70.3	66.4	66.8	—	—	—	—	—	—
国内可销售天然气产量（亿立方米）	1130.9	1195.6	1266.1	—	—	—	—	—	—
国内可销售天然气产量同比增长（%）	9.9	5.7	5.9	—	—	—	—	—	—
国内全年天然气销售量（亿立方米）	1725.9	1945.91	2070.96	—	—	—	—	—	—

资料来源：根据各公司 ESG 报告内容整理。

中国石油将天然气作为绿色发展的战略重点，推进常规天然气以及致密砂岩气、页岩气、煤层气等非常规天然气的勘探开发。2020~2022 年，国内天然气产量、国内可销售天然气产量和国内全年天然气销售量均逐年攀升；

2022 年国内天然气产量 1455 亿立方米，同比增长 5.6%，在公司国内油气产量当量中占比达 52.5%（2021 年已超 50%），占全国天然气总产量比例为 66.8%；2022 年国内可销售天然气产量 1266.1 亿立方米，同比增长 5.9%；2022 年国内全年天然气销售量 2070.96 亿立方米。中国石油提出"2025 年国内天然气产量在公司国内油气产量当量中的占比提高到 55% 左右，2035 年实现石油、天然气和新能源三分天下"的目标。

中国石化加快天然气产供储销体系建设，持续提升天然气供应能力。2020~2022 年，国内天然气产量、国内天然气产量占公司国内油气产量当量的比重均逐年提升。2022 年，新建天然气产能 74.4 亿立方米，同比增加 6.1 亿立方米；生产天然气 353 亿立方米，同比增加 13.8 亿立方米。[①]

中国海油持续加大中国海上天然气勘探开发力度，提出"2025 年国内油气产量中天然气产量占比 33%"的目标。2021 年 6 月，由中国自营勘探开发的首个 1500 米超深水大气田——"深海一号"在海南岛东南陵水海域正式投产，每年可稳定供气 30 亿立方米，满足粤港澳大湾区 1/4 的民生用气需求。2022 年，中国海油新增天然气探明地质储量约 1450 亿立方米，天然气产量 371 亿立方米，其中国内天然气产量 253 亿立方米。南海西部油田作为我国海上第一大天然气生产基地，天然气总产量达 87.5 亿立方米。中国海油中联公司建成国内第一大煤层气生产基地，2022 年天然气总产量为 42.7 亿立方米，连续 5 年保持 18% 以上的高速增长。

积极布局新能源业务是中国油气企业推动绿色低碳发展的另一大重要举措。目前，中国油气企业对可再生能源的投资主要集中在太阳能、生物燃料、风力发电和燃料电池等领域。

中国石油将新能源新业务作为推动绿色低碳转型发展的新动能，大力推动"油气热电氢"融合发展。中国石油设立新能源新材料事业发展领导小组，董事长担任组长，目的是加强新能源新业务发展战略规划和业务管理体系构建，加快拓展地热、风光发电、氢能，以及充（换）电站等新能源业

---

① 数据来源：中石化股份 2022 年可持续发展报告。

务。在加快上海新材料研究院和深圳新能源研究院建设与运营的同时，2022年，中国石油设立日本積智研究院，进一步为新能源和新材料新业务的发展提供技术支撑。2022年，新能源新业务投资额为76.7亿元，同比增幅252%，新能源开发利用能力达到800万吨标准煤/年。[1]

中国石化将新能源作为推进能源转型、业务转型的突破口，重点推进光伏发电、氢能利用等可再生能源发展。油田企业以"生产用能低碳化、能源消费清洁化"为目标，开发利用厂矿区域内的风能、太阳能等清洁能源，持续提高低碳化发展水平。炼化企业依托炼化基地，大力开展集中式风电、光伏项目开发，布局"大型可再生能源发电-储能-绿电制氢"项目，逐步实现绿电替代、绿氢炼化，实现炼化领域深度脱碳。销售企业打造氢能应用场景，完善氢能制取、储运、加注等环节布局，逐步扩大绿氢供应比例，同时积极推进分布式光伏发电项目建设。截至2022年底，已累计建成加氢站98座，合计加氢能力约45吨/天；累计建成分布式光伏发电站2452座，装机容量88兆瓦。[2]

中国海油提出"2040年国内能源产品中1/2为清洁能源，非化石能源产量占比达到25%；2050年国内能源产品中2/3为清洁能源，非化石能源产量占比超过50%"的目标。稳妥有序推进海上风电业务，择优发展陆上风电光伏项目，是中国海油布局新能源产业的两项重要举措。2022年，中国海油首个全容量并网海上风电项目——江苏竹根沙海上风电场，荣获2022年度电力建设行业工程质量的最高荣誉"中国电力优质工程奖"。中国海油积极参与风光储综合能源示范基地建设和风电光伏大基地建设，积极探索融合发展新模式，不断培育提高陆上光伏设计、建设、运维和装备管理的能力。

3. 加强能源综合利用，节能降碳成效显著

在国家"双碳"战略大背景下，中国油气企业加快推进各项节能减排措施，将温室气体治理落到实处。

---

① 数据来源：中国石油2022年ESG报告。
② 数据来源：中国石化2022年可持续发展报告。

在节能降耗方面，中国油气企业均强调从源头上减少化石能源消耗。中国石油上游油气生产实施全过程清洁低碳专项行动，新建油气工程从源头提高清洁能源利用，已建油气产能按照"节能瘦身、清洁替代、负碳措施"三步法全面推动低碳生产。2022 年，新增风光发电装机规模 56.58 万千瓦，风光发电装机规模同比增幅达 1154.7%；新增余热发电装机规模 11.37 万千瓦，余热发电装机规模同比增长 38.5%。[①]

中国石化推进油田注采输一体化能效提升、能量系统优化、低温余热综合利用等节能工程；严格管控动力煤消耗，从低碳燃料替代、运行优化、升级改造、整合优化等方面，确保燃煤机组能效提升。2022 年，实施"能效提升"项目 479 个，节能 94.6 万吨标准煤，万元产值综合能耗为 1.010 吨标准煤，同比下降 0.5%（见表 4）。

表 4　2020~2022 年中国三大石油公司节能降碳绩效指标

指标	中国石油			中国石化			中国海油		
	2020 年	2021 年	2022 年	2020 年	2021 年	2022 年	2020 年	2021 年	2022 年
原油消耗量（万吨）	172	168	159	107	107	106	38.7	34.32	25.93
天然气消耗量（亿立方米）	187	175	177	37.8	40.6	44	22.28	24.69	25.82
电力消耗量（亿千瓦时）	553	525	564	308.3	338	338.8	2.83	6.36	12.85
节能量（万吨标准煤）	76	70	71	458	96.7	94.6	14.88	16.15	27.57
单位油气产量综合能耗（千克标准煤/吨）	118	116	109	—	—	—	55	59.2	57.1
万元产值综合能耗节能（吨标准煤）	—	—	—	0.49	1.015	1.010	—	—	—

① 数据来源：中国石油 2022 年 ESG 报告。

续表

指标	中国石油			中国石化			中国海油		
	2020 年	2021 年	2022 年	2020 年	2021 年	2022 年	2020 年	2021 年	2022 年
温室气体直接排放量（万吨二氧化碳当量）	12757	12139	11968	12858	14838	13772	912.3	977.4	977.9
温室气体间接排放量（万吨二氧化碳当量）	3987	3815	4088	42.36	2418	2407	22.2	53.1	110.1
温室气体总排放量（万吨二氧化碳当量）	16744	15954	16056	17094	17256	16179	934.5	1030.5	1087.9
单位油气产量温室气体排放量（吨二氧化碳当量/吨）	0.28	0.25	0.24	—	—	—	0.15	0.16	0.16
温室气体排放强度（吨二氧化碳当量/百万元）	—	—	—	81.22	62.96	48.76	—	—	—

资料来源：根据各公司 ESG 报告内容整理。

中国海油积极从严开展新建项目节能评估和碳排放评估，从源头控制能耗水平，继续推进海上油田岸电入海工程建设，推进伴生气回收利用，大力推广油田电力组网、余热利用、重点用能设备节能改造等技术应用。2022年，公司累计实施 50 余个节能改造项目，总投入资金 3.6 亿元，实现节能量 27.57 万吨标准煤，减排二氧化碳 59.66 万吨。

在控制碳排放方面，中国油气企业通过开展温室气体盘查与核查、加强CCUS 技术研究与应用、布局林业碳汇等方式，实施能源消费总量和强度"双控"管理。

中国石油将总量和强度指标分解到各分（子）公司，依据国家温室气体核查核算标准，建立温室气体核查核算机制，设立温室气体核查核算中心，按季度核算温室气体排放数据并定期核查。2022 年，公司国内单位油气产量温室气体排放量、甲烷排放强度分别实现同比下降 4%、11%。积极开展 CCUS 技术研发和示范项目建设，在吉林、大庆等油田加大实施力度，二氧化碳年注入量突破 110 万吨。积极布局林业碳汇，2022 年新建碳汇林、碳中和林合计 10635 亩。与国际组织开展减排合作，启动 OGCI 昆仑气候投资基金，在我国境内投资可能对全球温室气体排放产生重大影响的技术和商业解决方案，助力气候变化应对行动。

中国石化持续开展温室气体盘查与核查工作，盘查的组织边界覆盖公司及所属企业的全部生产单元，并组织中国石化节能监测中心对碳排放数据进行内部核查。持续开展 CCUS 关键技术攻关与工业化应用，加大科研投入，实施重点项目，大力推动 CCUS 全产业链优质示范工程建设。2022 年，炼化企业持续开展制氢、合成氨等装置排放的高浓度二氧化碳回收利用，捕集二氧化碳 153.4 万吨；油田企业二氧化碳驱油注入 65.7 万吨，取得较好的减碳增油成效。

中国海油不断完善节能低碳监督监测体系，建立覆盖全体分公司的能源管控与碳排放数据管理信息平台，与开发生产报表系统紧密融合，全面实时掌握所属生产企业的碳排放和能耗状况，研究开发碳排放在线监测方法和设施排放因子实测方法，定期开展节能低碳监督监测和专项督查工作。2022年，中国海油大力加强新建项目碳排放源头管控，将碳排放指标纳入新建项目投资决策。

（二）石油企业勇担社会责任，作用突出

油气行业在生产过程中存在诸多风险因素，容易出现生产安全事故和职业健康问题。一方面，化石能源的开采、生产、加工过程伴随诸多安全隐患，一旦发生事故将会产生严重的后果。另一方面，油气行业的生产环境可能导致相关职业病的出现，例如，在石油开采过程中，采油泵站可能出现严重的噪声危害。因此，加强生产安全管理、关注员工职业健康是油气行业面临的重要的 ESG 议题。此外，油气项目勘探、开发和生产的全过程都将深度嵌入所在地区，对区域的环境、社会和文化产生重要影响。因此，油气行

业需要通过助力乡村振兴等方式积极参与社区建设。

1. 确保生产安全，关注职业健康

（1）在确保生产安全方面，中国油气企业严格遵守《中华人民共和国安全生产法》等法律法规，持续完善公司内部安全生产规章制度，致力于加强生产安全、防范安全风险、强化隐患排查治理，系统性地预防和减少生产安全事故发生。

一是全面开展安全隐患排查。中国石油开展危险化学品安全风险集中治理，对于气体检测、视频监控、紧急切断、雷电预警系统设施，77 个大型油气储存基地全部配齐投用，对问题隐患进行整改；开展重点领域安全风险集中整治，突出油气罐区、储气库、城镇燃气、油气井井控等重点领域，加大隐患治理力度；全面开展安全生产大检查，2022 年各层级开展安全生产大检查共计 13.1 万次。[①] 中国石化开展危险化学品泄漏隐患排查整治、燃气专项排查整治、油气长输管道安全隐患专项治理等专项行动；2022 年，组建 4 个安全专项督查组，完成 3 轮、共计 51 家企业的督查任务，并抽调企业内部安全专家成立 14 个检查组，对 42 家企业进行安全专项检查。[②] 中国海油制定特色 HSE 体系管理框架，包括"领导力与责任"等十大核心要素和 70 项具体管理内容，明确安全管理内容和要求；高度重视安全检查工作，对各二级单位实现检查全覆盖，以促进安全生产。

二是提升安全生产智能化水平。中国石油自主开发的"安眼工程"平台于 2022 年正式上线试运行，通过智能化技术和手段推动油气与新能源业务实现生产管理和安全监管数字化，该平台重点针对人员违章行为进行智能识别与主动预警，以期达到强化监管、风险受控、降低成本、提质增效的目的。中国石化积极开展人工智能、大数据、工业互联网等技术在工业领域的应用研究，基于"石化智云"开展"工业互联网+安全生产"项目试点，推进智能化和数字化平台建设与安全生产深度融合。

---

① 数据来源：中国石油 2022 年 ESG 报告。
② 数据来源：中国石化 2022 年可持续发展报告。

（2）在关注职业健康方面，中国油气企业高度重视施工作业安全、健康管理与保障，持续改善劳动条件；遵守业务所在地法定工作时间及节假日规定，关注员工心理健康，把员工健康和生命安全放在首位。

一是完善职业健康管理。中国石油通过职业健康安全管理体系（ISO45001）认证的企业及下属单位数量超过 100 家；在海外组织疟疾、猴痘、埃博拉等传染病防控专项培训，3500 余人参与培训。中国石化持续开展职业病危害风险管理，对近 10 年职业病发病情况进行汇总分析，针对噪声聋、苯中毒等重点职业病制定针对性改善措施，切实保护员工健康；在 HSE 委员会下设立了职业健康专业分委员会，统筹和规划员工职业健康管理，跟踪关键指标执行情况，保障员工的职业健康。中国海油持续强化源头防控和作业场所管控，对作业场所的检测实施率达到 100%；2022 年，组织开展建设项目职业病危害预评价 36 项、职业病防护设施设计 17 项、职业病防护设施竣工验收 26 项；积极组织职业健康宣贯与培训；2022 年，组织主题宣讲活动 9000 余次、咨询活动 6000 余次，受众达 50 万人左右。[①]

二是关怀员工心理健康。中国石油开通心理咨询热线和网站，开展多种形式的心理健康知识宣传培训，引导员工树立积极、健康的心态，心理健康热线全年服务时长 1624 小时，咨询个案 995 例，开展海外项目员工心理准备度评估和测试 1577 人次。[②]中国石化推广线上心理咨询服务，通过"奋进石化"平台了解基层动态，组织开展超过 30 万人参加的在线思想动态调查，精准把握基层员工心理状况；"心福咨询"平台设立 7×24 小时境内外员工心理咨询专线，普及心理学知识；开展线上"心福快车"一线行活动，进行在线辅导，打通走向员工心里的"最后一公里"。中国海油明确心理健康测评、心理健康咨询热线、心理健康促进与教育、重点人群心理健康服务和突发事件心理危机干预 5 项心理健康工作任务，建立覆盖全公司范围的 7×24 小时心理健康咨询网络，开展出海作业人员心理健康服务，加强出海

---

① 数据来源：中国海油 2022 年 ESG 报告。

② 数据来源：中国石油 2022 年 ESG 报告。

作业人员心理健康监控。

2.助力乡村振兴，促进社区建设

（1）在助力乡村振兴方面，中国油气企业积极响应国家乡村振兴战略，将公司业务优势与受援地资源特点相结合，围绕产业、人才等多个领域高质量开展乡村振兴工作，逐步探索形成具有油气行业特色的帮扶模式。

一是助力乡村产业振兴。中国石油在新疆尼勒克县、吉木乃县援建玉米烘干厂、智慧粮仓，为粮食安全提供有力保障；在新疆青河县援建生物饲料厂，在河南范县援建农林花卉基地项目，延伸富民产业链；在江西横峰县援建乡村梯田民宿，支持发展乡村旅游。中国石化持续深化"一县一链"全链条帮扶模式，大力推动帮扶产业从种养环节向产品深加工延伸，努力使定点帮扶的每个县都有一条高品质农产品产业链、有一批具有市场竞争力的产品。中国海油持续投入资金支持海南保亭县创建"保亭柒鲜"农业公用品牌，帮助当地培育龙头企业；支持海南五指山市水满乡新村特色优势产业，扶持茶产业发展，推进农文旅资源融合，发展壮大村集体经济，使得新村人均年收入跃居全乡第2位。

二是助力乡村人才振兴。中国石油通过打造中国石油"兴农讲堂"平台、开展油气专业定向培养等方式支持培训基层干部、乡村振兴带头人、专业技术人员，为乡村振兴奠定人才基础。中国石化持续强化教育帮扶，围绕校园、教师、学生三个层面大力推动教育帮扶工作，有效提升地区基础教育水平。中国海油累计投资3000万元在西藏尼玛县建设就业创业服务站及文化产业中心，直接受益人数达250人；招录未就业医技人员至基层医疗机构，开展市政保洁培训项目，在提供就业岗位的同时，大力带动脱困户就业增收。

（2）在促进社区建设方面，中国油气企业通过负责任的运营，对社区发展发挥积极影响，降低生产运营活动对社区环境和社会的影响，维护社区居民人权，带动提升当地自我发展能力。

一是将评估社区影响纳入项目开发全流程。中国石油实施全周期项目管理，项目开工前，对当地社区需求、人权保障、自然环境、文化遗产等社会、环境和经济状况进行评估，保障社区居民合法权益；项目实施过程中，全程实施环境影响监测，保持与社区等利益相关方的良好互动；项目结束后，第一时间恢复地表原貌，保护当地生态环境。中国石化制定了涵盖项目方案开发、施工方案制订、环境保护验收等项目投产前关键阶段的社会影响评估程序，确保项目全生命周期符合国家及地方环境法律法规要求。

二是助力社区可持续发展。中国石油积极帮助改善社区居民生产生活条件，根据当地社区实际需求，在环境、卫生、教育、公共设施、社区活动等方面向周边社区提供支持；积极推进本土化运营，优先考虑采购和使用当地产品与服务，为当地供应商、承包商及服务商提供参与项目的机会，支持当地中小企业和社区创业者发展。中国石化的境外分公司严格履行依法纳税要求，坚持国际安全、健康和环保标准，优先雇用本地员工，重视提高公司员工本地化比例，为本地人才提供就业岗位，促进社区环境可持续发展。中国海油建立健全海外社区投资制度建设长效机制，旗下子公司海油国际成立了海油国际慈善公益事业委员会，确保社会公共福利和公益慈善事业的有序运行与健康发展；2022 年，海油国际海外社区投资审核通过总投资金额 512 万美元，实施 60 余个公益项目，涉及 15 个国家，社区投资战略重点涵盖建设繁荣安全的社区、促进教育发展、支持原住居民社区、绿色低碳等方面。

（三）公司 ESG 管治架构不断完善

油气行业在面临和其他行业类似的治理挑战的同时，其治理风险也具有区别于其他行业的特殊性。油气产品高度易燃的特殊性和潜在安全事故的严重后果导致油气企业受到政府严格监管，这就要求董事会高度重视风险管理。在一些发展中国家，油气企业参与自然资源相关竞标时常常面临腐败等相关挑战。此外，在董事会对 ESG 的监督、风险管理、高管薪酬、商业道德、高管和员工的多样性等方面，油气企业的治理表现也受到来自投资者和消费者的广泛关注。

中国油气企业大多建立了上下联动、运转高效的 ESG 管治架构，明确各层级、各部门的 ESG 工作职责，建立各层级间交流互通工作机制，确保横向协同、纵向贯通。董事会为 ESG 管治最高负责机构，并在董事会下设独立的专业委员会从事 ESG 事务监管，负责 ESG 风险识别、政策和目标制

定及进展监控、绩效评估，并定期向董事会提出建议和报告。

中国石油通过股东大会、董事会及其专门委员会、监事会、总裁负责的管理层来指导和管理可持续发展实践。2021年3月，中国石油将董事会下设的健康、安全与环保委员会升级为可持续发展委员会，负责监管公司可持续发展事宜，并向董事会或总裁提出建议。委员会成员为公司董事。可持续发展委员会每年举行一次例会，于当年董事会第一次例会前召开，委员会在讨论后，向董事会提交意见书。近年来，中国石油ESG管治体系在公司内生发展需求和外部推动下持续完善，由强调安全环保、节能减排等油气行业传统领域向全面提升ESG管理制度机制过渡。中国石油形成了董事会负责、专业委员会监督、各职能部门和专业板块协作落实的ESG管治架构（见图1）。

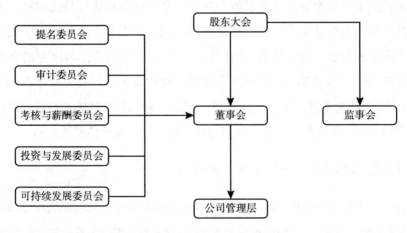

图1 中国石油 ESG 管治架构

资料来源：中国石油《2022 环境、社会和治理报告》。

中国石化将ESG纳入公司治理体系，通过建立和优化ESG管治架构（见图2）及机制，确保在所有层面的决策中综合考虑经济、社会及环境因素，实现对ESG事宜的良好管理。董事会是公司ESG治理的最高决策机构，负责ESG事宜的整体规划及工作统筹。董事会下设可持续发展委员会，由董事长担任主任委员，负责公司ESG战略、目标及年度计划等的审批和执行情况评估，并向董事会汇报ESG执行成果和重大计划。战略委员会、审计委员会亦参与公司应对气候变化、保障健康安全等 ESG 相关事宜的审议与决策。公司总部负责统筹协调和推进落实 ESG 相关工作，并由相关部门具体负责各专项 ESG 议题的管理。下属企业按照 ESG 管理制度和流程负责相关具体工作的执行与落地，形成了具有中国石化特色的可持续发展管理和实践体系。

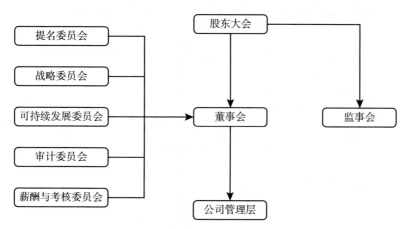

图 2　中国石化 ESG 管治架构

资料来源：中国石化《2022 可持续发展报告》。

中国海油建立了自上而下的 ESG 管治架构（见图 3），持续健全 ESG 管理体系，积极推动 ESG 与发展战略、生产经营持续融合。董事会为环境、社会及管治事务的最高负责及决策机构，对公司的环境、社会及管治策略及汇报承担全部责任，负责评估及厘定公司有关环境、社会及管治的风险，并确保公司设立合适及有效的环境、社会及管治风险管理及内部控制系统，监督管理 ESG 相关目标与工作进展。2022 年 8 月，董事会设立战略与可持续发展委员会，该委员会就公司可持续发展事宜进行研究，就相关政策和策略向董事会提出建议。委员会每年至少一次收到公司管理层关于安全环保情况的专项汇报，每年审议公司 ESG 报告以及利益相关方沟通结果与重要性议题分析结果，以确保董事会在 ESG 治理及 ESG 信息披露中的全过程参与。

（四）ESG 信息披露质量日益提升

油气行业积极落实 ESG 信息披露要求，通过严格遵循信息披露标准、

丰富信息披露内容、聘请第三方独立鉴证等多渠道逐步提高 ESG 信息披露质量。2005～2007 年，中国海油、中国石油和中国石化陆续发布第一份社会责任报告，距今已连续发布 10 余年。随着资本市场和社会公众对环境、社会和治理问题关注度的日益提升，报告内容由展示企业履行社会责任情况逐步转变为全面披露 ESG 各项议题，信息披露质量也日益提升。

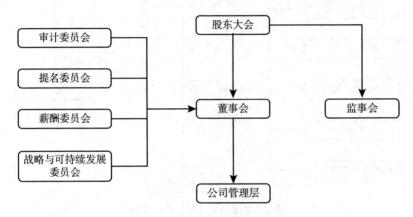

图 3　中国海油 ESG 管治架构

资料来源：中国海油《2022 环境、社会及管治（ESG）报告》。

1. 遵循严格标准，规范披露内容

中国油气企业的 ESG 报告充分参考国内外多项权威信息披露标准，报告的规范性和专业性不断提高。中国油气企业遵循或参照的 ESG 信息披露标准主要包括四类，即交易所的合规要求、国际通用的普适标准、油气行业协会组织相关标准及 TCFD 建议标准。

一是中国油气企业的 ESG 报告均满足上市地交易所的相关披露要求。香港联合交易所于 2019 年 12 月更新 ESG 报告指引以及上市规则条文（以下简称"新规"），要求企业的 ESG 报告从 2021 年开始遵照新规要求。上交所于 2022 年 1 月发布《上海证券交易所上市公司自律监管指引第 1 号——规范运作》，对企业社会责任报告的披露内容做出进一步规范。中国三大石油公司均及时满足上述两项披露标准，确保 ESG 信息合规披露。

二是中国三大石油公司的 ESG 报告均遵循或参照《GRI 可持续发展报告标准》和联合国全球契约 10 项原则这两项国际通用的普适标准，并披露了标准内容索引。

三是中国石油和中国海油均参照国际石油工业环境保护协会（IPIECA）、国际石油与天然气生产商协会（IOGP）和美国石油协会（API）联合发布的《油气行业可持续发展报告指南》披露 ESG 报告，并披露标准内容索引。该标准结合了油气行业的固有特点、特殊行业风险以及行业发展趋势等，确定了环境、健康与安全、社会与经济 3 个维度的 12 个议题共计 34 个指标，反映出极强的行业属性。参照该标准披露 ESG 信息，能够更好地体现油气行业特色的 ESG 实践并提高同业公司信息的可比性。

四是中国三大石油公司均参照 TCFD 建议披露 ESG 信息，并披露相关内容索引。TCFD 建议提出了由治理、战略、风险管理、指标和目标等核心要素组成的气候信息披露框架，并着重于了解气候变化对公司业务的潜在财务影响，自发布以来得到各类金融机构、相关监管部门和企业的广泛支持，是国际上众多 ESG 信息披露标准趋同的方向。2021 年 11 月，香港联合交易所发布《气候信息披露指引》，提出到 2025 年将强制要求上市公司按照 TCFD 建议进行气候信息披露。在此背景下，中国三大石油公司率先参照 TCFD 建议进行 ESG 信息披露，并开展相关研究深度探索气候变化因素对公司业务的潜在财务影响（见表 5）。

表 5　中国三大石油公司 ESG 报告披露标准

类型	标准名称	标准发布机构	中国石油		中国石化		中国海油	
			是否遵循	是否索引	是否遵循	是否索引	是否遵循	是否索引
合规要求	《环境、社会及管治报告指引》	香港联合交易所	√	√	√	√	√	√
	《上海证券交易所上市公司自律监管指引第 1 号——规范运作》	上海证券交易所	√	—	√	—	√	—

续表

类型	标准名称	标准发布机构	中国石油		中国石化		中国海油	
			是否遵循	是否索引	是否遵循	是否索引	是否遵循	是否索引
普适标准	《GRI 可持续发展报告标准》	全球报告倡议组织（GRI）	参照	√	参照	—	√	—
	联合国全球契约 10 项原则	联合国全球契约组织（UNGC）	参照	√	参照	√	√	√
油气行业协会组织	《油气行业可持续发展报告指南》	国际石油工业环境保护协会（IPIECA）、国际石油与天然气生产商协会（IOGP）、美国石油协会（API）	参照	√	—	—	参照	√
TCFD建议标准	《气候相关财务信息披露工作组建议报告》	气候相关财务信息披露工作组（TCFD）	参照	√	参照	√	参照	√
	《气候信息披露指引》	香港联合交易所	—	—	参照	—	—	—

资料来源：根据各公司 ESG 报告内容整理。

2. 披露内容全面，设置特色专题

中国油气企业不断丰富 ESG 信息披露内容，突出油气行业关键议题。中国三大石油公司的 ESG 报告均涵盖了环境、社会及管治三大议题中的主要内容（见表6）。在环境方面，充分考虑油气行业关键议题，设置了应对气候变化、低碳能源转型、污染物排放管理、资源管理以及生物多样性保护等披露内容。在社会方面，主要披露了员工人权保障、员工培养与发展、员工关怀、慈善公益、社区建设和乡村振兴等议题。在管治方面，中国油气企业除了披露董事会声明、治理结构等一般性的披露内容之外，还特别设置了安全生产、职业健康等章节，回应资本市场对油气行业的特殊关注。此外，中国油气企业连续 3 年披露了关键绩效数据，向资本市场有效传递 ESG 绩效的改进情况。

表 6 中国三大石油公司 ESG 报告披露内容

	中国石油	中国石化	中国海油	ESG 类别
董事会声明	√	√	√	G
董事长致辞	√	√	√	G
利益相关方沟通	√	√	√	G
实质性议题分析	√	√	√	G
治理结构	√	√	√	G
风险管理与内控	√	√	√	G
商业道德与反腐败管理	√	√	√	G
供应链管理	√	√	√	G
科技创新	√	√	√	G
安全生产	√	√	√	G
职业健康	√	√	√	G
应对气候变化	√	√	√	E
低碳能源转型	√	√	√	E
污染物排放管理	√	√	√	E
资源管理	√	√	√	E
生物多样性保护	√	√	√	E
员工人权保障	√	√	√	S
员工培养与发展	√	√	√	S
员工关怀	√	√	√	S
慈善公益	√	√	√	S
社区建设	√	√	√	S
乡村振兴	√	√	√	S
专题报告	√	—	√	—
报告索引	√	√	√	—
关键绩效表	√	√	√	—
读者反馈表	—	√	—	—
独立鉴证报告	√	√	√	—

资料来源：根据各公司 ESG 报告内容整理。

专题披露是中国油气企业特色，重点展现企业于报告年度在 ESG 管理中的良好实践和突出亮点。中国石油从 2017 年开始连续 6 年采用专题方式对年度 ESG 工作重点进行披露，中国石化和中国海油也分别从 2018 年和 2020 年开始进行专题披露，充分回应资本市场和社会公众对油气企业的特别关注,专题设置涵盖气候变化、能源转型等油气行业特色议题,以及抗击疫情、精准扶贫、乡村振兴等话题,充分展现中央企业的社会责任担当。在2022年的报告中,中国石油采用专题形式披露了公司以产业、人才、文化、生态、消费五大行动助力乡村振兴方面的亮点实践;中国海油以专题形式重点披露了公司在自主创新带动全产业链创新升级,以及持续推进公司绿色低碳转型方面的突出成效。中国三大石油公司专题披露情况见表7。

表7 油气企业专题披露情况

年份	中国石油	中国石化	中国海油
2017	• 智慧能源时代的中国石油 • 服务"一带一路",开启中哈油气合作新篇章 • 控制甲烷排放 • 为低碳未来贡献中国石油解决方案	—	—
2018	• 合作共建美好新疆	• 启动绿色企业行动计划 • 提供绿色能源化工产品 • 创新发展,推进智能化运营 • 精准扶贫打赢脱贫攻坚战	—
2019	• 推进科技创新应对能源挑战	• 全面推进绿色企业行动计划 • 科技创新与智能化建设 • 提供绿色能源与化工产品 • 聚焦精准扶贫,助力脱贫攻坚 • 凝心聚力,共同抗击新冠疫情	—
2020	• 数字化与智能化 赋能转型发展 • 消除贫困 推进普惠公平发展 • 协同抗疫 共度时艰	• 众志成城,应对新冠疫情挑战 • 始终担当,助力实现全面脱贫	• 万众一心抗疫,筑就海油担当 • 践行低碳战略,推动能源转型
2021	• 赋能绿色冬奥 一起向未来 • 保护生物多样性 共建地球生命共同体 • 巩固脱贫攻坚成果 全力支持乡村振兴	—	• 融入能源变革,新能源推进绿色发展 • 数字智能驱动,开启海上油田新纪元

年份	中国石油	中国石化	中国海油
2022	• 中国石油五大行动助力乡村振兴	—	• 科技赋能　凝聚优快发展新活力 • 绿色使命　共启低碳转型新征程

资料来源：根据各公司 ESG 报告内容整理。

3. 聘请专业机构，进行报告鉴证

为进一步提升 ESG 信息的可信度，持续提升报告质量，中国油气企业连续多年聘请第三方机构对 ESG 报告进行独立鉴证。油气企业将鉴证公司的反馈意见和管理建议传递给有关企业与部门，有助于提升全系统的 ESG 管理水平，发挥以评促管的作用。近年来，香港联交所对 ESG 数据鉴证的重视程度日益增强，并在 2019 年 12 月颁布的新规中建议在港上市公司开展鉴证。中国海油自 2016 年开始引入 ESG 数据鉴证，连续 6 年聘请德勤实施鉴证并出具鉴证报告，2022 年聘请安永出具鉴证报告，提前实现了香港联交所新规中推荐的最佳实践，走在中国油气企业的前列。随着新规的发布，在港上市的油气企业纷纷引入 ESG 数据鉴证。中国石化 2020 年聘请普华永道出具鉴证报告，自 2021 年开始连续两年聘请毕马威出具鉴证报告。中国石油自 2021 年开始连续两年聘请普华永道出具鉴证报告（见表 8）。

表 8　中国三大石油公司 ESG 报告鉴证情况

报告年份	中国石油	中国石化	中国海油
2016	—	—	德勤
2017	—	—	德勤
2018	—	—	德勤
2019	—	—	德勤
2020	—	普华永道	德勤
2021	普华永道	毕马威	德勤
2022	普华永道	毕马威	安永

资料来源：根据各公司 ESG 报告内容整理。

四　ESG 理念对中国油气行业发展的启示

当前，中国油气行业的 ESG 实践已经取得良好成效，但是仍然存在提升空间。下面在分析 ESG 理念对油气行业的影响，并梳理中国油气行业 ESG 实践现状的基础上，从战略、融资、投资、管理以及信息披露 5 个方面，为中国油气行业发展提出研究建议。

（一）贯彻落实绿色低碳发展战略

对中国油气行业来说，积极应对气候变化，实施绿色低碳发展战略，既是回应各利益相关方对 ESG 的关切的必然要求，也是实现企业高质量发展的内在要求。油气在全球能源结构中还将长期占据绝对比例，也为布局新能源产业提供资金保障。因此，中国油气企业制定绿色低碳发展战略要充分考虑地缘政治、市场、政策和技术水平等因素，分阶段、分层次实现能源接替的平稳过渡。

一是渐次推进上游业务低碳转型。逐步剥离高耗能和高排放项目，促进规模型优质油气田向"数字化、智能化、低碳化"油气+新能源融合项目转型。进一步加强能效管理，推动节能降耗，大力推进 CCS/CCUS 等低碳技术研发和应用，探索适用于不同油气田类型的 CCS/CCUS 模式，在条件适合的油田区块开展二氧化碳捕集、驱油与封存项目。

二是积极发展天然气等过渡性低碳能源。天然气是从化石能源向清洁能源过渡的桥梁，在能源转型过程中发挥着关键支撑作用，油气企业应将大力开发利用天然气作为绿色低碳发展的基础性工程，坚定发展天然气业务的战略定力，逐步提升天然气业务比重。加大天然气勘探开发力度，加强天然气产供储销体系的建设，促进天然气产业上中下游协调发展，重视天然气生产、储存、管网运输等全产业链建设及技术研发。加大页岩气、致密气、煤层气等非常规天然气技术投入。注重提高天然气附加值，开拓天然气提氦和天然气化工市场，提高相关技术投入。

三是加大新能源产业投资力度。建议中国油气企业构建符合新能源行业特点的产业、人才和技术管理体系。以风电、光伏等成熟产业为突破口，通过产业整合、股权投资、兼并收购、产业基金等形式加快进入可再生发电行业。密切关注国家及各省（区、市）氢能产业发展战略规划，强化自身化石能源制氢、工业副产氢等制氢能力，结合天然气管线基础，因地制宜建设氢气制备、储运、加注、应用等环节示范项目，加快研究海上风电制氢模式，深度挖掘氢能应用场景，打造具有中国特色的氢能产业。

（二）用好绿色金融优惠政策和产品

新能源项目建设具有重资产、建设周期较长的发展特点，在其发展初期，市场规模和生产规模都比较小，初始投资比较高，需要稳定有效的投融资渠道予以支持，并通过优惠的投融资政策降低成本。绿色金融能够有效满足绿色能源项目的融资需求，转型金融能够为高碳项目实现低碳转型提供资金支持。因此，中国油气企业在贯彻落实绿色低碳发展战略的过程中，应有效利用绿色金融和转型金融支持政策与产品。

一是加强政策争取力度，获得绿色金融和转型金融资金的支持，拓宽绿色项目和转型项目的融资渠道，并进一步降低融资成本。通过加强对相关优惠政策和产品的研究、主动与监管部门和金融机构沟通，以及提高项目绿色绩效的信息披露质量等方式，争取获得更多绿色信贷、绿色股票指数、绿色发展基金、绿色保险的资金支持，并主动发行绿色债券、可持续挂钩债券和转型债券。研究发行可再生能源 REITs，盘活可再生能源存量资产，有效应对补贴退出、平价上网对可再生能源项目的影响，拓宽项目资金来源。把握碳金融发展趋势，积极参与碳市场和碳金融交易，实现碳资产的保值增值。

二是以绿色金融作为油气企业金融板块转型发展方向，有效助力油气企业绿色低碳产业发展和高碳项目低碳转型。加强绿色项目融资顶层设计，全面梳理绿色项目融资需求，以充分发挥金融板块各单位专业优势和金融功能为原则，统筹设计清洁低碳产业资金支持方案，形成绿色金融组织体系和协调机制，建设集团内上下联动、协同发展的绿色金融服务平台与服务体系。

具体来说，天然气产业投资规模大，可以以财务公司为主组建银团贷款进行融资；对于新能源产业，在开发建设阶段，可利用基金撬动社会资本投资，并结合融资租赁方式融资，在运营阶段，可综合利用信贷、信托计划、资产证券化等方式融资；对于节能减排项目，可依托相关设备资产，通过融资租赁公司和信托公司实施融资租赁或成立信托计划；对于减排技术研发项目，可发挥基金融资的孵化和风险分担作用。

（三）将ESG因素纳入投资全流程

随着ESG投资理念的普及推广，投资者不仅关注投资项目的经济效益，还关注项目对环境、社会的影响以及项目运营企业的公司治理状况。为了获得充足的外部融资，企业应将ESG因素纳入投资项目决策全流程。而这也有利于企业识别并防范项目的ESG风险，获得长期投资回报并实现可持续发展。对于油气行业而言，ESG投资主要关注的因素包括温室气体排放、能源转型、水资源管理、生物多样性保护、生产安全、员工健康、社区建设、法律和监管环境等。建议油气企业将以上重要的ESG议题纳入项目投资决策全流程。

一是全面评估项目投资的环保合规风险。建立健全企业环保合规体系，在项目立项阶段进行环保相关风险评估，并建立相应制度和流程，在项目实施阶段持续跟进环保风险事项、及时披露环保信息、建立突发事件应急预案。加强碳资产管理，建立内部碳定价机制，将"能评"与"碳评"纳入项目投资经济性评估指标体系，并逐步将其纳入绩效考核管理中。

二是持续监测项目实施全流程对当地社区的影响。项目开工前，油气企业应关注生产经营活动对项目所在地社区和其他利益相关方的影响，并重点对社会和经济影响进行评估，保障当地居民合法权益。项目实施过程中，应确保严格的安全环保规程，制定利益相关方参与的环保管理制度，全程实施环境影响监测，保持与社区的良好互动。项目结束后，应最大限度减少生产活动对当地社区环境的影响，同时积极承担项目生产结束后企业可能涉及的对生产和开发设施的弃置义务。

（四）建立健全企业 ESG 管理体系

健全的 ESG 管理体系是企业统筹推动各项 ESG 实践的基础，有助于企业改善 ESG 绩效，推动企业社会价值和商业价值同步提升。中国油气企业应建立自上而下全面覆盖的 ESG 管理机制，将 ESG 理念融入公司战略、职能管理、运营管理以及供应链管理，搭建起符合自身需求和特色的 ESG 管理体系，实现全方位覆盖、全产业链覆盖的 ESG 管理机制。

一是加强 ESG 管理顶层设计，为 ESG 管理提供组织保障。建立自上而下的由董事会领导的 ESG 治理架构：董事会作为公司 ESG 管治的最高管理层，全面审视公司可持续发展战略、管理方针和目标等，并负责监管可持续发展事宜；董事会下设独立的专业委员会，负责识别、评估及管理可持续发展风险、机遇和重要实质性议题，如应对气候变化、积极进行能源转型等，并负责制定应对措施，定期向董事会汇报，确保董事会知悉公司可持续发展管理进度。

二是制定清晰的 ESG 规划并建立健全 ESG 制度，规范 ESG 管控。规划是企业明确 ESG 目标、设定工作路径、指导工作实施的重要工具。中国油气企业要结合自身业务特点和市场环境，设置切实可行的 ESG 工作目标，制订系统、符合实际的 ESG 行动计划。良好的制度可以确保 ESG 规划在企业的日常运营中得到贯彻和落地。中国油气企业应构建以 ESG 专项制度为统领，以环境保护、产品管理、客户服务、员工责任、供应链管理等多维度具体实施办法为组成要素的"1+N"ESG 制度体系，明确各部门和岗位对 ESG 工作的职权与职责，确保 ESG 理念在企业的业务全流程中贯彻执行。

三是构建科学的 ESG 指标体系和 ESG 数智化系统，为持续提升 ESG 管理水平提供数据支持。中国油气企业应参照监管趋势要求及主流评级评价体系，并结合行业和公司业务特点，构建分层、分级、分类的 ESG 指标体系，为议题识别、报告编制、风险管控、绩效考核提供可量化工具，帮助企业明确责任、监控进度、评估效果，推动 ESG 工作的精细管理和持续改进。利用数字化、智能化工具赋能公司 ESG 管理，开发建设 ESG 数智化平台，动

态监控公司 ESG 管控进展、同业公司 ESG 数据以及政策监管趋势等，为公司 ESG 管理决策提供系统、科学的数据支持。

（五）提升企业 ESG 信息披露质量

ESG 信息披露是企业向外部利益相关方展现其 ESG 实践与管理水平的主要方式。高质量的 ESG 信息披露不仅能够使企业获得消费者、监管机构、资本市场、评级机构等外部利益相关方的认可，还有助于企业检视自身 ESG 实践和管理的不足，有效防范 ESG 风险并提高 ESG 绩效。油气行业作为传统化石能源重要生产者，虽然为满足民生和经济发展需求提供了坚实的能源安全保障，但社会公众和媒体对油气行业推进 ESG 的决心与 ESG 绩效还存在诸多争议和更多期待。同时，近年来，全球 ESG 信息披露要求越发严格，企业的 ESG 信息披露面临着更高的合规风险。因此，油气行业应充分认识到持续提升 ESG 信息披露质量的重要性和必要性，在满足监管部门相关要求的基础上，积极创新 ESG 信息披露方式，完整、准确、深入、及时地披露 ESG 信息。

一是严格遵循 ESG 信息披露标准，提高定量披露比重。严格遵循国际通用、行业相关、交易所等监管机构要求的信息披露标准，如 GRI、UNGC、《油气行业可持续发展报告指南》等，全面合规披露企业 ESG 信息的同时，针对油气行业的重点议题，包括气候风险、能源转型等进行深入披露。TCFD 框架是国际各项 ESG 信息披露标准趋同发展的方向，建议油气企业根据该框架的披露要求，研究制定气候相关财务信息披露方案，包括收集必要的数据与信息、建立情景预测与财务影响分析模型。内地监管部门和相关行业协会正在研究制定具有中国特色、油气行业特色的 ESG 信息披露标准和 ESG 绩效评价的指标体系，油气企业应主动参与相关标准制定，推动国内规范与国际标准接轨。

二是确保 ESG 报告发布的时效性，并提升报告的可信度。及时的 ESG 信息披露有助于投资者和其他利益相关方对企业的财务表现与非财务表现进行比较分析，以做出及时、准确的投资决策，也有助于企业及时发现和处理可能面临的 ESG 风险与机遇。近年来，全球监管机构对 ESG 报告发布时间的要求逐步趋严，香港联交所和泛欧证券交易所已要求上市公司 ESG 报告应与年度报告同步发布，建议中国油气企业应不晚于上市公司年度报告披露时间发布 ESG 报告，提升 ESG 报告发布的时效性。中国油气企业应主动参与第三方报告评价、开展碳数据第三方独立鉴证，借助专业力量改进 ESG 报告和碳信息质量，进而倒逼 ESG 管理与实践的提升。

三是增进与利益相关者的沟通并拓宽信息披露渠道，提升企业 ESG 信息的可获得性。鉴于 ESG 影响的广泛性和重要性，企业沟通的重点应由面向公司股东和政府监管部门转变到面向社会公众、媒体和潜在利益相关者，需要企业重新构建社会沟通体系、渠道和方式，既要准确、及时传递 ESG 绩效信息，又要有效澄清不实信息。建议中国油气企业增进与监管部门、评级机构、主要机构投资者等各利益相关方的沟通互动，及时捕捉其对企业的关注事项和关注度，传递企业第一手 ESG 信息，建立 ESG 引领者形象。中国油气企业应对标国际同行加强 ESG 信息特别是碳信息的披露透明度，通过企业官方网站加强对低碳转型和碳资产管理的系统性披露。

总而言之，随着 ESG 理念被社会各界广泛认可，其对油气行业的发展环境、生产和管理活动以及经营绩效的影响愈加重要。ESG 实践及 ESG 绩效将深刻影响油气行业的可持续发展能力与竞争格局。因此，中国油气行业应积极主动适应环境变化并适时调整经营战略和策略，从环境、社会和治理三个方面持续推进 ESG 实践、提升 ESG 绩效并加强 ESG 信息披露与沟通，树立 ESG 引领者形象。

参考文献

安国俊、华超、张飞雄等：《碳中和目标下 ESG 体系对资本市场影响研究——基于不同行业的比较分析》，《金融理论与实践》2022 年第 3 期。

戴冠：《中国油企低碳转型面临的金融挑战及应对策略》，《中国石油企业》2022 年第 Z1 期。

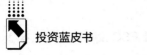
黄霄龙、杨继贤：《"双碳"目标下能源企业 ESG 管理与实践》，《中国质量》2022年第 6 期。

金之钧、王晓峰：《全球能源转型趋势及能源公司战略选择》，《当代石油石化》2022 年第 8 期。

吕慧、张子衿、李琪：《ESG 治理、媒体关注与能源企业高质量发展关系研究》，《煤炭经济研究》2022 年第 7 期。

毛昕旸、叶飞腾、杨芳：《"双碳"目标下我国 ESG 信息披露的现状与改进——基于能源行业的分析》，《中国注册会计师》2023 年第 5 期。

钱燕珍：《在促进"双碳"目标下发挥 ESG 投资的思考》，《时代金融》2022 年第 8 期。

王震、张岑：《清洁能源技术和绿色投资理念加速世界油气行业转型步伐——2021年伦敦国际石油周会议主要观点集粹》，《国际石油经济》2021 年第 4 期。

徐东、陈明卓、胡俊卿等：《国际石油公司能源转型回顾与展望》，《油气与新能源》2022 年第 2 期。

许晓玲、何芳、陈娜等：《ESG 信息披露政策趋势及中国上市能源企业的对策与建议》，《世界石油工业》2020 年第 3 期。

张丽萍、雒京华：《ESG 理念下"双碳"目标实现路径研究》，《理论观察》2022 年第 3 期。

张倩、朱新超：《能源绿色低碳转型助推"双碳"战略实施》，《煤炭经济研究》2023 年第 1 期。

B.4
能源电力行业 ESG 投资发展报告

马 莉　宋海云　冯昕欣　肖汉雄*

摘　要：　从能源电力行业的 ESG 投资情况来看，A 股能源电力企业披露 ESG 情况的比例超过 60%，且呈逐年上升态势。大部分 A 股能源电力企业使用的披露标准是联合国可持续发展目标（SDGs）、GRI 标准。尽管各评级机构的评级标准差异较大，但获得最高评级的能源电力企业占比较少。英国石油公司（BP）、德国意昂集团（E.ON）、意大利国家电力公司（Enel）、西班牙伊维尔德拉公司（Iberdrola）等国外能源电力企业已积累了丰富的 ESG 实践经验。国内能源电力企业 ESG 实践尚处起步阶段，部分 A 股上市公司进行了有益探索。本报告认为，能源电力行业的 ESG 投资趋势为：一是能源电力行业加速转型，持续推进电源结构优化调整，不断提升清洁能源占比；二是能源电力行业普遍将 ESG 投资作为促进行业转型的重要工具；三是能源电力行业以"温室气体排放""绿色技术、产品与服务"等作为 ESG 重要性议题，并对企业产生了相关影响。

关键词：　能源电力行业　ESG 投资　ESG 治理

---

* 马莉，博士，国网能源研究院有限公司副总工程师兼企业战略研究所所长、正高级工程师，主要研究领域为电力市场、碳市场等；宋海云，博士，国网能源研究院有限公司高级研究员、高级经济师，主要研究领域为企业国际对标、ESG 等；冯昕欣，硕士，国网能源研究院有限公司中级研究员、中级工程师，主要研究领域为企业国际化、ESG 等；肖汉雄，博士，国网能源研究院有限公司中级研究员、中级经济师，主要研究领域为企业国际化、ESG 等。

一 能源电力行业 ESG 投资市场情况分析

（一）能源电力行业 ESG 信息披露情况

课题组基于 Wind，采用申万行业分类标准 2021 版作为依据，选取能源电力行业中 A 股上市企业作为研究对象，对 A 股能源电力行业 ESG 披露情况进行了统计。截至 2023 年 6 月，样本企业共 97 家，其中单独披露环境、社会及管治情况的企业有 61 家，披露率高达 62.9%；对比 2021 年企业单独披露报告的比重，提升了 7 个百分点。

统计结果显示，在能源电力行业中，国有企业的 ESG 披露率要高于民营企业。从 2022 年的数据来看，97 家样本企业中有 73 家属于国资企业。73 家国资企业中单独披露报告的有 54 家，占国资企业的 74.0%；民营企业有 24 家，单独披露报告的有 8 家，占民营企业的比重只有 33.3%。

能源电力企业普遍上市较早，多数企业积极履行国内监管政策要求，较早开始单独发布环境、社会及管治信息报告。截至 2022 年年底，已单独连续发布 10 年以上报告的企业有 25 家，占比 40%。2022 年，首次发布 ESG 相关报告的企业有 8 家，全部是国资企业。

A 股能源电力企业对于国际标准的关注度不足。从其披露报告中可以看出，能源电力企业使用较多的国际标准主要是联合国 2030 可持续发展目标（SDGs）、GRI Standards，只有个别"A + H"双平台公司会参考 TCFD、UNGC 等新兴标准。

（二）能源电力行业 ESG 评级情况

课题组统计了 Wind、商道融绿、华证对中国 A 股能源上市电力企业的 ESG 评级情况（具体见附件 1）。截至 2023 年 6 月底，Wind 对 97 家样本企业中的 93 家企业进行了评级，其中评级为 AA 级的有 5 家能源电力企业，占比约 5%；评级为 A 级的有 16 家能源电力企业，占比约 17%；评级为

BBB 级的有 30 家能源电力企业，占比约 32%；评级为 BB 级的有 37 家能源电力企业，占比约 40%；评级为 B 级的有 5 家能源电力企业，占比约 5%。

华证对全部样本企业进行了 ESG 评级，其中评级为 BBB 级的有 7 家能源电力企业，占比约 7%；评级为 BB 级的有 28 家能源电力企业，占比约 29%；评级为 B 级的有 40 家能源电力企业，占比约 41%；评级为 CCC 级的有 21 家能源电力企业，占比约 22%；评级为 CC 级的有 1 家能源电力企业，占比约 1%。

商道融绿对全部样本企业进行了 ESG 评级，其中评级为 A-级的有 3 家能源电力企业，占比约 3%；评级为 B 级的有 27 家能源电力企业，占比约 28%；评级为 B+级的有 13 家能源电力企业，占比约 13%；评级为 B-级的有 35 家能源电力企业，占比约 36%；评级为 C+级的有 18 家能源电力企业，占比约 19%。

通过统计结果可以看出，各个评级机构对于企业的评级标准及结果差异较大，且部分评级机构对于能源电力行业上市企业的 ESG 评价尚未完全涵盖，存在遗漏情况。

二　国内外知名能源电力企业 ESG 治理实践

（一）国外能源电力企业[①]已积累了丰富的 ESG 实践经验

一是科学设定 ESG 战略目标及实现路径。Enel、Iberdrola 等紧扣气候变化、能源转型、数字创新、性别平等等议题，设定 ESG 战略目标。E. ON 制定了 2030 年碳减排目标，明确提出 2040 年前实现气候中和、2050 年前实现全供应链气候中和。Iberdrola 面向 2022 年、2025 年分别设置了 16 项 ESG 关键指标的目标值。

二是将 ESG 目标融入企业运营管理，与绩效挂钩以加强激励约束。BP

[①]　选取德国意昂集团、意大利国家电力公司、西班牙伊维尔德罗拉公司等。

将气候相关问题的评估和管理嵌入企业各层级，董事会每年评估集团主要风险并开展特别监督。Iberdrola 构建"治理和可持续"制度框架，明确 ESG 实施范围、行动原则和优先举措，制定 ESG 目标落地行动指南。Iberdrola、E. ON 等大型能源电力企业均将 ESG 指标与管理层绩效挂钩。

三是依据 GRI 等主流披露标准，通过多元化渠道披露 ESG 信息。参考标准方面，国外能源电力企业均采用 GRI、TCFD 等标准或框架要求，对 ESG 绩效进行披露。披露内容方面，Enel 利用综合年度报告，详细披露应对气候变化的战略、减排计划、管理机制、风险和机遇、具体措施及行动绩效等。披露形式方面，E. ON、Enel、Iberdrola 以发布可持续发展报告为主。

四是通过第三方机构定期开展 ESG 评价。埃克森美孚成立由专家、非政府组织代表和前政府官员组成的外部可持续发展咨询小组，独立审查公司 ESG 相关活动。E. ON 选用摩根士丹利资本国际（MSCI）等三家国际机构分别对公司进行 ESG 评级，以满足不同投资主体的需求。

部分国外知名能源电力企业 ESG 治理实践及 ESG 披露的关键指标见表 1 与表 2。

表 1　部分国外知名能源电力企业的 ESG 治理实践

企业	ESG 治理实践
E. ON	-2040 年前实现气候中和,2050 年前实现全供应链气候中和 -每个业务板块的管理团队分别设定与自身业务相结合的可持续发展目标,并负责采取行动实现目标 -基于机构投资者期待、同业对标分析、ESG 标准和评级以及媒体、政策制定者和股东的意见,设定 ESG 关键绩效指标 -采用 ESG 披露手册和碳管理计划辅助公司实现气候中和目标 -测评供应商 ESG 绩效后再决定是否与其开展合作
Enel	-ESG 目标涵盖工作环境安全性、女性在管理层占比等指标 -基于 GRI、联合国 SDG 等国际准则披露 ESG 信息 -在综合年度报告中,详细披露应对气候变化的战略、减排计划、管理机制、风险和机遇、具体措施及行动绩效等
Iberdrola	-设定 ESG 战略目标,并将其成效与管理层薪酬挂钩 -基于 ESG 目标优化公司"治理和可持续系统"管理工具,涵盖环境、社会和公司治理等方面的政策,明确了详细的适用范围、实施原则和具体措施

表 2　部分国外知名能源电力企业 ESG 信息披露的关键指标

企业	环境	社会	公司治理
E. ON	碳减排量、可持续分类投资占比、可持续分类运营成本占比、可持续分类收入占比、新能源装机占比、智能电表数量、充电桩数量、绿色电源售电量占比	严重工伤和工亡事故事件隐患、女性高管占比、培训时间、平均停电时间、社区贡献	女性占董事会的比例、独立监事会成员比例、ESG 治理成效与管理委员会薪酬挂钩
Iberdrola	每千瓦时碳排放量、再造林数量、水资源消耗量、智能电网建设、智能电表数量、研发投入	培训时间、智能服务客户数量、促进就业人数、女性高管占比、性别收入差距、供电人数	企业治理最佳实践、网络安全、供应商

（二）国内能源电力企业 ESG 实践尚处起步阶段，部分 A 股上市公司进行了有益探索

一是在议题设置上，大多设置实质性 ESG 议题，促进了企业清洁生产成效和品牌美誉度提升。长江电力识别出 25 项关键议题并确定相互关系，如以碳排放指标为重点、社区关系为要点，宣传其 ESG 治理成效。华能国际、国投电力专门制作 ESG 议题矩阵图，宣传其清洁生产等工作成效。

二是在管理体系上，明确 ESG 组织体系和管理职责，开展专业化管理。中国核电成立 ESG 管理领导小组和办公室，形成"公司本部-成员单位-职能部门"三级体系。中国石化设立可持续发展委员会，由董事长担任主任委员，负责监督和审批 ESG 战略、工作计划等。华能国际将 ESG 纳入内控手册，明确业务流程、组织结构和人力资源等。长江电力常态化开展与国际先进能源企业 ESG 的管理对标。

三是在落地实施上，加强与利益相关者沟通，不断优化 ESG 披露内容和披露方式。中国石化将 ESG 披露团队与投资者关系团队合并，将 ESG 沟通融入投资者关系管理，并聘请第三方核证其可持续发展报告，以提升 ESG 信息披露质量。华能国际发布关键绩效指标表，推动关键信息可量化、可视化，通过访谈等方式了解利益相关方信息需求，不断优化披露信息。中国核

电通过新闻发布会、官网、微信、微博、环境监测月报/年报等渠道，及时披露 ESG 信息。

三 能源电力行业 ESG 投资趋势

能源电力行业加速转型，持续推进电源结构优化调整，不断提升清洁能源占比。一是碳达峰、碳中和倒逼能源行业加快转型。习近平总书记提出"双碳"目标，并明确要把碳达峰、碳中和纳入生态文明建设整体布局。实现"双碳"目标，能源是主战场，电力是主力军，例如，国家电网在中央企业中率先发布碳达峰、碳中和行动方案。二是以新能源为主体的新型电力系统加快构建。习近平总书记在中央财经委员会第九次会议上首次提出，要构建以新能源为主体的新型电力系统。未来，新能源将持续大规模发展，新型用能设备广泛接入，电力系统"双高""双峰"特征进一步凸显，也给电网保障安全稳定运行、满足清洁能源消纳需求、控制电力系统运行成本等带来巨大考验。三是能源革命与数字革命深度融合、能源互联网建设加快。随着清洁能源大规模接入，分布式能源、储能、电动汽车、智能用电设备等交互式设施大量使用，以及"大云物移智链"等先进信息技术的广泛应用，电网将更加智能化、互动化、高效化，传统电网向能源互联网升级已成为必然趋势。在这种形势下，能源电力企业持续推进电源结构优化调整，不断提升清洁能源占比。截至 2022 年底，全国全口径发电装机容量 25.6 亿千瓦，同比增长 7.8%[1]，其中非化石能源发电装机占总装机容量比重接近 50%[2]，能源电力行业绿色低碳转型成效显著。

能源电力行业普遍将 ESG 投资作为促进行业转型的重要工具。由于能源电力行业的清洁低碳转型与 ESG 投资具有相同的低碳愿景，近年来几乎

---

① 《国家能源局发布 2022 年全国电力工业统计数据》，国家能源局 http：//www.nea.gov.cn/2023−01/18/c_1310691509.htm。

② 《今年非化石能源发电装机占比将过半》，光明网，https：//baijiahao.baidu.com/s？id=1763016044186346890&wfr=spider&for=pc。

呈同步发展趋势。ESG 投资能够撬动资金支持行业转型，不同的 ESG 投资策略促进能源电力行业转型的方式不尽相同。同时，"双碳"目标、可再生能源战略、新型电力系统建设将带动可持续主题投资发展。这些积极的政策信号能够提振投资者对绿色投资的信心，促进资金流入，也有利于促进可再生能源发电相关投资产品收益增长。

能源电力行业以"温室气体排放""绿色技术、产品与服务"等作为 ESG 重要性议题，并对能源电力企业产生了相关影响。我国能源电力行业由于以火电为主，成为碳排放量最大的工业部门。在我国相关政策的引导下，能源电力行业构建以新能源为主体的新型电力系统，并大力发展绿电、绿证和碳交易等市场机制，以推动行业转型。随着可再生能源发电比例逐步提高，以及"双碳"背景下能源电力行业碳资产管理面临的市场机遇，相关企业普遍将"温室气体排放""绿色技术、产品与服务"等作为 ESG 重要性议题，这些议题可能会对资产与负债、收入与成本、资本成本等企业基本面因素产生影响。例如，"温室气体排放"议题下的国家核证自愿碳减排量（CCER）等或可成为发电企业通过减排项目增加营收的工具；"绿色技术、产品与服务"议题下的碳捕集利用与封存（CCUS）技术是发电行业投资减排技术时的关注方向，初期对企业的影响主要在成本端，但随着技术创新与成本逐步降低，或政策调节、市场机制等激励手段的实施，CCUS 项目的正向经济效益有望实现。

附件 1　不同机构对 A 股能源电力行业上市企业的 ESG 评级

证券代码	证券简称	商道融绿 ESG 评级	华证 ESG 评级	Wind ESG 评级
000027. SZ	深圳能源	B+	BBB	A
000037. SZ	深南电 A	C+	CCC	BB
000040. SZ	东旭蓝天	B+	B	BBB
000155. SZ	川能动力	B−	BB	A
000531. SZ	穗恒运 A	B−	B	BB
000537. SZ	广宇发展	B	B	BB
000539. SZ	粤电力 A	B−	B	BB

续表

证券代码	证券简称	商道融绿 ESG 评级	华证 ESG 评级	Wind ESG 评级
000543. SZ	皖能电力	B−	CCC	BB
000591. SZ	太阳能	B−	B	BB
000600. SZ	建投能源	B−	CCC	BB
000601. SZ	韶能股份	C+	CCC	BBB
000690. SZ	宝新能源	B−	B	BBB
000692. SZ	＊ST 惠天	B−	CC	B
000722. SZ	湖南发展	C+	B	BBB
000767. SZ	晋控电力	C+	CCC	BB
000791. SZ	甘肃能源	B−	CCC	BB
000803. SZ	山高环能	C+	CCC	BB
000862. SZ	银星能源	B+	BB	A
000875. SZ	吉电股份	B−	BB	A
000883. SZ	湖北能源	B	B	BB
000899. SZ	赣能股份	B	B	BB
000966. SZ	长源电力	B	BB	BBB
000993. SZ	闽东电力	B	CCC	BBB
001210. SZ	金房能源	C+	B	BB
001258. SZ	立新能源	B−	BB	BBB
001286. SZ	陕西能源		CCC	
001289. SZ	龙源电力	B	BBB	AA
001896. SZ	豫能控股	B	CCC	BB
002015. SZ	协鑫能科	B−	CCC	BB
002039. SZ	黔源电力	B	B	BBB
002060. SZ	粤水电	C+	BB	BBB
002256. SZ	兆新股份	B−	B	BB
002479. SZ	富春环保	B+	BB	AA
002608. SZ	江苏国信	C+	BB	A
002616. SZ	长青集团	B−	B	BB
002617. SZ	露笑科技	B−	CCC	BB
002893. SZ	京能热力	B	B	A
003035. SZ	南网能源	B−	BB	BBB
003816. SZ	中国广核	A−	BBB	AA
200037. SZ	深南电 B	C+	CCC	
200539. SZ	粤电力 B	B−	B	

证券代码	证券简称	商道融绿 ESG 评级	华证 ESG 评级	Wind ESG 评级
300125. SZ	聆达股份	B−	CCC	B
300317. SZ	珈伟新能	B−	B	BB
300335. SZ	迪森股份	B	B	BBB
600011. SH	华能国际	B+	BB	A
600021. SH	上海电力	B	BBB	BBB
600023. SH	浙能电力	B−	B	BB
600025. SH	华能水电	B−	BB	A
600027. SH	华电国际	A−	BB	A
600032. SH	浙江新能	B−	BB	BBB
600098. SH	广州发展	B+	BB	A
600101. SH	明星电力	B	BB	A
600116. SH	三峡水利	B	B	BBB
600149. SH	廊坊发展	B−	B	BB
600163. SH	中闽能源	B−	B	BB
600167. SH	联美控股	B	BB	A
600226. SH	瀚叶股份	C+	CCC	BBB
600236. SH	桂冠电力	B−	BB	A
600310. SH	广西能源	B−	B	BBB
600396. SH	*ST 金山	B	CCC	BB
600452. SH	涪陵电力	B	B	BB
600483. SH	福能股份	B+	BBB	BBB
600505. SH	西昌电力	C+	BB	BBB
600509. SH	天富能源	B−	CCC	BB
600578. SH	京能电力	B+	BB	BBB
600642. SH	申能股份	C+	B	BB
600644. SH	乐山电力	B	B	BBB
600674. SH	川投能源	C+	B	BB
600719. SH	大连热电	C+	CCC	BBB
600726. SH	华电能源	B	B	BB
600744. SH	华银电力	B	B	A
600780. SH	通宝能源	B	CCC	BB
600795. SH	国电电力	B	BB	BBB
600821. SH	金开新能	B+	BB	A
600863. SH	内蒙华电	C+	BB	BB

续表

证券代码	证券简称	商道融绿 ESG 评级	华证 ESG 评级	Wind ESG 评级
600886. SH	国投电力	A−	BBB	AA
600900. SH	长江电力	B	BB	BB
600905. SH	三峡能源	B−	B	BB
600956. SH	新天绿能	B+	BB	AA
600969. SH	郴电国际	C+	CCC	BB
600979. SH	广安爱众	B	CCC	BB
600982. SH	宁波能源	B−	B	BBB
600995. SH	南网储能	B	BB	BBB
601016. SH	节能风电	B−	B	BB
601222. SH	林洋能源	B−	B	BB
601619. SH	嘉泽新能	B	BB	BBB
601778. SH	晶科科技	B−	B	B
601908. SH	京运通	C+	B	B
601985. SH	中国核电	B+	BBB	A
601991. SH	大唐发电	B+	BB	BBB
603105. SH	芯能科技	C+	B	BBB
603693. SH	江苏新能	B−	BB	BBB
605011. SH	杭州热电	B−	B	BBB
605028. SH	世茂能源	B+	B	BB
605162. SH	新中港	B−	B	BBB
605580. SH	恒盛能源	B	B	B
900937. SH	华电 B 股	B	B	

数据来源：Wind 数据库。

参考文献

《电力行业 ESG 信披观察：华能国际报告篇幅超百页　两企业未披露温室气体排放数据》，新浪财经，https：//finance. sina. com. cn/jjxw/2022 - 06 - 13/doc - imizirau 8110169. shtml，2022 年 6 月 13 日。

《ESG 实践案例｜长江电力　打造闭环式 ESG 管理机制　助推企业高质量发展》，中国上市公司协会，https：//www. capco. org. cn/hyzl/ESGsjal/202110/20211013/j_ 2021

10130947480001634089 6813143351. html，2021 年 10 月 12 日。

《ESG 实践案例 | 中国核电　加强 ESG 管理　发展魅力核电　建设美丽中国》，中国上市公司协会，https：// www. capco. org. cn/hyzl/ESGsjal/202110/20211013/j_ 20211013 100031000016340904445520 620. html，2021 年 10 月 12 日。

《中国石化：强化 ESG 管理和披露　助力可持续发展》，中国石化，http：//www. sinopecgroup. com. cn/group/xwzx/gsyw/20210903/news_ 20210903_ 594660456305. shtml，2021 年 9 月 3 日。

刘均伟、周萧潇：《ESG 行业深度系列（1）：电力行业》，新浪，http：//stockfinance. sina. cn/stock/go. php/paper/reportid/734180464646/index. phtml？captcha = $ captcha，2023 年 4 月 7 日。

一带一路环境技术交流与转移中心：《A 股电力行业企业 2021 财年 ESG 信息披露研究报告》，https：//mp. weixin. qq. com/s/CDE9Iz2BFCjyv3ApcN2cuQ，2022 年 12 月 5 日。

"Enel Integrated Aannual Report 2021"，https：//www. enel. com/investors/sustain ability.

"EON Sustainability Report 2021"，https：//www. eon. com/en/about－us/sustainability/ download－center. html.

"Iberdrola Sustainability Report 2021"，https：//www. iberdrola. com/sustainability.

B.5
电动汽车行业 ESG 投资发展报告

殷格非　邓文杰　贾丽　胡亚楠　段丽玲*

摘　要： 报告对电动汽车行业上市企业 ESG 基本情况、ESG 要求、ESG
表现等进行研究，并对电动汽车上市企业进行 ESG 价值量化分
析。结果发现，电动汽车行业发展前景广阔，受到资本市场的青
睐；电动汽车上市企业 ESG 表现和投资收益呈现正相关性，ESG
治理更为完善、对环境影响更为友好、对社会贡献更为突出的企
业更容易得到资本市场的关注，投资者会获得更为可观的投资收
益。建议监管机构、企业、资管机构、投资机构、评级机构、指
数机构等共同提高信息披露质效、提升 ESG 管理能力、构建特
色估值体系，自上而下进行系统性完善。

关键词： 电动汽车　上市企业　ESG 投资　ESG 价值量化

作为我国经济发展的支柱产业之一，汽车产业的发展发挥着重要作用，
然而汽车产业是全球温室气体排放比重较高的领域之一。中国对进口原油的
依赖程度一直居高不下，2022 年中国原油对外依存度为 71.2%[①]，迫切需要
汽车行业通过"以电代油"降低石油使用量，减少环境污染，降低碳排放，

---

* 殷格非，北京一标数字科技有限公司董事长；邓文杰，责扬天下（北京）管理顾问有限公
司天津办公室总经理；贾丽，北京一标数字科技有限公司副总经理；胡亚楠，责扬天下
（北京）管理顾问有限公司天津办公室咨询师；段丽玲，北京一标数字科技有限公司金融
分析师。

① 《中国油气对外依存度历史首次双下降》，新浪财经网，https：//finance.sina.com.cn/jjxw/
2023-02-17/doc-imyfyhaw8842380.shtml。

因此发展电动汽车是能源结构转型、双碳战略的必然要求。我国早在 20 世纪 90 年代就明确了新能源汽车的发展目标及战略，并在进入 21 世纪后，政策全面推动，市场全面启动。习近平主席曾提出"发展新能源汽车是我国从汽车大国迈向汽车强国的必由之路"，伴随 2020 年我国向全世界做出"碳达峰、碳中和"的郑重承诺，发展新能源汽车行业被认为是应对气候变化、推动绿色发展的战略举措。至此，新能源汽车行业迎来重大发展机遇。作为新能源汽车行业的主要分支，电动汽车保有量占新能源汽车总保有量比例超 80%，代表了行业主流趋势，因此本报告将选取电动汽车行业进行 ESG 投资价值研究。

一　电动汽车上市企业 ESG 概况

（一）电动汽车行业概况

有别于传统燃油汽车，电动汽车是一种采用单一蓄电池作为储能动力源的汽车，利用蓄电池驱动电动机运转，从而推动汽车行驶。国内代表品牌是比亚迪、蔚来、小鹏汽车、理想。

1. 行业产业链发展概况

电动汽车行业产业链由上游动力电池、电机与电控等零部件供应商，中游电动汽车制造商，下游销售渠道及消费者组成。

电动汽车行业经过二十多年的发展已经从探索阶段步入成熟阶段，车型款式持续创新，如比亚迪的王朝系列、海洋生物系列、军舰系列涵盖轿车、SUV 和 MPV 等多款产品以满足终端的多样化消费需求。

作为核心环节的储能系统的创新也是电动汽车行业的重点发展领域。尽管中国的电动汽车行业起步较晚，但在创新储能系统方面取得显著效果，如刀片电池、麒麟电池等。经过储能系统的技术迭代，电动汽车的续航里程不断突破上限，智能化程度大幅提升，电动汽车的高性价比持续推动消费需求。

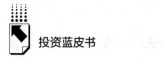
2. 行业发展阶段概况

回顾电动汽车行业发展历程，大致可以分为 4 个阶段。

（1）探索阶段：20 世纪末至 2009 年

早在 20 世纪 90 年代，我国就开始探索属于自己的汽车强国之路，虽然实现了相当规模，但却"大而不强"，关键零部件技术始终无法实现突破，处处掣肘。然而 2001 年发起的"十五""863 计划"则启动了电动汽车重大专项项目，并首次确立了"三纵三横"的技术研发布局。2009 年，时任国家主席胡锦涛提出"发展新能源汽车代表了世界汽车业发展的方向，也符合中国的国情"，标志着我国将发展新能源汽车正式确立为国家战略，堪称行业发展里程碑。

（2）完善阶段：2009～2013 年

2009 年国务院发布了《汽车产业调整和振兴规划》，首次提出大规模发展新能源汽车的目标，同年启动了具有里程碑意义的"十城千辆"计划，实施了规模化补贴计划。2010 年底，新能源汽车产业被国务院确定为中国七大战略重点新兴产业之一，标志着新能源汽车发展被赋予了新的历史使命。在此阶段，政策制定者们不断汲取过往经验，做出了适当调整完善。

（3）加速阶段：2013～2017 年

2013 年，"雾霾"等环境问题的出现引起公众及决策者的高度关注，也加速推动了新能源汽车行业的发展。以北京为代表，多次出台车辆调控措施，引导消费者转变购买选择，新能源汽车销量实现快速增长。2017 年工信部等出台的《汽车产业中长期发展规划》进一步引导汽车产业逐步向新能源化过渡。

（4）成熟阶段：2018 年至今

自 2018 年起，无论是新能源汽车销量的激增（见图 1），还是国家对汽车产业、新能源汽车补贴和充电设施等相关政策的调整与推进，都在印证我国新能源汽车产业正逐渐迈向成熟。政策上，逐渐转变最初发展传统汽车工业的策略方针，也不再过度依赖补贴、政府采购和对外国市场产品征收关税等方式刺激内需，一个更加开放且具有竞争力的市场趋于成熟。

3. 市场规模概况

电动汽车行业近年来保持强劲的增长势头，中国汽车工业协会数据显示，2022 年中国新能源汽车产量为 705.8 万辆，销量为 688.7 万辆，市场渗透率达到 25.64%。一方面，新车款式不断丰富进一步刺激消费市场，带动电动汽车的产销量。锂电池产业链近期的全线产品价格（从上游、中游到下游）均处于上升阶段，产业整体呈现供不应求的状态。另一方面，传统车企在市场消费转型和监管压力下加速向电动汽车转型，例如梅赛德斯、大众集团、沃尔沃等。

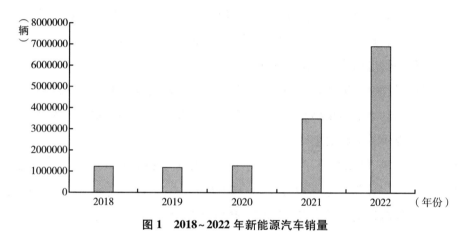

图 1 2018~2022 年新能源汽车销量

资料来源：Wind 数据库。

4. 资本市场发展概况

在各国对气候变化的持续关注和减碳降排战略驱动的背景下，电动汽车取代燃油车基本成为共识。国家层面陆续发布电动汽车行业的支持政策，不断对二级市场释放电动汽车行业的利好信号，电动汽车的销量增速不断攀升，企业营业收入和利润持续增长，当前电动汽车产业链各个环节仍存在较大的创新空间，因此电动汽车行业发展前景广阔，受到资本市场的青睐。

电动汽车行业在资本市场获得"优待"印证了资本市场对电动汽车行业有十足信心和乐观预期。一方面，资本市场对电动汽车企业经营异动的承受程度更高，蔚来作为中国电动汽车的代表品牌于 2018 年在纽约交易所上市，

2020 年陷入员工工资支付危机，但品牌估值仍然超千亿美元。另一方面，资本市场对电动汽车企业的信任度更高，仅成立三年的岚图汽车在 2023 年获得了中国新能源汽车行业规模最大的首轮融资，市场估值近 300 亿元。

行业上游包括原材料供应商，动力电池、电机与电控等零部件供应商。其中原材料供应商代表上市公司包括两家。

赣锋锂业（002460/01772.HK）：全球领先的锂化合物生产商及金属锂生产商，产品广泛用于电动汽车、化学品及制药方面。

华友钴业（603799）：公司专注于钴、铜有色金属冶炼及钴新材料产品深加工，产品主要用于锂离子电池正极材料、航空航天高温合金、硬质合金、色釉料、磁性材料、橡胶黏合剂和石化催化剂等领域。

零部件供应商代表上市公司包括三家。

宁德时代（300750）：公司是全球领先的动力电池系统提供商，专注于新能源汽车动力电池系统及储能系统的研发、生产和销售，致力于为全球新能源应用提供一流解决方案。

大洋电机（002249）：公司致力于成为全球电机及驱动系统行业领袖，是一家拥有"建筑及家居电器电机、新能源汽车动力总成系统、氢燃料电池系统及氢能发动机系统以及车辆旋转电器"等产品，集"高度自主研发、精益制造、智慧营销"于一体的高新技术企业。

国轩高科（002074）：国内最早从事新能源汽车用动力锂离子电池（组）自主研发、生产和销售的企业之一，拥有国家认定企业技术中心、国家博士后科研工作站、国家级 CNAS 认可实验室、安徽省院士工作站、安徽省工程实验室等。

行业中游参与者主要分为两个阵营：一是转型的传统车企，例如比亚迪、上汽集团、广汽集团等；二是以蔚来、小鹏汽车、理想为代表的造车新势力。整车制造商的发展离不开资本市场的助力，传统车企在资本市场重新焕发活力，造车新势力也纷纷踏上 IPO 之路，其中具有较大市场影响力的上市车企概况如下。

比亚迪（002594/01211.HK）：公司致力于"用技术创新，满足人们对美好生活的向往"。业务涵盖电子、汽车、新能源和轨道交通等领域，从能源的获取、存储，再到应用，全方位构建零排放的新能源整体解决方案。

上汽集团（600104）：公司顺应产业发展趋势，加快创新转型，从传统的制造型企业，向为消费者提供移动出行服务与产品的综合供应商发展。

长城汽车（601633）：全球知名的 SUV 制造企业，秉承"每天进步一点点"的企业理念，拥有先进的企业文化和管理团队，创建了独具特色的经营和管理模式，经营质量在国内汽车行业首屈一指。

广汽集团（601238）：经过多年的资源整合及产业重组，公司已经形成了立足华南，辐射华北、华中、华东和环渤海地区的产业布局，以及以整车制造为中心，覆盖上游汽车与零部件的研发和下游的汽车服务与金融投资的产业链闭环，是国内产业链最为完整、产业布局最为优化的汽车集团。

小鹏汽车（09868.HK/XPEV）：公司是中国领先的智能电动汽车公司之一，根据 IHS Markit 的数据，截至最后实际可行日期，公司是中国唯一一家自主开发全栈式自动驾驶软件，并在量产汽车上应用该软件的汽车公司。公司最新自主研发的自动驾驶系统 XPILOT3.0 是目前市场上所售汽车中已采用的最先进的自动驾驶技术之一。在中国的汽车制造商中，公司交付了最多的配备闭环数据功能的乘用车，可以通过积累有价值的现场数据及边角案例，训练公司的深度学习算法及自动驾驶软件。

长安汽车（000625）：公司是中国汽车四大集团阵营企业之一、中国品牌领先汽车企业，主要业务涵盖整车研发、制造和销售，以及发动机的研发、生产，公司始终坚持以"引领汽车文明造福人类生活"为使命，秉承"节能环保、科技智能"的理念，大力发展新能源和智能汽车，致力于用科技创新引领汽车文明，努力为客户提供高品质的产品和服务。

吉利汽车（00175.HK）：公司是我国自主品牌乘用车领军企业，主营乘用车及核心零部件的研发、生产和销售，自主掌握汽车领域核心技术，广泛布局主流车型市场。公司通过自主及合作研发，持续推进技术升级和创新，目前已掌握了底盘、动力总成、节能与新能源汽车、智能驾驶等领域的多项关键核心技术。

蔚来（09866.HK/NIO）：蔚来是中国优质电动车市场的先驱。公司设计并联合制造和销售智能、互联的优质电动汽车，推动下一代连接、自动驾驶和人工智能技术的创新。公司重新定义了用户体验，旨在为用户提供全面、便捷、创新的计费解决方案和其他以用户为中心的服务产品。公司汽车品牌蔚来 NIO，不仅表达了公司追求美好明天和蔚蓝天空、为用户创造愉悦生活方式的愿景，还反映了公司对更加环保的未来的承诺。

理想（02015.HK/LI）：公司是中国新能源汽车市场的领导者，设计、研发、制造和销售豪华智能电动车。理想汽车的使命是创造移动的家、创造幸福的家，通过产品、技术和业务模式的创新，为家庭用户提供安全、便捷、舒适的产品与服务。

（二）电动汽车上市企业 ESG 要求

电动汽车行业上市公司持续面临政策法规、产业链上下游、资本市场及利益相关方等方面的要求。企业需要不断提升自身 ESG 管理能力来应对国际市场上更为严格的要求；企业应制定符合自身实际的双碳目标及其实现路径，以实际行动承担自身环境责任；企业应关切利益相关方的诉求，建立良好的沟通机制，履行自身的社会责任。

1. 行业产业链方面

从行业自身发展来看，碳达峰碳中和目标的提出正在助推行业转型。联合国全球契约组织发布的《企业碳中和路径图》指出，工业制造业是污染程度最高的行业，也是全球温室气体排放的主要来源。制造企业在生产过程中会产生大量温室气体排放，尤其是范围一和范围二，即制造环节产生的直接排放为主，约占其报告总排放量的 40%～60%；与价值链相关的间接排放，即范围三，约占报告总排放量的 10%～20%。因此，从产业链角度看，制造企业应当重点关注产品制造和原材料供应环节的碳减排，并致力于通过科技创新等手段为客户提供绿色产品，承担自身的社会责任。

全球知名的企业纷纷提出自己降低碳排放的目标和承诺（见表1），碳中和也正在成为各家企业技术改造的重要目标。

表 1　国内外主要车企发布双碳目标及路径

企业	双碳目标及路径
吉利汽车	以 2020 年为基准年,2025 年单车全生命周期碳排放减少 25% 以上;2045 年实现碳中和
长城汽车	2023 年实现首个零碳工厂目标,2025 年推出 50 余款新能源车型;在长期可持续发展目标下,通过能源结构调整以及低碳工艺应用,围绕碳排放的全生命周期,建立汽车产业链条的循环再生体系,提升工厂电气化程度,减少高碳排放能源资源的投入,推进电能替代
广汽集团	制定"十四五"节能减排规划,计划 2050 年前(挑战 2045 年)实现产品全生命周期的碳中和
戴姆勒	计划到 2039 年停止销售传统内燃机乘用车,届时旗下所有乘用车将实现碳中和
沃尔沃	力求在 2040 年之前,将公司打造成为全球气候零负荷标杆企业。2025 年实现全面电动化,届时纯电车型占比将达到 50%,其余为混动车型;2030 年成为纯电豪华车企
通用汽车	到 2040 年,其全球产品和运营将实现碳中和,通过自身节能减排以及碳补偿和碳积分购买,达到零碳排放
大众集团	坚定地发展纯电驱动的出行方式,到 2050 年,整个大众将实现碳中和
丰田	到 2050 年,通过全产品生命周期的碳减排实现碳中和。计划 2030 年销售 550 万辆电动化车型,其中混动车占 450 万辆,还有 100 万辆是纯电动和氢燃料电池车
福特	计划 2050 年前,在全球范围内实现碳中和
本田	2050 年前后实现碳中和目标,将在新的动力单元和燃料技术上投入大量研发资源
日产	计划到 2050 年,整个集团的企业运营和产品生命周期实现碳中和,在 21 世纪 30 年代初期实现核心市场新车型 100% 的电动化

资料来源:各家公司公开信息。

2. 行业政策方面

电动汽车行业已成为国家发展战略的重要环节。国家陆续出台多项政策促进电动汽车行业的发展,包括延长新能源汽车的补贴期限,完善配套基础设施体系如充电桩建设。碳减排政策在推动电动车发展方面也发挥重要作用,2023 年 4 月中共中央政治局关于经济形势和经济工作的会议提出,要巩固扩大新能源汽车发展优势,加快推进充电桩、储能等设施建设和配套电网改造。国务院常务会议也提出要求,进一步优化支持新能源汽车购买使用政策,鼓励企业丰富新能源汽车供应,还研究了促进新能源汽车产业高质量发展的政策措施。

财政部、税务总局、工业和信息化部联合发布公告,将延续和优化新能

源汽车的车辆购置税减免政策，具体而言，2024 年 1 月 1 日至 2025 年 12 月 31 日购置的新能源汽车免征车辆购置税，每辆免税额不超过 3 万元；2026 年 1 月 1 日至 2027 年 12 月 31 日购置的新能源汽车减半征收车辆购置税，每辆减税额不超过 1.5 万元。国务院办公厅印发《关于进一步构建高质量充电基础设施体系的指导意见》，提出 2030 年基本建成覆盖广泛、规模适度、结构合理、功能完善的高质量充电基础设施体系，以满足充电需求并支撑新能源汽车产业发展。国家发展改革委和国家能源局出台了《关于加快推进充电基础设施建设　更好支持新能源汽车下乡和乡村振兴的实施意见》，提到要适度超前建设充电基础设施，促进农村地区购买和使用新能源汽车，加强农村地区新能源汽车的服务与管理。

中国企业在发展过程中将目光瞄准海外市场，尤其是欧洲市场。2018~2022 年，欧洲新能源汽车销量的年均增长率为 58%，仅次于同期中国的 61%，增速居世界第二。根据欧洲汽车制造商协会（ACEA）的预测，到 2030 年，欧洲新能源汽车的渗透率将达 60%，远超全球渗透率（26%）。根据乘用车市场信息联席会统计口径下的新能源汽车出口数据，2021 年中国对欧洲出口量超过了新能源汽车传统出口地亚洲，占新能源汽车出口量的 48%，欧洲成为中国新能源汽车出口的第一大区域，2022 年中国对欧洲新能源汽车出口持续领先其他区域。然而，中国企业出海面临多重挑战。首先，企业将面临地缘政治、宏观环境、市场准入政策、强大的本地竞争对手、产品定位难以满足本地化消费者需求等挑战。其次，欧盟出台了包含碳关税（CBAM）、碳定价、林业碳汇、减排责任和资金支持等在内的一系列政策，并将这一揽了政策命名为"欧盟绿色新政"（EU Green Deal），出口欧盟及在欧盟经营的中国新能源汽车产业链上下游企业将面临更为严峻的挑战。最后，欧洲市场非常重视数据隐私及安全保护，欧洲《通用数据保护条例》（GDPR）于 2018 年正式生效，这些都促使中国的市场参与者提高自身 ESG 管理能力，应对国际市场的挑战。

3.利益相关方方面

目前，越来越多的企业开始关注利益相关方的诉求，并在报告中进行适当披露。从造车新势力的报告发布可以看出，利益相关方沟通的关注点主要集中在公司治理、供应链管理、可持续/绿色产品、资源/环境保护等方面（见表2）。

表2　小鹏汽车、蔚来、理想企业利益相关方期望

利益相关方	小鹏汽车	蔚来	理想
股东和投资者	公司治理 投资回报 风险管控 信息透明	公司业务发展 产品和技术创新 财务表现 用户健康与安全 可持续产品设计 公司治理 利益相关方沟通 合规	信息披露 持续稳定的业务增长 创新发展 商业道德 合规营运与风险管理
政府和监管机构	合规经营 依法纳税 节能减排	专利与知识产权保护 数据安全 隐私保护 产业协作 合规 用户健康与安全 员工健康与安全 碳积分及相关激励 危险废弃物与化学品管理 资源保护 空气质量 碳中和	遵纪守法 合规经营 信息安全 商业道德 提供就业 绿色产品
用户	产品品质 服务体验 信息安全与隐私保护	产品质量与安全 愉悦的用户体验 隐私保护 充换电基础设施 电池回收 企业义务与社区参与 合作伙伴与产业生态	客户服务与满意度 产品质量与安全 信息安全与隐私保护
员工	合法权益 薪酬福利 培训与教育 职业健康与安全 多元化与平等机会	人才吸引 员工健康与安全 多样性、包容性与机会平等 员工权益 员工培训与发展 企业文化与价值观	合法雇佣 培训与发展 员工福利保障 职业健康与安全

利益相关方	小鹏汽车	蔚来	理想
媒体和 非政府 组织	信息公开 与媒体互动 对非政府组织的贡献 对可持续发展的影响	产品和技术创新 用户健康与安全 碳中和 绿电 充换电基础设施 可持续产品设计 合作伙伴＆产业生态 企业义务＆社区参与 空气质量 绿色建筑 资源保护 生物多样性	知识产权管理 创新发展 绿色产品 合作发展 信息公开透明 合规营运 信息安全与隐私保护 负责任营销 社区公益
合作伙伴	供应链管理 成本控制 公平竞争	供应链透明度 产品和技术创新 充换电基础设施 企业义务与社区参与 合作伙伴＆产业生态 产业协作	诚信经营 互利共赢 供应链管理 产品质量与安全
社区与环境	抗疫救灾 乡村振兴 帮扶弱势群体 保护环境	碳中和 资源保护 危险废弃物＆化学品管理 企业义务＆社区参与 空气质量 生物多样性	能源使用与管理 绿色产品 水资源管理 排放物管理 开展公益项目 社区投资 志愿者活动

资料来源：《小鹏汽车 2022 年环境、社会及管治报告》《蔚来资本 2022 年环境、社会及公司治理报告》《理想汽车 2022 年环境、社会及管治报告》。

二 电动汽车上市企业 ESG 表现

整体上，ESG 表现和投资收益呈现正相关性，ESG 治理更为完善、对环境影响更为友好、对社会贡献更为突出的企业更容易得到资本市场的关注，投资者会获得更为可观的投资收益。

（一）电动汽车上市企业 ESG 管理现状

目前以造车新势力为代表的电动汽车企业均发布 ESG 报告，并披露其 ESG 治理状况。根据图 2 可以看出，各家公司对于 ESG 管理的进程不同，吉利汽车最为完善，其在董事会声明中披露了对环境、社会及管治相关事宜的方针及策略，并且有明确的 ESG 管理架构及战略部署。

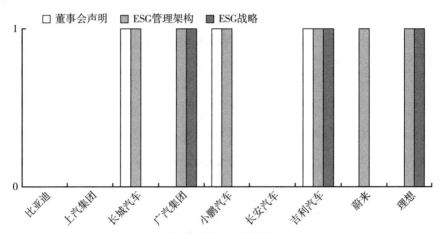

图 2　ESG 治理情况

注：0 表示没有或很少，1 表示具有一定信息量。

资料来源：金蜜蜂中国企业社会责任报告数据库。

同时可以看出，无论是传统车企还是造车新势力，已经开始架设 ESG 委员会之类职能部门，全面监督、管理 ESG 工作。

小鹏汽车在 ESG 报告中披露了其治理架构，建立"董事会—ESG 领导小组—ESG 执行小组"三级可持续发展管治架构，明确各层级的职责分工，形成从决策、沟通、执行到汇报考核的 ESG 闭环管理体系，确保 ESG 战略的有效落地（见图 3）。

无独有偶，蔚来也在其 ESG 报告中披露将 ESG 管理融入公司的日常决策与经营，明确各层级的权责范围，确保有序推进公司可持续发展进程。此外，公司制定了《提名及 ESG 委员会章程》，明确了蔚来提名及 ESG 委员会的成员组成、议事规则、责任和权限、授权等内容，为 ESG 管理工作提供制度指引（见图 4）。

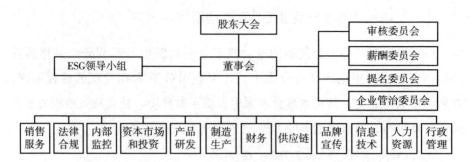

图3　小鹏汽车企业管治架构

资料来源：《小鹏汽车2022年环境、社会及管治报告》。

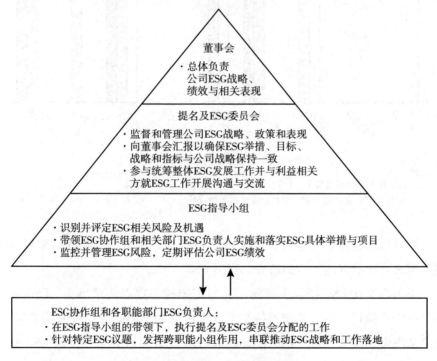

图4　蔚来ESG治理架构与职责

资料来源：《蔚来资本2022年环境、社会及公司治理报告》。

理想汽车致力于改善ESG管理系统（见图5），以促进环境和社会和谐，从而创造可持续的企业价值。此外，理想汽车从多角度积极响应利益相关者

董事会：领导并负责公司的ESG管治事宜，确定ESG管理架构，审核ESG战略、政策及目标，确保公司设立有效的ESG风险管理及内部控制系统等

审计委员会：与董事会一同负责审议批准ESG战略、政策、目标以及年度和中长期规划等，并监督其实施，在既有审计委员会的职责基础上加入ESG审查监管相关职责，负责组织制定本公司ESG相关的策略、框架、原则及政策制度；监督ESG相关目标的实施并审查惯例、绩效评估本公司是否符合法律及监管要求，监察评估本公司在重要ESG目标上设定的重要绩效指标及ESG表现，并就上述事宜向董事会进行汇报和提出建议

ESG工作小组：制定ESG目标及工作计划，完善与利益相关方的沟通，识别ESG风险和机遇等，并向审计委员会进行汇报

ESG相关群组：覆盖销售服务、法务与合规、资本市场、研发、制造、质量安全、财务、供应链、人力资源、企业系统、行政管理和对外事务等。在ESG工作小组的指导下，组织协调工作计划的实施和各项工作的推进

图 5 理想汽车 ESG 管理架构

董事会
审批监督 汇报
审计委员会
审批监督 汇报
ESG工作小组
监督指导 汇报
ESG相关群组

的 ESG 需求，不断提高其在 MSCI ESG 评级和其他主流 ESG 指标中的表现，持续加强可持续发展管理能力。

（二）电动汽车上市企业 ESG 实践现状

由于出现在气候变化及环境保护的大背景下，电动汽车上市企业普遍关注环境管理体系建设、绿色运营、零碳产品、低碳策略等内容，并披露相关环境绩效。此外，基于欧盟供应链法及全行业对于碳管理的关注，主要上市车企还深入实践供应链管理及产品责任等内容。

在环境层面，我们通过企业温室气体及废弃物等排放情况、对于水资源等自然资源的消耗来综合评价其自身运营对于环境的影响。各家企业普遍关注资源使用以及生产过程中产生的排放物（见图 6），并且均有相关绩效披露，甚至有相关的气候战略。

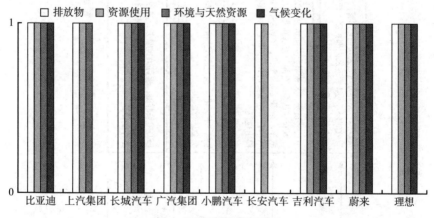

图 6　环境层面表现概况

注：0 表示没有或很少，1 表示具有一定信息量。

《巴黎协定》长期目标是将全球平均气温较前工业化时期上升幅度控制在 2 摄氏度以内，并努力将温度上升幅度限制在 1.5 摄氏度以内。MSCI 隐含升温指数可以评估一家公司的活动和计划是否有助于实现将全球平均气温上升幅度控制在 2 摄氏度（或 1.5 摄氏度）以内的目标，以帮助投资者根据全球气候目标调整其投资组合。

从 MSCI 隐含升温指数可以看出，理想汽车在应对气候变化方面做得相对较好（见表3）。

表3　主要代表企业 MSCI 隐含升温指数表现

企业	MSCI 隐含升温指数	是否目标一致
比亚迪	3.1℃	不一致
上汽集团	>3.2℃	非常不一致
长城汽车	>3.2℃	非常不一致
广汽集团	>3.2℃	非常不一致
小鹏汽车	2.3℃	不一致
长安汽车	>3.2℃	非常不一致
吉利汽车	>3.2℃	非常不一致
蔚来	2.3℃	不一致
理想	1.9℃	与2℃目标一致

注：与全球气温目标保持一致标准：
·MSCI 隐含升温指数>3.2℃：非常不一致
·2.0℃<MSCI 隐含升温指数≤3.2℃：不一致
·1.5℃<MSCI 隐含升温指数≤2.0℃：与2℃目标一致
·MSCI 隐含升温指数≤1.5℃：与1.5℃目标一致
资料来源：MSCI 官网。

理想汽车在2022年 ESG 报告中披露了包括"范畴一""范畴二"在内的环境数据，见表4。

汽车行驶过程中直接排放的二氧化碳只是冰山一角，对汽车碳排放量的计算，应从目前的汽车使用拓展到包括汽车生产和零部件制造等在内的全周期。理想汽车制定《理想汽车零部件和原材料采购通则》，对潜在供应商开展包括质量、安全、商业道德、环境、劳工等方面的风险识别与评估（见表5）。理想汽车针对供应链潜在风险开展了全方位风险分析，并针对供应链质量、产能、交付及 ESG 等风险制定了预警机制以及完善的风险防控体系（见表6）。

针对气候变化，理想汽车制定气候战略，基于 TCFD 将气候风险识别与管理工作纳入风险管理体系，持续开展气候变化风险和机遇的全面识别与评估（见表7）。

表 4 理想汽车环境数据披露

环境关键指标	单位	2022年数据	环境关键指标	单位	2022年数据
废气主要污染物			范畴一温室气体排放总量	吨二氧化碳当量	20548.98
VOC	吨	10.39	范畴二温室气体排放总量	吨二氧化碳当量	84184.89
甲烷	吨	1.87	生产制造相关		
烟尘	吨	2.27	温室气体气体排放量	吨二氧化碳当量	75510.18
废水主要污染物			范畴一温室气体排放量	吨二氧化碳当量	16610.47
COD	吨	24.07	范畴二温室气体排放量	吨二氧化碳当量	58899.71
氨氮	吨	1.01	门店相关		
总磷	吨	0.07	温室气体气体排放量	吨二氧化碳当量	29223.69
固体废弃物			范畴一温室气体排放量	吨二氧化碳当量	3938.50
无害废弃物总量	吨	22871.50	范畴二温室气体排放量	吨二氧化碳当量	25285.19
无害废弃物密度	吨/万元	0.0051	能源使用		
餐厨垃圾	吨	639.47	综合能源消耗量	吨标煤	30292.98
生活垃圾	吨	2211.61	综合能源消耗密度	吨标煤/万元	0.0067
可回收垃圾	吨	20020.42	外购电力	千瓦时	139038317.08
有害废弃物总量	吨	1414.72	外购热力	吉焦	44466.75
有害废弃物密度	吨/万元	0.00031	外购天然气	立方米	614838900.00
温室气体排放			柴油	升	0.00
温室气体总排放量	吨二氧化碳当量	104733.87	汽油	升	3299965.09
温室气体排放密度	吨二氧化碳当量/万元	0.023	水资源使用		
			总耗水量	吨	833334.38
			总耗水密度	吨/万元	0.18

资料来源：《理想汽车 2022 年环境、社会及管治报告》。

表 5 理想汽车供应链 ESG 准入审核标准

ESG维度	要求	
质量	· 建立有效的质量管理体系 · 通过IATF 16949或同等条件的第三方认证	· 审核产品质量并出具相关报告 · 制定质量目标并开展质量改善活动
安全	· 满足国家房屋建筑安全以及消防安全有关法律法规要求 · 设立安全生产组织，如安全生产委员会	· 易燃易爆等危险物品的生产、存储、运输满足要求 · 符合信息安全要求
商业道德	· 签订廉洁协议及相关条款 · 建立内部反贪腐合规管理体系	· 严格约束员工一切贪污、不正当竞争、行骗受贿或其他腐败的违法犯罪行为
环境	· 遵守国家和地区环境相关法律法规 · 评估生产过程和产品对环境的影响	· 尽可能使用可回收的绿色环保材料 · 尽可能回收再利用汽车产品和零部件 · 尽可能获得环境管理体系认证，如ISO 14001
劳工	· 遵守国家劳动法 合法雇佣，不得雇用童工或强制用劳工	

资料来源：《理想汽车 2022 年环境、社会及管治报告》。

表 6 理想汽车供应链风险应对模型

	供应商准入阶段	产品开发阶段	供应商制造阶段	理想汽车制造阶段	用户使用阶段
质量风险	●	●	●	●	●
产能风险	●	●	●	●	●
交付风险	●	●	●	●	●
ESG风险	●	●	●	●	●
应对举措	·现场审核 ·能力评估 ·ESG评估	·质量评审 ·重点供应商管理	·把控关键工序和质量控制点	·质量改进	·大数据追踪质量表现

资料来源：《理想汽车 2022 年环境、社会及管治报告》。

表 7 理想汽车主要气候风险识别与应对

风险类别	风险	风险描述	应对措施
转型风险	政策风险	·各地受到碳排放指标的限制，可能会出现工厂限电，导致产能下降； ·随着节能减排的法律法规不断更新更严，我们或面临更加严格的排放物标准	·根据要求改变用能计划，调整车间生产，保证合规； ·加大研发减排技术的投入，进一步降低对环境的影响
	市场风险	·传统能源与不可再生资源价格的增长，可能使产品成本更加高昂； ·原材料价格上升，可能使产品成本进一步增加； ·社会逐渐兴起的呼吁低碳出行活动可能造成对燃油车辆的需求速度下降	·增加制造基地中清洁能源的使用比例； ·制定战略采购计划，降低原材料采购成本和风险； ·以消费者需求作为导向，及时调整业务运营
	技术风险	·新能源技术的更新换代快，研发投入较传统汽车更高昂； ·低碳生产需求提升，传统生产设施若全产生较大的环保污染	·及时调整企业规划并加大财务投入； ·加大研发投入，应用环保科技及工艺
实体风险	急性实体风险	·台风、飓风、洪水、强降雨等极端天气事件加剧可能会破坏工厂排污设施，威胁大湖流域水环境安全，并影响生产活动的稳定性	·成立应急管理组织，编制气候变化应急预案； ·编制汛期防汛台应急物资清单，配备发电机、潜水泵等应急物资
	慢性实体风险	·持续性高温及水资源短缺可能会加入人员中暑风险，并影响工厂生产效率	·制定高温应急预案，配备防暑设备，加强员工防暑意识培训； ·加大研发投入，提高自身生产效率，降低能耗比

资料来源：《理想汽车 2022 年环境、社会及管治报告》。

在社会层面，我们主要评价企业对客户、员工、社区的贡献。其中，供应链管理及提供负责任产品值得投资者关注，前者一定程度上反映企业在供应链中的地位及责任态度，后者表明企业的研发创新投入及可持续发展的意愿。

以蔚来为例，其制定了《产品采购合作伙伴管理流程》等内部制度，规范了在合作伙伴准入、审核评估、绩效管理、沟通反馈等全流程业务环节的管理标准与流程。为了全面控制供应链风险，保障平稳的生产活动，蔚来定期开展供应链风险识别，及时发现供应链稳定性的影响因素及程度，并确立可靠的应急方案，以最快速度对供应链风险做出应对。以电驱电池工业化供应链风险管理为例，蔚来从数字化平台、风险识别和应急方案三方面，体系化地降低供应链风险，保障生产与运营（见图7）。

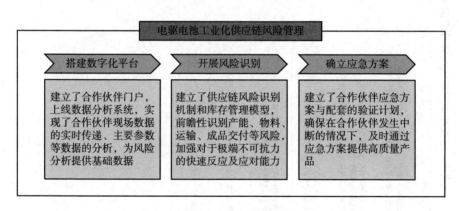

图7　蔚来电驱电池工业化供应链风险管理体系

资料来源：《蔚来资本2022年环境、社会及公司治理报告》。

（三）电动汽车上市企业ESG信息披露表现

ESG信息披露不仅需要满足监管要求，还需要满足投资者对于信息质量的要求，以提高投资决策质量。根据《金蜜蜂中国企业社会责任报告研究（2022）》，汽车企业报告在六大评估维度的得分率从高到低依次为：可读性69.59%、实质性65.64%、完整性60.72%、可信性36.58%、可比性

45.90%、创新性 44.60%。其中，汽车企业在可读性、实质性、完整性、可信性上均高于中国企业整体报告平均得分率；在创新性和可比性上低于中国企业整体报告平均得分率，特别是在创新性方面落后较多（见图 8）。

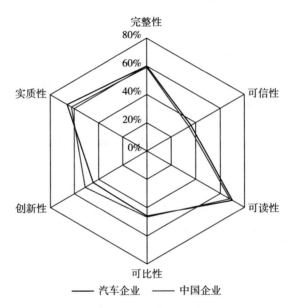

图 8　汽车企业和中国企业 2021 年报告六个维度得分率

资料来源：金蜜蜂中国企业社会责任报告数据库。

具体来看，汽车企业报告可信性得分率为 36.58%，高出中国企业报告总体水平 2.58 个百分点。其中，表述客观性的覆盖率最高，占比达到 71.62%；利益相关方评价以及信息来源覆盖率表现次之，占比分别为 58.11%、41.89%。这说明大部分报告能以相对中立、客观的表达方式，对企业正面以及负面信息进行完整披露，并保证完整且可信的信息来源。此外，CSR 专家评价以及第三方审验的覆盖率较低，分别为 1.35%、8.11%（见图 9），仍需进一步加强。

汽车企业报告实质性得分率为 65.64%，高出中国企业报告总体水平 2.78 个百分点。其中，识别利益相关方群体的覆盖率表现较为突出，为 70.72%；识别出的利益相关方相关的内容次之，覆盖率为 63.51%（见图

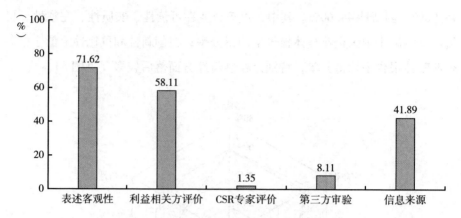

图9　汽车企业 2021 年报告可信性指标覆盖率

资料来源：金蜜蜂中国企业社会责任报告数据库。

10）。这说明超过六成汽车企业能够对利益相关方群体有清晰的认知，并识别出与企业自身相关的利益相关方，从而以披露报告的形式，回应利益相关方在环境、社会、经济等方面的诉求与期望。

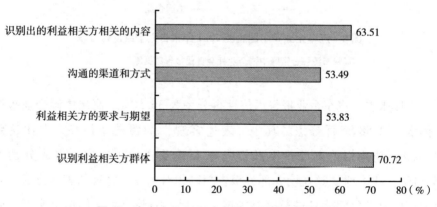

图10　汽车企业 2021 年报告实质性指标覆盖率

资料来源：金蜜蜂中国企业社会责任报告数据库。

长城汽车、广汽集团、吉利汽车、比亚迪的报告质量在六大评估维度上均好于汽车行业平均值，然而，长安汽车在报告的完整性、可信性、可比性及实质性方面有待提高，上汽集团在报告的完整性、可信性方面有待提高，理想在未来可以提升报告可比性，小鹏汽车在报告创新性方面有改善空间。主要车企 2021 年报告六个维度得分率见图 11。

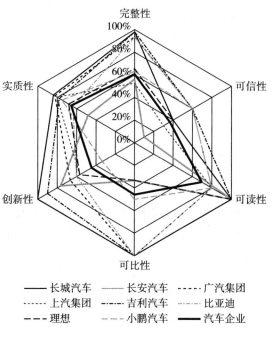

图 11　主要车企 2021 年报告六个维度得分率

资料来源：金蜜蜂中国企业社会责任报告数据库。

（四）电动汽车上市企业 ESG 评级表现

结合当前主流 ESG 评级机构给出的结果，国内主要上市车企在 MSCI 及万得 ESG 评级水平方面尚可（见表 8），近年来 MSCI ESG 评级呈现稳中略有提升态势（见表 9）。然而综观标普评级分数，各家表现参差不齐。通过对比各议题得分可以看出，得分较高的企业，如小鹏汽车、吉利汽车，在低碳策略、供应链管理、人才吸引及留存以及气候策略上信息披露更加充分（见图 12）。

表8　2022年主要上市车企ESG评级表现

企业	MSCI ESG 评级	标普评级分数	万得 ESG 评级
比亚迪	AA	22	A
上汽集团	B	15	BBB
长城汽车	BBB	25	A
广汽集团	BB	23	A
小鹏汽车	AA	49	AA
长安汽车	B	8	BBB
吉利汽车	A	55	AA
蔚来	A	29	BB
理想	AA	26	AA

资料来源：MSCI官网、标普官网、万得官网。

表9　2018~2022年主要上市车企MSCI ESG评级变化

企业	2018 年	2019 年	2020 年	2021 年	2022 年
比亚迪	A	A	A	A	AA
上汽集团	B	B	B	B	B
长城汽车	CCC	B	BB	BBB	BBB
广汽集团	BBB	BBB	BBB	BB	BB
小鹏汽车			AA	AA	AA
长安汽车	BB	BB	BB	B	B
吉利汽车	AA	AA	BBB	BBB	A
蔚来		A	A	BBB	A
理想				AA	AA

三　电动汽车上市企业 ESG 价值量化分析

探索具有中国特色的估值体系是建设中国特色现代资本市场的重要组成部分，是贯彻新发展理念、适应新发展阶段、服务新发展格局的必然要求。

（一）ESG 因子已被纳入估值模型

有别于以财务数据及会计假设为基础的传统估值方法，越来越多的投资

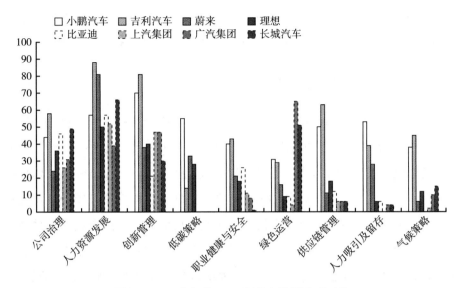

图 12 2022 年标普 ESG 评分各议题表现对比

资料来源：标普官网。

者开始关注企业 ESG 风险，并将相关风险作为因子纳入估值模型。企业面临的 ESG 机遇与风险会影响企业现金流状况或风险溢价，从而影响投资者的投资决策。ESG 因素的影响主要表现在：

环境层面主要考虑的是基于《巴黎协定》制定的长期目标，即将全球平均气温较前工业化时期上升幅度控制在 2 摄氏度以内，并努力将温度上升幅度限制在 1.5 摄氏度以内。企业自身发展如果无法与该目标相一致，则会增加风险溢价，影响企业估值。

社会层面则包括工作环境、职业健康与安全等内容。在社会层面表现不佳的企业可能因为要改善现状而支付额外费用，造成经济层面损失，进而影响企业估值。

企业的治理往往与监管密不可分，一旦治理不力，监管机构将会采取措施，甚至实施罚款或增加税费，对企业产生负面影响，进而影响企业估值。

当然，不是所有的机遇与风险都需要纳入考虑范围，在评估 ESG 相关

机遇与风险时还可以参考会计质量要求的"重要性原则"，将最为关键和相关的影响因素纳入估值模型中，帮助投资者提升投资决策的准确性。

（二）中国特色 ESG 估值体系

2022 年 11 月 21 日，证监会相关负责人在 2022 金融街论坛年会上提出，"探索建立具有中国特色的估值体系，促进市场资源配置功能更好发挥"。"中国特色估值体系"的本质是考虑企业发展对经济运行产生的外部溢出效应，因地制宜地建立具有中国特色的估值体系，更好地发挥资本市场价值发现和资源配置的作用，推动多种所有制经济实现优质健康发展。企业发展对经济运行产生的外部溢出效应可分为正外部效应和负外部效应，依据中国特色估值体系，有利于产生正外部效应的企业表现为高度重视环境保护和污染防治，积极承担社会和公共责任等，产生负外部效应的企业表现为"两高一剩"（高耗能、高污染、产能过剩）等。目前运用指标体系定性衡量企业 ESG 表现的评价方法已经趋于成熟，但 ESG 定性评价体系不可避免地会受到主观情绪的干扰，因此运用定量指标客观地衡量企业 ESG 表现是中国特色估值体系的发展要求。量化投资正是由于运用历史数据规避主观失误而获得投资者极大关注和市场高度认可，所以量化 ESG 价值是实现真正 ESG 投资的必经之路。

中国特色估值体系应该符合中国式现代化的基本内涵，要对企业所创造的有利于人口规模巨大现代化特征下全体人民共同富裕、有利于物质文明和精神文明相协调、有利于人与自然和谐共生、有利于走和平发展道路的外部价值进行核算。[①] 2008 年上海证券交易所提出用"每股社会贡献值"更全面地衡量企业为社会创造的价值，初步探索如何将企业承担社会责任的程度反映在资本市场表现中，提供了评估公司价值的全新视角。国际上，各大组织（如自然相关财务信息披露工作组 TNFD、气候相关财务信息披露工作组 TCFD、全球报告倡议组织 GRI 等）制定了企业可持续发展相关财务信息的

---

① 《金蜜蜂智库首席专家殷格非｜开展 ESG 货币化核算，助力中国特色的估值体系建设》，经观 App，2023 年 6 月 12 日。

议题框架，国内政策对 ESG 信息披露要求不断提高，越来越多的企业发布 ESG 报告或者在年报中披露 ESG 执行情况。基于 ESG 指标体系开展 ESG 净值核算更加客观地体现企业对环境、社会的外部化价值，符合中国特色估值体系的内在要求和时代风向。中国特色估值体系是基于传统的财务经济价值核心，符合中国式现代化议题的"中国化"ESG 价值，即 E 是自然和谐共生的价值，S 是助力共同富裕的价值，G 是物质文明与精神文明相协调的价值，融入企业价值评估体系所形成的"E+ESG"全面视角估值体系可以反映企业为社会创造的整体价值。[①]

（三）电动汽车上市企业 ESG 价值量化分析

1. 电动汽车 ESG 指数构建起源

北京一标团队率先研发 ESG 净值核算方法，构建每股 ESG 净值、ESG 市盈率、综合市盈率等特色指标，旨在突破财务指标限制，直观体现公司活动对环境、社会的外部化价值。用企业的碳排放、性别平等、乡村振兴等外部化价值减去外部化成本，得到外部化净值。在外部化净值核算基础上，结合投资者使用需要，可进一步计算出每股外部化净值、外部化市盈率等特色指标。投资者可以获得企业为中国式现代化进程所创造的价值和投资必要参考指标的直观数据。基于货币化核算的结果，投资者可以优先剔除外部化净值较低的、不能为社会做出贡献的企业，后续再通过正面筛选的方式，选出能够为中国式现代化进程做出贡献的、外部价值较高的企业进行投资。ESG 货币化核算通过量化计算，挖掘企业对各个利益相关者所造成的环境、社会影响，计算外部化净值，为投资者了解资金是否真正投向了符合中国式现代化要求的可持续发展企业提供直观参考。[②]

2. 电动汽车 ESG 指数构建方法

电动汽车 ESG 指数是指依据电动汽车上市企业在环境和社会方面的量

---

① 《金蜜蜂智库首席专家殷格非 ｜ 开展 ESG 货币化核算，助力中国特色的估值体系建设》，经观 App，2023 年 6 月 12 日。
② 《金蜜蜂智库首席专家殷格非 ｜ 开展 ESG 货币化核算，助力中国特色的估值体系建设》，经观 App，2023 年 6 月 12 日。

化价值计算其 ESG 潜值，并对上市企业进行加权汇总。对 ESG 表现较好的股票赋予较大的权重，以反映具有 ESG 竞争力的电动汽车企业的股价总体走势和股市表现。

电动汽车 ESG 指数样本选取 2023 年 6 月中证新能源汽车指数涵盖的企业，业务涉及储能、锂电池、充电桩、电动汽车整车等，样本企业的业务覆盖电动汽车产业链的各个环节以反映电动汽车行业相关证券的股市表现。

电动汽车 ESG 指数构建过程分为三步。第一步，选择中证新能源汽车指数为基准指数，以中证新能源汽车指数的样本股作为样本选取的初始范围。第二步，对样本企业的 ESG 潜值标准化处理后确定权重。第三步，对样本股进行加权。为保证指数之间的可比性，该指数参考中证新能源汽车指数，以 2011 年 12 月 31 日为基期，以 1000 点为基点。

电动汽车 ESG 指数计算公式为：

$$报告期指数＝报告期样本加权总市值/基期样本总市值×1000$$

其中，加权总市值＝$\sum$（报告期样本市值×权重因子）。权重因子介于 0 和 1 之间。

为进一步探索电动汽车 ESG 指数的特征，本报告在指数构建步骤中加入负面筛选。负面筛选的具体做法是如果样本企业的 ESG 潜值为负，代表企业的 ESG 潜值不及行业平均水平，则将该企业从样本股中剔除，形成新的样本股，以新的样本企业 ESG 潜值进行标准化处理并确定一系列全新的权重。

3. 电动汽车 ESG 指数市场表现

本报告基于 2021 年样本企业的 ESG 潜值确定权重因子，考虑到 ESG 作为影响企业发展的长期因素可能存在滞后影响，通过 2021 年 1 月至 2022 年 12 月的累计收益率比较中证新能源汽车指数和电动汽车 ESG 指数的市场表现。

图 13 反映电动汽车 ESG 指数和中证新能源汽车指数（图中简称 CS 新能车）的累计收益率走势。从图中能够看出，在 2021 年 3 月及之前两个指数的表现不分伯仲，在 2021 年 3 月之后电动汽车 ESG 指数的累计收益率开始超越中证新能源汽车指数，逐步稳定 15 个百分点及以上的累计收益率差值。两者

的累计收益率趋势保持同涨同跌，波幅在累计收益率差值稳定后也基本一致。这表明尽管 ESG 潜值是基于非财务信息而来，但投资者在追求 ESG 投资时也能获得令人满意的投资回报。电动汽车 ESG 指数的表现优于中证新能源汽车指数的原因可能是 ESG 表现较好的电动汽车企业同样拥有较好的财务表现，政策对 ESG 表现好的企业更利好，资本市场更愿意为 ESG 表现好的电动汽车企业投资，也可能是 ESG 投资浪潮引起了投资偏好的转移。

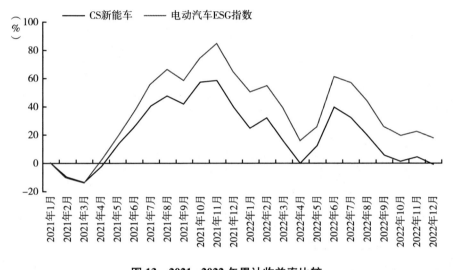

图 13　2021~2022 年累计收益率比较

图 14 是在加入负面筛选后电动汽车 ESG 指数和中证新能源汽车指数（图中简称 CS 新能车）的累计收益率走势。在 2021 年 6 月之前电动汽车 ESG 指数的累计收益率落后于中证新能源汽车指数，这说明在剔除的车企中有一部分企业的 ESG 表现较差却有较好的财务业绩，在企业追求经营绩效改善的过程中忽视 ESG 提升是可能存在的情况。在 2021 年 6 月之后电动汽车 ESG 指数累计收益率反超中证新能源汽车指数且一直保持超越的状态，与未加入负面筛选之前相比，电动汽车 ESG 指数的累计收益率在某些时段大幅超越中证新能源汽车指数。这表明在长期的投资过程中选择电动汽车 ESG 指数或许是更明智的选择。

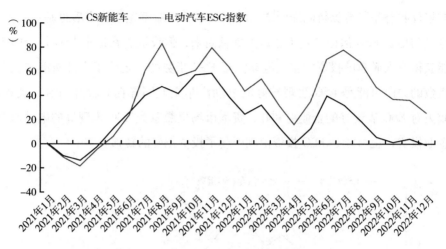

图14 2021~2022年加入负面筛选后累计收益率比较

4. 电动汽车 ESG 指数运用

电动汽车 ESG 指数主要运用在三个方面：

政府通过电动汽车 ESG 指数可以清晰了解电动汽车行业的 ESG 水平，根据实际情况调整政策和开展工作，能够做到政策方向明确，政策内容直击要点，加快推动双碳战略的实现。

企业通过电动汽车 ESG 指数有助于判断自身在环境、社会和治理上的可持续发展能力所处的行业水平，为企业评估 ESG 目标的实现程度提供路径。ESG 表现较好的企业树立良好的社会形象，也更容易受到资本市场的认可，从而获得融资。

投资机构可以将电动汽车 ESG 指数作为投资决策的重要参考，有效识别 ESG 风险和机遇，提高对 ESG 投资的重视程度，参考 ESG 政策及企业 ESG 表现进行投资决策，践行可持续性投资。

四 结论与建议

全球气候变暖、极端天气频发正在唤醒人们对生态环境保护的意识，加之各国纷纷做出"碳达峰、碳中和"承诺并制定目标，电动汽车行业迎来历史性发展机遇。然而面对机遇，我们也会发现行业面临提高信息披露质效、提升 ESG 管理能力、构建特色估值体系的挑战，为了应对这些挑战，建议自上而下进行系统性完善。

由监管机构完善 ESG 投资顶层设计，推进 ESG 数据披露等相关政策的制定、颁布、落实，提升企业 ESG 信息披露强度；规范不同行业 ESG 定性、定量指标及披露标准，提升企业 ESG 信息披露质量；通过论坛、研究等方式普及 ESG 投资理念，推动企业、资管机构、投资机构等市场参与者对 ESG 理念的认知与实践；同时强化对"漂绿"等行为的甄别与监管。

企业把握 ESG 发展机遇，更好地肩负起环境、社会和治理责任，依据监管要求、参照行业标准、借鉴龙头经验，提升自身 ESG 表现，并按时、准确、完整地披露 ESG 各维度信息。

资管机构紧抓 ESG 转型机遇，将 ESG 投资纳入公司业务流程，制定 ESG 投资业务目标，设立 ESG 投研部门，开展 ESG 评价体系建设，引领可持续发展投资变革。

评级机构推动 ESG 评价体系建设，依托成熟的国际经验，依据监管要求、结合行业特点，建立相对统一、清晰、规范的 ESG 评价体系；结合本地特点及 A 股上市公司属性，进行 ESG 评价指标选择、权重设置；追踪 ESG 投资动态、更新 ESG 评价指标；并力图对更多企业实现 ESG 评级覆盖。

指数机构为市场提供公开透明的 ESG 业绩基准，基于 ESG 评价体系开展 ESG 评分评级，纳入 ESG 属性突出的成分股，编制、发布 ESG 指数，帮助投资机构及投资者更好地甄别 ESG 投资标的、度量 ESG 投资业绩。

B.6
制造业 ESG 投资发展报告

李　娜　叶国兴　李哲峰　张丽娜*

摘　要： 本报告基于理论和实证两个方面对制造业 ESG 政策、评级情况以及存在的问题进行分析，选取 2009~2022 年中国沪深两市 A 股公开上市的制造业企业样本为研究对象，通过插值法、邻近数值替代等方式进行数据补充，最终得到 14993 个非平衡面板数据研究样本。研究发现：(1) 制造业企业 ESG 表现对企业财务绩效具有显著的促进效应，且该效应在东部地区表现得十分显著；(2) 在制造业中，较好的社会和治理表现有助于提升企业的财务绩效，而较好的环境表现则可能对财务绩效产生显著的负向影响；(3) 产权性质在制造业企业 ESG 表现与企业财务绩效的关系中充当了负向调节角色，国企削弱了制造业企业 ESG 表现对企业财务绩效的促进效应，而非国企则更能够发挥制造业企业 ESG 表现对企业财务绩效的正向作用；(4) 制造业企业 ESG 表现不仅可以直接提升企业财务绩效，还能够通过提升企业声誉这一中介路径改善企业财务绩效。本报告针对制造业环境贡献、社会责任及公司治理三方面进行系统化考察，并为制造业 ESG 投资提出对策建议，契合制造业企业自身和整体经济高质量发展的战略要求。

* 李娜，厦门金圆金融管理研究院副院长，厦门金圆教育科技有限公司副总经理，厦门鹭江金融科技研究院监事，主要研究领域为房地产资产证券化、绿色金融；叶国兴，厦门大学金融工程博士，金圆资本管理（厦门）有限公司总经理，主要研究领域为经济周期、区域经济、资本市场微观结构、行为金融；李哲峰，中国华夏文化遗产基金会国际青年领航专项基金科创中心主任，主要研究领域为绿色发展、风险投资、科创人才；张丽娜，中国华夏文化遗产基金会国际青年领航专项基金科创中心绿色产业部部长，主要研究领域为绿色供应链、投资管理。

关键词： 制造业 绿色转型 ESG 投资 ESG 表现 财务绩效

一 中国制造业 ESG 发展现状

（一）政策背景

1. 国内关于制造业 ESG 的政策

ESG 的可持续发展与政策层面的支持和引导紧密相关。党的二十大报告提出，"加快发展方式绿色转型，深入推进环境污染防治，提升生态系统多样性、稳定性以及积极稳妥推进碳达峰碳中和"。"双碳"背景下，2022年以来政府相关部门及资本市场监管机构相继出台的政策文件大多聚焦于企业 ESG 信息披露及其自身实现绿色发展等方面，国内制造业上市公司持续完善 ESG 信息披露体现出行业严格贯彻落实新发展理念要求。2022 年 6 月1 日，《银行业保险业绿色金融指引》对银行业和保险业推进绿色金融、促进我国经济绿色转型提出更高要求。2023 年 3 月 3 日，香港联交所在《2022 上市委员会报告》中提出将气候披露标准调整至与气候相关财务信息披露工作组（TCFD）的建议及国际可持续发展准则理事会（ISSB）的新标准一致。2023 年 4 月 26 日，《国新 ESG 评价体系》作为首个央企发布的 ESG 评价体系发布，旨在促进央企高质量可持续发展，同时为建设中国 ESG 体系、构建 ESG 生态提供依据。

表 1 显示，国内 ESG 政策起源于环境信息和社会责任信息的自愿披露，并逐渐扩大强制性披露范围。我国重要的 ESG 政策可追溯至 20 年前，以自愿披露环境信息和社会责任信息为主。自 2008 年起，上海证券交易所要求符合条件的上市公司披露环境信息和社会责任报告，由此环境信息和社会责任信息逐渐进入自愿披露与强制披露相结合的阶段。香港联交所于 2012 年鼓励上市公司披露 ESG 报告并在 2015 年要求"不披露就解释"，以全面提升在港上市公司的 ESG 披露标准。近年来，ESG 报告日趋受到更多监管部

门的关注和要求，并非局限于要求披露环境信息和社会责任信息，而是逐步扩大强制披露范围。国内 ESG 的形成以监管部门引导为主，区别于国际上 ESG 发展以市场驱动为主。ESG 相关监管部门主要包括国务院国资委、生态环境部、中国人民银行、证监会和证券交易所（包括上交所、深交所和港交所）。监管部门对于国内 ESG 政策的发展起到了非常重要的引导作用。例如，国务院国资委对中央企业和国有企业披露社会责任报告或 ESG 报告提出了明确要求；生态环境部对环境信息披露做出了具体要求，信息披露的主体和内容要求都较以往更加完善；证监会和证券交易所主要对上市公司披露社会责任报告、ESG 报告提出了相关要求，包括港股上市公司、A 股纳入 MSCI 的上市公司、科创板公司以及其他符合条件的沪市及深市上市公司；港交所发布了具体的 ESG 披露指引。

表 1   2003~2023 年中国 ESG 主要政策梳理

时间	政策	要点
2003 年 9 月	国家环保总局发布《关于企业环境信息公开的公告》	要求污染超标企业披露相关环境信息
2006 年 9 月	深圳证券交易所发布《上市公司社会责任指引》	鼓励上市公司自愿披露社会责任相关信息
2007 年 4 月	国家环保总局发布《环境信息公开办法（试行）》	鼓励企业自愿公开环境信息
2008 年 1 月	国务院国资委发布《关于中央企业履行社会责任的指导意见》	要求央企建立社会责任报告制度,有条件的定期发布社会责任报告或可持续发展报告
2008 年 5 月	上海证券交易所发布《上市公司环境信息披露指引》和《关于加强上市公司社会责任承担工作的通知》	要求上市公司披露环保相关重大信息,并鼓励披露年度社会责任报告
2008 年 12 月	上海证券交易所发布《关于做好上市公司 2008 年年度报告工作的通知》	要求纳入"上证公司治理板块样本公司,发行境外上市外资股的公司及金融类公司,应披露社会责任报告"
2010 年 12 月	深圳证券交易所发布《关于做好上市公司 2010 年年度报告披露工作的通知》	要求纳入深圳 100 指数的上市公司披露社会责任报告
2012 年 8 月	香港联交所发布《环境、社会及管治报告指引》（第一版）	建议上市公司自愿披露 ESG 报告

时间	政策	要点
2012 年 12 月	证监会发布《公开发行证券的公司信息披露内容与格式准则第 30 号》	要求社会责任报告经董事会审议,并以单独报告发布
2013 年 4 月	深交所发布《深圳证券交易所上市公司信息披露工作考核办法》	信息披露质量分为四个等级,其中未按规定披露社会责任报告的上市公司信息披露考核结果不能为 A
2015 年 12 月	香港联交所发布修订后的《环境、社会及管治报告指引》(第二版)	扩大强制披露的范围,将披露建议全面调整为"不披露就解释",持续提升对在港上市公司的 ESG 信息披露要求
2016 年 7 月	国务院国资委发布《关于国有企业更好履行社会责任的指导意见》	要求国有企业建立健全社会责任报告发布制度,定期发布报告
2018 年 9 月	证监会修订《上市公司治理准则》	要求上市公司按照法律法规和相关要求披露环境信息和社会责任信息
2018 年 9 月	香港证监会发布《绿色金融策略框架》	证监会以与气候相关财务信息披露工作组(TCFD)的建议接轨为目标,以内地 2020 年强制性环境信息披露政策为参考,推动香港环境信息披露标准化、国际化,同时提出了将香港打造成为国际绿色金融中心的目标
2018 年 11 月	基金业协会发布《中国上市公司 ESG 评价体系研究报告》和《绿色投资指引(试行)》	构建衡量上市公司 ESG 绩效的核心指标体系,鼓励公募、私募股权基金践行 ESG 投资,并针对自身绿色投资行为进行自我评估
2019 年 12 月	香港联交所发布新修订的《环境、社会及管治报告指引》(第三版)	增加"管治构架"和"汇报原则"的强制披露规定,新增气候变化指标,环境 KPI 为披露目标,社会 KPI 披露责任提升为"不遵守就解释"
2020 年 9 月	深交所发布《深圳证券交易所上市公司信息披露工作考核办法(2020 年修订)》	履行社会责任披露的上市公司将加分
2020 年 12 月	上海证券交易所发布《科创板股票上市规则》	科创板公司应当在年度报告中披露履行社会责任情况,并视情况编制和披露社会责任报告、可持续发展报告、环境责任报告等文件
2021 年 5 月	生态环境部发布《企业环境信息依法披露管理办法》	要求符合条件的重点排污单位、上市公司、清洁生产审核企业、发债企业强制披露环境信息

续表

时间	政策	要点
2021 年 7 月	中国人民银行发布《金融机构环境信息披露指南》	对金融机构环境信息披露提出要求
2021 年 11 月	香港交易所发布《气候信息披露指引》	供上市发行人参考的信息披露指引,促进上市公司按照 TCFD 建议的框架披露气候信息
2022 年 1 月	上海证券交易所发布《关于做好科创板上市公司 2021 年年度报告披露工作的通知》	要求科创板公司应当披露 ESG 信息,科创 50 指数成分公司应当在披露年报的同时披露社会责任报告或 ESG 报告
2022 年 1 月	上海证券交易所发布《上海证券交易所股票上市规则(2022 年 1 月修订)》	对上市公司重视环境及生态保护、积极履行社会责任、建立健全有效的公司治理结构、按时编制和披露社会责任报告等非财务报告有了明确的要求,对上交所上市公司进行 ESG 社会责任方面信息披露提供了更为明确的内容指引
2022 年 1 月	深圳证券交易所发布《深圳证券交易所上市公司自律监管指引第 1 号——主板上市公司规范运作》	组织开展对发电行业重点排放单位 2021 年度排放报告的核查,确定并公开 2022 年度重点排放单位名录;组织 2020 年和 2021 年任一年温室气体排放量达 2.6 万吨二氧化碳当量(综合能源消费量约 1 万吨标准煤)及以上的石化、化工、建材、钢铁、有色、造纸、民航行业重点企业,报送 2021 年度温室气体排放报告
2022 年 4 月	中国证监会发布了修订的《上市公司投资者关系指引》	增加了公司的环境、社会和治理信息投资者沟通内容
2022 年 4 月	生态环境部发布《"十四五"环境影响评价与排污许可工作实施方案》	健全以环评制度为主体的源头预防体系,构建以排污许可制为核心的固定污染源监管制度体系,协同推进经济高质量发展和生态环境高水平保护
2022 年 5 月	国务院国资委发布《提高央企控股上市公司质量工作方案》	要求推动更多央企控股公司披露 ESG 报告,力争到 2023 年相关专项报告披露全覆盖
2022 年 6 月	银保监会印发《银行业保险业绿色金融指引》	要求引导银行业、保险业推进绿色金融发展,进一步促进我国绿色转型
2023 年 3 月	香港联交所发布《2022 上市委员会报告》	提出着重将气候披露标准调整至与气候相关财务信息披露工作组(TCFD)的建议及国际可持续发展准则理事金(ISSB)的新标准一致

资料来源:根据 ESG 相关研究资料整理。

另外，随着 ESG 理念的发展以及中央各部门持续推动 ESG 实践，各地方政府也及时响应号召。以福建省积极打造绿色金融环境为例，中共福建省委、福建省人民政府印发《关于完整准确全面贯彻新发展理念做好碳达峰碳中和工作的实施意见》提出，2025 年初步形成绿色低碳循环发展的经济体系，2030 年经济社会发展绿色低碳转型取得突出成效，2060 年全面建立绿色低碳循环发展的经济体系和清洁低碳安全高效的能源体系，并推动能源利用率达到国际先进水平、顺利实现碳中和目标，为生态文明建设、人与自然和谐发展提供参考价值。

2. 国际关于制造业 ESG 的政策

ESG 概念在联合国于 2004 年发布的研究报告中被首次提出，核心内涵是统筹兼顾经济、社会和环境的可持续发展，不得在经济发展中破坏生态环境、危害公平正义。当前，国外一些发达国家 ESG 发展已较为成熟，能够为我国 ESG 投资提供一定的参考价值。

（1）欧盟 ESG 政策条例

2014 年，欧洲议会和欧盟理事会修订《非财务报告指令》（Non-financial Reporting Directive，NFRD），该文件首次将 ESG 三要素纳入法规条例且列明强制性要求，即人才规模超过 500 名员工的企业必须在其公布的管理报告中体现非财务方面的内容，同时要求报告涉及环境保护、社会责任及公司治理，细分至员工人权、管理层贪污和行贿等问题。值得注意的是，政策针对环境保护、社会责任及公司治理三个层面议题的强制度存在差异，其中对于环境保护方面给定强制性披露的内容，对于社会责任和公司治理方面则给定了参考性披露范围，这反映出 NFRD 针对环境保护层面的信息披露更为严格。2017 年，欧洲议会和欧盟理事会修订《股东权指令》（Shareholder Rights Directive，SRD），明确将 ESG 议题纳入具体条例中，实现了 ESG 三项议题的全覆盖，并要求上市公司股东通过充分施行股东权利促进被投资公司在 ESG 方面的可持续发展。2019 年欧盟委员会发布《欧洲绿色协定》（The European Green Deal），提出通过将气候和环境挑战转化为政策领域的机遇，致力于让欧盟地区成为全球第一个实现"碳中和"的区域。2020 年，欧

洲证券和市场管理局（ESMA）发布《可持续金融战略》，呼吁开发有效工具以促进欧盟法律在 ESG 领域监管的趋同性，重点是减轻"漂绿"风险（虚高 ESG 水平、误导投资者），防止信息披露的虚假陈述，并提升非财务信息的透明度和可靠性。2022 年 5 月，欧盟委员会提出 REPowerEU 计划，从节能、能源供应多样化及加速推广可再生能源三方面降低家庭、工业和发电领域的化石燃料使用，快速推动欧洲清洁能源转型。2022 年 11 月 28 日，欧盟理事会通过了《企业可持续发展报告指令》（Corporate Sustainability Reporting Directive，CSRD），这是对 NFRD 的补充和进阶，其主要特征在于"双重重要性"原则、循序渐进引入鉴证机制以防止企业"漂绿"、标准统一化。对于欧盟企业，CSRD 提出的披露规则将适用于所有大型公司①和所有在监管市场上市的公司（上市的微型企业除外）。对于非欧盟企业，净营业额超过 1.5 亿欧元且在欧盟境内的子公司或分支机构净营业额超过 4000 万欧元的企业也属于 CSRD 规定的披露义务适用范围。CSRD 要求适用范围内的公司定期披露环境影响和社会方面的信息，披露范围包括公司经营相关的环境影响，以及尊重人权、反腐败和贿赂、公司治理、多样性和包容性的相关信息。

（2）美国 ESG 政策条例

2010 年，美国证券交易委员会（SEC）首次发布了《上市公司气候信息披露指引》（Commission Guidance Regarding Disclosure Related to Climate Change），就 SEC 层面评估上市公司环境责任承担情况的标准进行了说明，但对相关信息披露的要求主要集中在财务数据领域。2017 年 3 月，纳斯达克证券交易所基于自愿披露的原则公布了《ESG 信息报告指南 1.0》（ESG Reporting Guide 1.0），并于 2019 年 5 月修订发布了《ESG 信息报告指南 2.0》（ESG Reporting Guide 2.0），对上市企业应当披露的环境、社会和公司治理事项进行了列举式的说明，并就应披露事项、披露原因、测量方式、披露形式等进行了补充说明。2020 年 8 月，SEC 修订其要求公司披露的年

---

① 大型公司的标准：资产负债表总额超过 2000 万欧元、净营业额超过 4000 万欧元、本财政年度平均超过 250 名员工。

度报告（10-K 表格），不仅包括了公司治理和相关风险的信息，还首次更新了环境披露要求。2021 年，《ESG 信息披露简化法案》（ESG Disclosure Simplification Act）正式通过，其要求所有公开交易公司均应定期公开其环境、社会和公司治理表现的具体情况，披露其经营过程中与温室气体排放、化石燃料使用等相关的气候变化风险等相关信息。2022 年 8 月 16 日，美国总统拜登签字通过了美国历史上规模最大的气候投资法案《2022 降低通货膨胀法案》（Inflation Reduction Act of 2022），通过供给侧和消费侧双向激励整个经济体减少碳排放的变革来支持美国的能源生产。

（3）日本 ESG 政策条例

《日本尽职管理守则》和《日本公司治理守则》是日本 ESG 政策法规的两大基石。2014 年和 2015 年，环境、社会、公司治理（ESG）三项议题先后出现在《日本尽职管理守则》和《日本公司治理守则》中，分别对资本市场中的两大重要参与者——机构投资者和上市公司，做出规定和约束。日本官方部门数次修订完善两大"守则"，进一步提升 ESG 在上述两份文件中的重要性，为日本金融市场的可持续发展打下了坚实基础。修订后的《日本公司治理守则》明确非财务信息范围，呼吁公司披露有价值的信息，更加关注董事会的可持续责任。修订后的《日本尽职管理守则》将"尽职管理"责任纳入考量范围，关注尽职管理与公司中长期价值的一致性，将准则适用范围扩大至所有符合准则定义的资产类别。《协作价值创造指南》促进公司和投资者之间开展对话，鼓励两者进行合作以创造长期价值。《披露实用手册》支持上市公司自愿改善披露，鼓励上市公司和投资者开展对话。

（二）制造业 ESG 评级情况

ESG 理念起源于社会责任投资，区别于传统财务指标，ESG 将环境（Environment）、社会（Social）、治理（Governance）三个最重要的因子纳入投资分析，来评估企业运营的可持续性和社会影响，目的是获得稳定的长期收益。ESG 评级流程大致分为数据采集、信息归整、指标设定、开展评估、产生评级结果、量化分析评级结果。此外，评级机构可以选择单一评估部分

进行操作，也可以全流程完成 ESG 投资标的的评估工作。

1. ESG 评级

环境因素（E）以政府监管政策为标尺，着眼于企业对环境的影响，包括资源能源高效循环使用、有毒有害污染物科学处理以及对生态圈的保护等。

社会因素（S）关注的是企业与其利益相关者之间的关系协调和平衡，涉及对员工、供应链、客户、社区、产品、社会公益等的管理。

治理因素（G）则聚焦企业管理层面，如信息披露、董事会独立性、高管薪酬等公司治理层面指标，反腐败、贿赂、举报制度等商业道德规范指标，以及公司负面事件。

2. 制造业 ESG 评级情况综述

制造业是我国经济增长的重要引擎，也是当前碳排放的主要领域。制造业企业应积极探索 ESG 领域，通过绿色转型赋能产业、共建绿色生态。ESG 评价又称 ESG 评级（ESG Ratings），即第三方评估机构对单一企业的 ESG 信息披露及 ESG 表现进行打分评级，以评估企业的承诺、业绩、商业模式和结构，以及是否与可持续发展目标相一致。国内 ESG 评级体系呈多样化、多维度持续发展态势，ESG 评级机构包括研究机构、市场机构、专家学者，目前国内 ESG 评级体系包括 Wind、华证、商道融绿、润灵环球、社投盟、中财大绿金院体系等。Wind 评级体系具有数据点综合性优势；华证评级体系通过大数据技术高效赋能且本土化能力强；商道融绿评级体系具备议题凝练化、评级精简化的特征；润灵环球评级体系以 ESG 风险管理能力为核心。不同评级标准下，A 股制造业公司 ESG 评级相关性较强，制造业重点企业各维度得分均优于全 A 制造业企业。国信证券研究报告显示，选取电力设备、汽车、机械设备、轻工、家电、军工六个一级行业作为制造业样本，制造业整体评级为 B，Wind 评级体系结果略高于华证和商道融绿。从具体分项上看，制造业企业在不同评级标准下的 E 维度得分略低于全 A，S 维度得分高于全 A，G 维度得分出现分化。以 Wind、华证、商道融绿、润灵环球共同覆盖样本作为制造业重点企业，重点企业评级评分均高于全部制造业企业，且在环境维度改善较大。A 股制造业 ESG "尖子生" 和 "头部玩家" 多为电力设备、汽车、家电行业龙头，公司 ESG 报告视角下的 ESG 实践存在大量共性。环境方面，制造业领军企业 ESG 通过技术升级减少碳排放、控制生产过程对环境的负面影响（如基于 VOCs 监测框架实现污染物控制），单位产值或单位盈利的能耗及污染物排放量明显减少，趋势延续性强。社会方面，制造业 ESG"尖子生"及"头部玩家"主要从供应链、产品责任、投资者权益、员工权益和社会响应五个方面塑造自身形象。治理方面，制造业优质企业均设立以董事会为决策中心向下辐射的多层次 ESG 治理架构，部分公司 ESG 治理架构独立于公司管理架构。基于 ESG 制造业企业披露现状，全球化视角关注 GRI 议题与 T/CERDS 等本土化标准的有机结合。环境方面，目前企业 ESG 报告披露的环境绩效以一阶易得数据为主，高阶碳足迹测算（如范围三碳排放）指标披露率极低。社会方面，供应链管理相关议题披露率较高，多涉及采购流程、供应商正负向筛选等，"头部企业"整体披露情况较好，但部分指标可比性仍有提升空间。治理方面，制造业企业整体披露结构同质化严重，合规管理、经营管理、监督管理、高管激励、商业道德等方面披露充分，但实质性议题部分指标鲜有披露（如从当地社区雇用高管的比例）。制造业企业 ESG 披露实践将朝着"全覆盖、统一化、透明化"方向演进，"高活性、优管理、勇担当"或将助力企业 ESG 发展。目前 A 股制造业企业 ESG 报告披露率未过半，从指数评级机构和信评领域对 A 股的覆盖趋势看，未来企业自身 ESG 报告有望形成"重点企业带头，其他企业跟进"的局面，T/CERDS 本土化 ESG 信息披露指南有望为各类质量标准与海外披露体系提供支点，企业有望在更统一的基础框架下实现绿色化转型，交易所信息披露指引有望朝着客观透明的方向要求企业完整展现自身 ESG 发展的全貌。制造业企业实现评级维度拓展，可以通过加大科技在碳足迹测算控制中的应用，从顶层架构上建立碳效率管理的抓手，同时结合自身业务从价值链上提升碳效率。

（三）存在的主要问题

1. 制造业 ESG"漂绿"现象频发

ESG"漂绿"行为对 ESG 的实践及表现造成一定干扰，且辨别成本和难

度较大。随着 ESG 投资的兴起,"漂绿"问题逐渐渗透到金融领域。为吸引资金和资源流入,部分机构在进行产品投资策略分析时仅仅将 ESG 标准作为 ESG 投资的一项宣传,而并未在投资标的筛选过程中采纳 ESG 相关策略,导致企业 ESG 实际践行情况模糊且不能得到有效验证。海外投资者往往格外注重企业 ESG 表现,并愿意对 ESG 践行突出的企业给定高估值,但具备一定融资竞争力的企业深知 ESG 发展需要大量前期成本投入,这导致部分企业管理层、决策层产生投机性想法和行为,虚假以 ESG 名号推动投融资活动而在实际执行中未对项目做出实质性 ESG 举措,此类"漂绿"行为频繁发生在一定程度上影响了 ESG 理念的发展。对此,较为成熟的利益相关方和投资者在审慎企业 ESG 行为时,往往进行更加细致、深入的调研,明晰企业融资的实际意图和去向。海外投资者大多注重绿色债券等标的是否通过第三方评级认证和监督,并以此作为投资决策中的一个考察角度,用以判断投资标的释放的 ESG 信号可靠与否。

目前,国内 ESG 投资尚处于起步阶段,投资者和利益相关方对 ESG 投资存在积极倾向,容易忽视企业"漂绿"行为,应充分并仔细甄别投资标的,不被"漂绿"行为误导。债券等投资标的能够引发绿色属性,即发行后募集基金投向环境保护相关项目。但大部分募集说明书并未明确资金用于何种绿色项目,也较少提及后期监管事宜。

2. 制造业 ESG 信息披露质量亟待提升

目前,国内 ESG 实践存在信息披露不规范、可信度较低等问题,导致整体 ESG 信息披露质量偏低。制造业企业 ESG 信息披露报告杂乱无章、缺少统一的强制性信息披露要求,多数 ESG 报告存在第三方审计流程缺位、负面信息和定量指标缺失等问题。从现有制造业上市公司公布的 ESG 报告来看,大部分公司侧重披露 ESG 相关的管理政策,而较少有实施方式及具体举措等价值信息,且反映 ESG 程度的各达标值数据缺失。

完整的 ESG 信息披露应同时包括定量指标和定性指标披露。数据显示,制造业企业 ESG 报告多存在可量化关键指标缺失的问题,在一定程度上降低了 ESG 报告的准确性和可比性,同时数据质量无法得到有效验证。

相关研究资料显示，我国企业 ESG 信息披露整体质量偏低且两极分化现象严重，定量信息和负面信息披露较少，数据统计口径差异较大，缺乏有效检验，信息失衡，且数据的透明度、可比性、精准性不高，低质量的 ESG 信息披露无法全面反映企业在经验、管理及发展等方面的真实情况。多数制造业企业缺乏 ESG 表现对企业财务绩效影响的披露，致使信息披露作为价值投资参考依据的实用性较低。制造业企业对 ESG 理念认知较低，缺乏自主披露意识，且 ESG 信息披露尚无标准化细则约束，在一定程度上影响了制造业企业 ESG 信息披露质效。

3. ESG 评价体系缺乏统一规范标准

目前，全球 ESG 评级尚未形成统一的标准，多元化、多维度趋势较为显著。国内 ESG 评级处于起步阶段，在评级指标、评级方法、信息披露等方面较国际水平存在一定差距，缺乏统一、规范、标准的信息披露原则和评级准则。海外机构对整体中国企业 ESG 评级较低，国内机构 ESG 评级差异同样巨大，国内评级机构主要依靠公开渠道获取信息数据对企业进行评级。然而，基础数据缺失、原始数据溯源难等问题致使相关数据的真实性、科学性无法得到有效保证，进而导致评级结果难以被投资者、利益相关方作为可靠依据运用到投资决策之中。评级缺乏一致性使 ESG 评级失去了相对公正性，导致 ESG 投资风险激增、投资者对 ESG 失去信任感。

现阶段，我国 ESG 配套措施尚待健全，ESG 评价体系及本土化改进策略亟须完善。我国 ESG 评价体系呈现多元化、差异化发展格局，差异化评级机构在 ESG 评级方法、指标体系、基础数据等方面存在不同的侧重点和针对性，使得同领域、同行业、同企业在接受 ESG 评级时产生的评级结果差异巨大，这就导致企业 ESG 评级结果的实际可参考性模糊，制造业企业在不同标准下的 ESG 评级结果差异较大。据此，政府应加强完善 ESG 监管政策以推动 ESG 价值观实现逐步趋同，限制差异化评级机构对制造业 ESG 评价结果在一定区间内合理浮动，避免由于评级结果偏差过大而失效。制造业企业在践行 ESG 时对其内涵的认知较为复杂，未形成明确、系统性的评价标准，导致企业在 ESG 实践中无法运用适配的

参考指标。

当前，ESG 相关研究和准则制定尚处于不断探索的阶段，国际社会不断发起制定 ESG 标准的倡议，金融研究所、评级机构等不断推出 ESG 信息披露和评价体系的相关研究报告，既有成果正成为制定完善 ESG 配套政策的多方依据。由于我国经济环境和资本市场发展具有自身特点，国际机构采用的信息披露和评价体系不完全适用于国内，应根据中国国情、结合中国市场生态和社会环境，建立本土系统性 ESG 指标体系并依托 ESG 评价指标不断丰富 ESG 风险监测指标体系。

4. ESG 数据缺乏科学性和规范性

数据是投资者及利益相关方衡量企业 ESG 绩效表现的基础，也是 ESG 信息披露的关键要素。获取真实、可信、完整、准确的 ESG 数据是绝大多数企业待解决的重要难题，没有充足的数据、缺乏可靠性数据等问题将严重阻碍其 ESG 信息披露。在研究企业通过何种渠道获取 ESG 数据时，有半数以上的企业内部尚未制定 ESG 数据信息披露的流程和标准，在收集数据时仅采用低端工具和方法对数据进行归类和分析。

高质量数据对 ESG 评估至关重要，精准、科学的高质量数据是相关标准落地、资产定价、风险评估的前提和基础。由于 ESG 信息披露及评级指标覆盖范围广，涉及企业各业务链条、各部门战略规划、生产经营、内部治理结构与治理措施、员工责任、安全生产、供应链管理等信息，且上市公司、国有企业、金融机构等大型企业的子公司众多，因此 ESG 信息采集、整理工作量较大。现阶段，ESG 数据分散、涉及人员繁杂，企业各部门、子公司内部协调配合成本高，ESG 数据统计核算难度大且无法保证统一口径，造成相关信息统计错误频出等问题。因此，制造业企业应持续提升 ESG 数据治理能力，保证量化分析数据的准确性、有效性、科学性及规范性，这样才能助力 ESG 信息披露、评价体系等方面向整体提质增效的方向迈进。

当前，ESG 数据时间长度有限，量化回测存在诸多困难。此外，已经披露的 ESG 数据时间跨度有限，数据长度参差不齐，导致 ESG 投资组合的历史回测极其困难，进而难以量化验证 ESG 投资指标对投资组合的影响。

5. ESG 管理制度有待建设完善

企业建立一套完善的 ESG 管理制度面临诸多挑战，主要体现在如下方面。其一，缺乏相对完整的 ESG 政策体系。企业在制定 ESG 政策时，通常将企业承担社会责任的意识化为表面文字，而无法落实到具体的执行环节。其二，缺乏科学、有效的 ESG 监管机制。现阶段，国内外对 ESG 的监管机制尚待完善，诸多企业仍无明晰的 ESG 要求，对企业的 ESG 行为和表现缺乏实质性监管。其三，企业 ESG 信息披露透明度较低，使得投资者和利益相关方无法准确评估企业的 ESG 风险，一定程度上影响了投资者对企业持续发展的信心。其四，ESG 标准化管理缺位。由于各领域、行业在 ESG 标准上存在差异，企业在实施 ESG 管理制度时存在一定的困难。其五，企业内部文化忽视 ESG 理念，董事会对 ESG 重视程度较低。董事会在 ESG 评估、决策、监控环节担当主导角色并承担责任，良好的 ESG 文化有助于确保 ESG 因素纳入运营决策，也能够为 ESG 管理调配充足的资源。由于企业内部文化对 ESG 的重视程度不够，多数企业并未真正认识到践行 ESG 的重要性。其六，专业 ESG 人才匮乏。由于 ESG 覆盖范围广，涉及数据收集及专业判断，因此 ESG 信息披露需要有专人对公司各部门数据进行收集及整合，同时专业人才需要对公司业务和发展动态有全面的认识。只有在此基础上产生的具有指引性、实用性的 ESG 报告才能够更好地吸引投资者关注。现阶段，多数企业忽视 ESG 人才培养，开展 ESG 工作的管理及技术型人才力量薄弱，无法保证 ESG 管理制度的有效实施。

二　制造业 ESG 表现与企业财务绩效

ESG 表现，即 ESG 评级机构对企业 ESG 发展水平进行评价并给出结果，能够反映企业在环境保护、社会责任及公司治理三方面的综合成绩，基于企业践行 ESG 理念得以产生和延伸。现阶段，ESG 表现被大多评级机构划分为 A、B、C、D 四个等级，A 为评级最高等级，其后递减。ESG 表现的内涵

在于倡导可持续发展理念及企业具有承担社会责任的意识，ESG 表现可以综合评价企业履行社会责任的情况并对投资者呈现客观真实的信息。ESG投资理念有助于提升企业在环境保护、社会责任及公司治理等方面的均衡化发展水平，进而助力企业发展目标由单纯追求盈利最大化转变为实现自身社会价值最大化，推动整体经济社会的健康、可持续发展。

（一）研究方案

1. 样本选择与数据来源

本报告主要选取了 2009~2022 年中国沪深两市 A 股公开上市的制造业企业样本为研究对象，部分缺失数据通过插值法、邻近数值替代等方式进行补充，最终得到 14993 个非平衡面板数据研究样本。其中，本报告所使用的ESG 数据及财务数据来源于 Bloomberg 数据库、Wind 数据库和国泰安数据库。

2. 变量设计与模型构建

（1）变量设计

①被解释变量——财务绩效

财务绩效能够提供对于一个组织或企业的经济效益和财务健康状况的评估，而衡量企业财务绩效的方式有很多种。其中，一些常用的指标包括总资产收益率（ROA）、净资产收益率（ROE）和投入资本回报率（ROIC）。其中，总资产收益率是投资者和分析师们最常用的财务绩效指标之一，它通过将净利润与总资产进行比较，能够显示出企业在经营过程中所取得的整体效益，是衡量企业利用其总资产实现盈利能力的指标。因此，本报告选择总资产收益率作为制造业企业的财务绩效的代理变量，从而反映制造业企业在利用其总资产方面的综合表现。

②解释变量——华证 ESG 指数

本报告出于样本选择可获得性的考虑，采用华证 ESG 指数作为制造业企业 ESG 表现的代理变量。华证 ESG 指数从 2009 年开始，对中国主板上市企业的 ESG 表现进行评估，并得到学界和业界的广泛应用。该指数包含

ESG 综合指数、E（环境）指数、S（社会）指数和 G（治理）指数，可以较为全面地反映制造业企业的环境、社会、治理及其综合表现。

③调节变量——产权性质

本报告采用产权性质（soe）作为调节变量的代理变量，即通过引入一个虚拟变量来衡量制造业企业的产权性质。具体而言，当制造业企业为国有企业时，将该虚拟变量赋值为 1，否则赋值为 0。产权性质在一定程度上反映了企业 ESG 表现在不同所有权结构和治理机制下，可能对企业财务绩效产生的影响。

④中介变量——企业声誉

企业声誉与无形资产占比息息相关，较高的无形资产占比意味着企业具有较高的声誉价值（刘艳博和耿修林，2021）。因此，本报告参考周丽萍等（2016）的研究，选取企业无形资产占比作为制造业企业声誉（rep）的代理变量。

⑤控制变量

本报告参考相关研究，选取企业规模（size）、企业杠杆水平（lev）、企业成长性（growth）、企业现金流动性（cashflow）、投资者信心（bm）、企业年限（firmage）、企业独董比例（indep）、股权集中度（top1）和高级管理层薪酬规模（tmtpay1）作为控制变量。

本报告变量说明如表 2 所示。

表 2　变量说明

变量类型	变量名称	变量代码	测算方式或来源
被解释变量	财务绩效	roa	净利润/总资产
解释变量	ESG 表现	esg	华证 ESG 指数
	环境表现	e	
	社会表现	s	
	治理表现	g	
调节变量	产权性质	soe	国企为 1，否则为 0
中介变量	企业声誉	rep	无形资产/总资产

续表

变量类型	变量名称	变量代码	测算方式或来源
	企业规模	*size*	企业总资产自然对数
	企业杠杆水平	*lev*	负债/总资产
	企业成长性	*growth*	营业收入增长率
	企业现金流动性	*cashflow*	现金流比例
控制变量	投资者信心	*bm*	企业市值/企业账面价值
	企业年限	*firmage*	企业成立年限
	企业独董比例	*indep*	独立董事占董事会人数比例
	股权集中度	*top*1	第一大股东持股比例
	高级管理层薪酬规模	*tmtpay*1	管理层前三名薪酬总额自然对数

（2）模型构建

①基准回归模型

本报告基准回归模型构建如式 1 所示。其中，i 表示企业个体，t 表示时间。基准回归模型采用个体与时间的双向固定效应（FE）模型，并采用个体聚类标准误估计。

$$
\begin{aligned}
roa_{it} = {} & a_0 + a_1 esg_{it} + a_2 size_{it} + a_3 lev_{it} + a_4 growth_{it} + \\
& a_5 cashflow_{it} + a_6 bm_{it} + a_7 firmage_{it} + a_8 indep_{it} + \\
& a_9 top1_{it} + a_{10} tmtpay1_{it} + \lambda_i + \mu_t + \varepsilon_{it}
\end{aligned}
\tag{1}
$$

②调节效应模型

为了验证产权性质对"制造业企业 ESG 表现—企业财务绩效"关系的影响，在模型 1 的基础上引入产权性质以及制造业企业 ESG 表现与产权性质的交互项。调节效应模型见式 2。如果产权性质的系数 b_{11} 以及制造业企业 ESG 表现与产权性质的交互项的系数 b_{12} 均显著为正，则说明产权性质对"制造业企业 ESG 表现—企业财务绩效"关系具有正向调节作用。

$$
\begin{aligned}
roa_{it} = {} & b_0 + b_1 esg_{it} + b_{11} soe_{it} + b_{12} esg_{it} \times soe_{it} + b_2 size_{it} + \\
& b_3 lev_{it} + b_4 growth_{it} + b_5 cashflow_{it} + b_6 bm_{it} + \\
& b_7 firmage_{it} + b_8 indep_{it} + b_9 top1_{it} + b_{10} tmtpay1_{it} + \\
& \lambda_i + \mu_t + \varepsilon_{it}
\end{aligned}
\tag{2}
$$

③中介效应模型

本报告采用温忠麟和叶宝娟（2014）改进后的分步回归法，考察企业声誉的中介效应。具体来说，在模型 1 成立的条件下，建立模型 3 与模型 4。若 d_1、c_1、c_{11} 均显著为正，则说明企业声誉是"制造业企业 ESG 表现——企业财务绩效"关系的中介传导路径。

$$
\begin{aligned}
roa_{it} =\ & c_0 + c_1 esg_{it} + c_{11} rep_{it} + c_2 size_{it} + c_3 lev_{it} + c_4 growth_{it} + \\
& c_5 cashflow_{it} + c_6 bm_{it} + c_7 firmage_{it} + c_8 indep_{it} + \\
& c_9 top1_{it} + c_{10} tmtpay1_{it} + \lambda_i + \mu_t + \varepsilon_{it}
\end{aligned}
\tag{3}
$$

$$
\begin{aligned}
rep_{it} =\ & d_0 + d_1 esg_{it} + d_2 size_{it} + d_3 lev_{it} + d_4 growth_{it} + \\
& d_5 cashflow_{it} + d_6 bm_{it} + d_7 firmage_{it} + d_8 indep_{it} + \\
& d_9 top1_{it} + d_{10} tmtpay1_{it} + \lambda_i + \mu_t + \varepsilon_{it}
\end{aligned}
\tag{4}
$$

（二）实证分析

1. 描述性统计

表 3 汇报了本报告研究变量的描述性统计结果，制造业企业 ESG 表现均值为 72.362，标准差为 5.384，说明 ESG 评级的平均水平处于 CCC 和 B 之间。roa 均值为 0.038，说明制造业企业整体总资产收益率为正。其他主要变量基本情况如表 3 所示，不再赘述。

表 3　描述性统计

变量	均值	标准差	最小值	最大值	数量
roa	0.038	0.103	−6.714	1.285	14561
rep	0.784	0.133	0.137	1	14992
soe	0.34	0.474	0	1	14687
esg	72.362	5.384	44.01	90.4	14993
$size$	22.037	1.213	17.018	27.621	14992
lev	0.415	0.509	0.007	41.939	14992
$growth$	0.24	2.31	−0.971	168.499	14554

续表

变量	均值	标准差	最小值	最大值	数量
cashflow	0.046	0.074	-0.703	0.914	14992
bm	0.571	0.236	0.008	1.468	14707
firmage	2.863	0.37	0.693	4.025	14993
indep	37.453	5.607	14.29	80	14992
*top*1	32.472	14.044	1.844	89.093	14993
*tmtpay*1	14.453	0.763	10.306	18.197	14966

2. 基准回归分析

表4为制造业企业 ESG 表现对企业财务绩效影响的基准回归结果。由回归（1）、（2）、（3）中可以看出，无论是何种控制变量组合，制造业企业 ESG 表现对企业财务绩效的影响均在1%的置信水平上显著，且 *esg* 系数为正。这表明中国制造业企业 ESG 表现与企业财务绩效之间呈现显著的正向促进关系。良好的 ESG 表现意味着制造业企业提升了自身的品牌声誉和形象，从而增强了市场竞争力，有助于制造业企业提高销售额和市场份额，进而促进企业 ROA 可持续增长。同时，良好的 ESG 表现也意味着制造业企业关注环境、社会和公司治理问题，可以降低潜在的法律风险、环境风险和声誉风险。这种风险管理的能力可以增加企业的稳定性和可持续性，减少财务风险，从而提高企业的总资产收益率。

表4　基准回归模型结果

变量	（1）	（2）	（3）
	roa	*roa*	*roa*
esg	0.002 ***	0.001 ***	0.001 ***
	(0.00)	(0.00)	(0.00)
size		0.021 ***	0.020 ***
		(0.00)	(0.00)
lev		-0.068 ***	-0.014
		(0.01)	(0.02)

变量	(1)	(2)	(3)
	roa	*roa*	*roa*
growth		0. 003 ***	0. 004 ***
		(0. 00)	(0. 00)
cashflow		0. 275 ***	0. 275 ***
		(0. 04)	(0. 03)
bm			−0. 070 ***
			(0. 01)
firmage			−0. 059 ***
			(0. 01)
indep			0
			0. 00
*top*1			0. 001 ***
			0. 00
*tmtpay*1			0. 016 ***
			0. 00
_cons	−0. 100 ***	−0. 467 ***	−0. 552 ***
	(0. 02)	(0. 08)	(0. 07)
R^2	0. 027	0. 193	0. 267
Obs	1. 50E+04	1. 50E+04	1. 40E+04

注：＊表示在 10%水平上显著，＊＊表示在 5%水平上显著，＊＊＊表示在 1%水平上显著；括号内报告的是 z 值，下同。

3. 分区域、分维度异质性回归分析

表 5 为制造业企业 ESG 表现对企业财务绩效影响的分区域、分维度异质性回归结果。列（1）、（2）和（3）分别表示东部、中部和西部的回归结果。区域划分参考中国国家统计局的标准。其中，东部样本 *esg* 系数显著为正，中部样本 *esg* 系数为正，但不显著，西部样本 *esg* 系数不显著。可能的原因是，东部地区通常具有更为发达的经济环境、更高水平的产业规模和更规范的监管环境，因此制造业企业在该地区可能更注重 ESG 表现，使得东部省份样本中制造业企业 *esg* 与 *roa* 之间呈正向显著关系，即 ESG 表现的改善可能带来更好的财务绩效。而中部省份相对于东部地区来说，可能处于经济发展的中等阶段，制造业企业的 ESG 表现可能在不同程度上影响其财

务绩效。虽然中部省份也存在正向促进的趋势，但由于各种其他因素的影响，这种关联关系在样本中并不显著，这可能与中部地区的产业结构、政策环境和企业发展阶段等因素有关。西部省份通常相对欠发达，经济发展水平较低，产业规模不大。在这些地区，制造业企业可能更关注基础设施建设、市场拓展等方面，ESG 表现与财务绩效之间的关联可能因此相对较弱且不显著。这表明在西部省份中，其他因素可能对制造业的总资产收益率产生更大的影响。

列（4）、（5）和（6）分别表示制造业企业的 e（环境表现）、s（社会表现）和 g（治理表现）对企业财务绩效的回归结果。其中，环境表现对企业财务绩效具有显著的负向影响，社会表现对企业财务绩效具有显著的正向影响，治理表现对企业财务绩效具有显著的正向影响。首先，环境表现越好可能意味着企业在环境保护方面采取了更多的措施，如减少碳排放、提高能源效率等。然而，这些环境表现改善的举措往往伴随成本增加，如购买环保设备、进行环境监测和治理等。因此，企业在环境表现上的投入可能导致总体的经营成本增加，从而降低了企业的总资产收益率。同时，不同行业的制造业企业在环境表现和总资产收益率之间的关系上可能存在差异。一些行业，如高污染行业，可能面临更高的环境监管要求和压力。在这些行业中，企业为了符合环保标准和法规，可能需要投入更多的资源和资金。因此，这些企业的环境表现改善可能伴随较高的成本，从而对总资产收益率产生负面影响。社会表现可能涉及对员工、供应商、社区等相关方的关注和贡献。社会表现较好意味着企业在社会责任和社会价值创造方面表现良好，这可能包括提供良好的工作条件、社会投资、慈善捐赠等。这些积极的举措有助于提高企业的声誉和形象，增强消费者和投资者的信任，从而促进企业的总资产收益率。治理表现涉及公司的决策机制、内部控制和透明度等方面。治理表现较好意味着企业具有较好的公司治理结构，如独立的董事会、透明的财务报告等，这有助于提高企业的运营效率、风险管理能力和决策质量，从而对企业的总资产收益率产生正面影响。

表5 分区域与分维度样本回归结果

变量	（1）roa(东)	（2）roa(中)	（3）roa(西)	（4）roa	（5）roa	（6）roa
esg	0.001***	0.001	0			
	(0.00)	(0.00)	(0.00)			
e				−0.001***		
				(0.00)		
s					0.001***	
					(0.00)	
g						0.001***
						(0.00)
size	0.021***	0.037***	0.035***	0.023***	0.021***	0.021***
	(0.00)	(0.01)	(0.01)	(0.00)	(0.00)	(0.00)
lev	−0.048	−0.187***	−0.196***	−0.015	−0.015	−0.013
	(0.04)	(0.06)	(0.05)	(0.02)	(0.02)	(0.02)
growth	0.006***	0.002**	0.004***	0.004***	0.004***	0.004***
	(0.00)	(0.00)	(0.00)	(0.00)	(0.00)	(0.00)
cashflow	0.234***	0.325***	0.268***	0.277***	0.276***	0.276***
	(0.04)	(0.10)	(0.04)	(0.03)	(0.03)	(0.03)
bm	−0.072***	−0.086***	−0.065***	−0.072***	−0.071***	−0.070***
	(0.01)	(0.01)	(0.02)	(0.01)	(0.01)	(0.01)
firmage	−0.045***	−0.001	−0.002	−0.063***	−0.063***	−0.056***
	(0.01)	(0.03)	(0.04)	(0.01)	(0.01)	(0.01)
indep	0	−0.001*	0	0	0	0
	(0.00)	(0.00)	(0.00)	(0.00)	(0.00)	(0.00)
top1	0.001***	0.001***	0	0.001***	0.001***	0.001***
	(0.00)	(0.00)	(0.00)	(0.00)	(0.00)	(0.00)
tmtpay1	0.019***	0.004	0.015**	0.016***	0.016***	0.016***
	(0.00)	(0.01)	(0.01)	(0.00)	(0.00)	(0.00)
_cons	−0.617***	−0.749***	−0.764***	−0.477***	−0.501***	−0.572***
	(0.07)	(0.15)	(0.19)	(0.07)	(0.07)	(0.07)
R^2	0.189	0.288	0.33	0.163	0.163	0.17
Obs	9644	2861	1499	1.40E+04	1.40E+04	1.40E+04

4. 调节效应分析

表6的列（1）为产权性质在制造业企业 ESG 表现与企业财务绩效之间的调节效应的检验结果。其中，制造业企业 ESG 表现与产权性质交互项系数显著为负，这说明产权性质在制造业企业 ESG 表现与企业总资产收益率之间存在负向调节效应。这意味着国企制造业企业 ESG 表现对企业总资产收益率的影响会被削弱，而非国企制造业企业 ESG 表现对企业总资产收益率的影响会被增强。企业在追求 ESG 目标时，可能需要承担一定的成本和风险。国企由于受到政府的特殊约束和利益考量，可能更注重维护政治利益和经营稳定性，而非国企则更注重企业自身的经济回报。这种风险与回报的权衡可能导致国企在 ESG 改善方面相对谨慎，从而削弱了 ESG 表现对总资产收益率的影响。通过列（2）和（3）可以发现，非国企制造业样本 ESG 表现对企业财务绩效的影响显著为正，而国企制造业样本 ESG 表现对企业财务绩效的影响不显著，通过分组回归，再一次验证了调节效应检验的结果。

表6　调节效应与分样本回归检验

变量	（1）roa（调节）	（2）roa（非国企）	（3）roa（国企）
esg	0.002 ***	0.001 ***	0
	(0.00)	(0.00)	(0.00)
soe	0.038		
	(0.03)		
esg × soe	−0.001 **		
	(0.00)		
size	0.020 ***	0.034 ***	0.022 ***
	(0.00)	(0.01)	(0.00)
lev	−0.014	−0.053	−0.202 ***
	(0.02)	(0.04)	(0.03)
growth	0.004 ***	0.003 **	0.008 ***
	(0.00)	(0.00)	(0.00)
cashflow	0.275 ***	0.306 ***	0.164 ***
	(0.04)	(0.04)	(0.05)

变量	（1）	（2）	（3）
	roa（调节）	roa（非国企）	roa（国企）
bm	−0.068 ***	−0.080 ***	−0.066 ***
	（0.01）	（0.01）	（0.01）
firmage	−0.057 ***	−0.027 *	−0.011
	（0.01）	（0.01）	（0.02）
indep	0	0	0
	（0.00）	（0.00）	（0.00）
top1	0.001 ***	0.001 ***	0
	（0.00）	（0.00）	（0.00）
tmtpay1	0.015 ***	0.010 ***	0.020 ***
	（0.00）	（0.00）	（0.00）
_cons	−0.563 ***	−0.799 ***	−0.527 ***
	（0.07）	（0.09）	（0.10）
R^2	0.167	0.212	0.292
Obs	1.40E+04	9085	4859

5. 中介效应分析

表 7 是制造业企业 ESG 表现通过企业声誉影响企业财务绩效的中介效应检验结果。其中，从列（1）可以看出，企业声誉与企业 ESG 表现对财务绩效的影响显著为正，而从列（2）可以看出，企业 ESG 表现对企业声誉的影响也显著为正，再结合列（3）的基准回归结果，可以得出结论，即制造业企业的 ESG 表现通过提高企业声誉这一中介传导路径，提升企业财务绩效。企业声誉是一种无形资产，能够对企业的经营绩效产生重要影响，良好的企业声誉可以带来广泛的益处，如增强消费者信任、吸引投资者、提高员工忠诚度等。制造业企业通过在环境保护、社会责任履行和良好治理方面的表现能够塑造积极的形象，增强其声誉，而具有良好声誉的企业更容易吸引客户、合作伙伴和投资者，从而提高销售额、扩大市场份额，进而提高总资产收益率。因此，当制造业企业的 ESG 表现促进企业财务绩效提升时，企业声誉作为中介传导路径起到了重要的桥梁作用。

表7　中介效应检验

变量	（1）	（2）	（3）
	roa	rep	roa
rep	0. 150 ***		
	（0. 01）		
esg	0. 001 ***	0. 001 ***	0. 001 ***
	（0. 00）	（0. 00）	（0. 00）
size	0. 018 ***	0. 013 ***	0. 020 ***
	（0. 00）	（0. 00）	（0. 00）
lev	−0. 013	−0. 006	−0. 014
	（0. 01）	（0. 01）	（0. 02）
growth	0. 004 ***	0. 001	0. 004 ***
	（0. 00）	（0. 00）	（0. 00）
cashflow	0. 286 ***	−0. 072 ***	0. 275 ***
	（0. 04）	（0. 02）	（0. 03）
bm	−0. 068 ***	−0. 014 *	−0. 070 ***
	（0. 01）	（0. 01）	（0. 01）
firmage	−0. 050 ***	−0. 061 ***	−0. 059 ***
	（0. 01）	（0. 02）	（0. 01）
indep	0	0	0
	（0. 00）	（0. 00）	（0. 00）
top1	0. 001 ***	0	0. 001 ***
	（0. 00）	（0. 00）	（0. 00）
tmtpay1	0. 014 ***	0. 014 ***	0. 016 ***
	（0. 00）	（0. 00）	（0. 00）
_cons	−0. 612 ***	0. 400 ***	−0. 552 ***
	（0. 07）	（0. 10）	（0. 07）
R^2	0. 189	0. 049	0. 167
Obs	1. 40E+04	1. 40E+04	1. 40E+04

6. 稳健性与内生性检验

表8是稳健性与内生性检验结果，列（1）是取变量滞后1期数据再进行回归检验，列（2）是对全体数据进行缩尾处理后进行回归检验，列（3）是去掉直辖市样本数据后进行回归检验。三种稳健性检验方式均与基准回归结果保持一致，验证了结果的有效性。列（4）是系统广义矩形估计（SYS-GMM）的检验结果，可以避免实证研究中反向因果导致的内生性影

响，其中，*roa* 滞后期系数显著为正，ESG 表现系数也显著为正，这说明考虑内生性影响后，制造业企业 ESG 表现对财务绩效的影响仍然符合基准回归结果，这再一次验证了结果的可靠性。值得说明的是，SYS-GMM 估计结果通过了 AR（2）检验和 Sagan 检验，不存在多阶自相关和过度识别问题。

表 8　稳健性与内生性检验

变量	（1）	（2）	（3）	（4）
	roa（变量滞后 1 期）	*roa*（缩尾）	*roa*（去掉直辖市）	*roa*（SYS-GMM）
L. roa				0. 185 ***
				（0. 01）
esg	0. 001 *	0. 001 ***	0. 001 ***	0. 001 ***
	（0. 00）	（0. 00）	（0. 00）	（0. 00）
size	0. 002	0. 020 ***	0. 020 ***	0. 039 ***
	（0. 01）	（0. 00）	（0. 00）	（0. 00）
lev	−0. 120 ***	−0. 014	−0. 011	−0. 181 ***
	（0. 04）	（0. 02）	（0. 01）	（0. 01）
growth	0. 002 *	0. 004 ***	0. 003 ***	0. 005 ***
	（0. 00）	（0. 00）	（0. 00）	（0. 00）
cashflow	0. 130 ***	0. 275 ***	0. 256 ***	0. 148 ***
	（0. 02）	（0. 03）	（0. 03）	（0. 01）
bm	−0. 090 ***	−0. 070 ***	−0. 074 ***	−0. 042 ***
	（0. 01）	（0. 01）	（0. 01）	（0. 00）
firmage	−0. 005	−0. 059 ***	−0. 054 ***	−0. 105 ***
	（0. 01）	（0. 01）	（0. 01）	（0. 01）
indep	0	0	0	0
	（0. 00）	（0. 00）	（0. 00）	（0. 00）
*top*1	0. 000 **	0. 001 ***	0. 001 ***	0. 001 ***
	（0. 00）	（0. 00）	（0. 00）	（0. 00）
*tmtpay*1	0. 008 **	0. 016 ***	0. 014 ***	0. 011 ***
	（0. 00）	（0. 00）	（0. 00）	（0. 00）
_cons	−0. 046	−0. 552 ***	−0. 547 ***	−0. 680 ***
	（0. 12）	（0. 07）	（0. 07）	（0. 06）
R^2	0. 332	0. 167	0. 158	
Obs	1. 30E+04	1. 40E+04	1. 20E+04	1. 10E+04

（三）研究结论

本部分基于聚类标准误的双向固定效应模型、分组回归检验、调节效应模型、中介效应模型和系统广义矩形估计实证分析，检验关于制造业企业ESG（环境、社会和治理）表现对企业财务绩效的影响，并得出以下几点结论。

首先，实证结果表明制造业企业的ESG表现对企业财务绩效具有显著的促进效应。这意味着在考虑ESG因素的情况下，制造业企业有可能取得更好的财务表现。然而，这种促进效应在地区之间存在差异。具体而言，该效应在东部地区表现得十分显著，而在中部地区和西部地区则不显著。这暗示着地区特征可能在ESG表现与企业财务绩效之间的关系中发挥了重要作用。

其次，实证结果显示环境表现对企业财务绩效具有显著的负向影响，而社会表现和治理表现对企业财务绩效具有显著的正向影响。这意味着在制造业中，较好的社会表现和治理表现有助于提升企业的财务绩效，而提高环境表现则可能给企业带来更高的环境治理成本，从而导致企业财务绩效降低。这些结果强调了ESG不同维度分析的重要性，以及企业在社会责任、治理规范方面的努力可能对财务绩效产生积极影响。

再次，研究发现产权性质在制造业企业ESG表现与企业财务绩效的关系中扮演了负向调节的角色。国企削弱了制造业企业ESG表现对企业财务绩效的促进效应，而非国企则展现出更大的潜力，能够发挥制造业企业ESG表现对企业财务绩效的促进作用。这说明了国有企业与非国有企业在ESG表现对财务绩效影响方面的差异，可能与它们的治理结构、目标和约束机制有关。

最后，研究发现制造业企业ESG表现不仅可以直接提升企业财务绩效，还可以通过提升企业声誉这一中介路径改善企业财务绩效。这意味着企业通过积极关注ESG因素、提高ESG表现，不仅可以在财务绩效上直接受益，还可以通过塑造积极的企业声誉来间接提升财务绩效。这一发现强调了ESG因素在提升企业财务绩效中的重要作用。通过提高企业的环境、社会和治理表现，企业可以塑造良好的声誉，进而增强市场对其信任和认可度，从而提高企业的财务绩效。

综上，本部分实证分析提供了有关制造业企业 ESG 表现与企业财务绩效之间关系的重要结论。这些发现强调了 ESG 因素对企业的战略管理和业绩改善的重要性。政策制定者和企业管理者可以利用这些结论来制定和实施更加可持续和财务可行的业务模式，以获得长期的竞争优势和可持续发展。需要注意的是，本研究的结论仅限于制造业企业，并且地区差异和产权性质的影响需要进一步研究和验证。

三 制造业 ESG 投资展望及建议

（一）健全制造业 ESG 信息披露框架制度

制造业企业秉承良好的 ESG 理念需要政府层面不断完善 ESG 信息披露制度。中国建立 ESG 信息披露制度的时间尚短，香港交易所于 2019 年采取措施强制企业进行 ESG 信息披露，沪深交易所于 2020 年起有序对企业 ESG 信息披露提出相关要求。企业自觉披露信息是 ESG 评级数据的主要来源，健全 ESG 信息披露框架有助于评级机构提高评级依据的科学性和全面性。基于"十四五"规划和"3060"目标的时代背景，切实依据国内现实状况、追踪国际先进水平，本报告提出如下对策建议。

第一，依据国际社会和国内既有 ESG 信息披露标准，结合我国国情进一步建立 ESG 信息披露通用框架。跨行业、跨领域深入分析 ESG 信息披露的必要性和可操作性，优化环境、社会及治理三个维度的指标和规则，提升 ESG 信息披露标准化程度，以保证 ESG 信息披露体系整体均衡化发展。扩大信息披露主体覆盖面，推动上市公司信息披露主体向中小企业拓展，以划分行业、规模、阶段等方式充分了解市场环境中企业 ESG 信息披露潜能，使符合国内市场情况的标准化评价体系建设更具针对性和客观性。

第二，深入调研制造业细分行业，建立符合制造业特点的 ESG 信息披露行业标准。在信息披露内容方面，联合行业专家及领军企业明晰信息披露指标，针对制造业细分产业建立精准化标准体系，把握制造业 ESG 信息主脉并清晰界定行业 ESG 信息披露边界；在信息披露形式方面，为制造业差异化企业提供相关标准范式，建立涵盖专业术语、分类与代码、通用指南等内容的通用框架体系，满足制造业企业在其细分领域内进行 ESG 信息披露的基本需求。

第三，深度考究制造业 ESG 信息披露的板块特色化标准和 ESG 绩效评价的指标体系。在宏观层面，根据当前我国"十四五"规划和"3060"目标综合考虑国情，充分将制造业指标考量依据及设定与我国经济体制和主体、经济发展目标、经济发展阶段相结合；在微观层面，根据差异化企业性质及规模、生物多样性、气候变化、双碳问题等特点板块，综合制定特色化标准以提升特色标准的实用性和科学性。明晰 ESG 信息披露中差异模块的分类，以防止出现环境、社会和公司治理方面信息披露的混乱性，确保 ESG 信息披露体系的稳定性和连续性，加强制造业企业 ESG 信息披露时间的一致性，加强信息的纵向可比性和投资者判断的时效性。

第四，建立标准化 ESG 信息披露体系，提高信息披露规范化程度。其一，建立强制信息披露制度并制定信息披露实施细则，通过"自觉披露""半强制性披露""强制性披露"相结合的方式实现制造业企业 ESG 信息披露全覆盖。其二，制定并细化制造业 ESG 信息披露标准，明晰信息披露范围和内容，建立相对一致的信息披露模板，划分强制披露信息、自愿披露信息界限并持续规范披露指标。其三，制造业企业提升 ESG 信息披露质量，及时针对定量指标、负面指标进行披露，引导市场提升 ESG 资源的配置效率、提高市场透明度，进而支持制造业高质量发展。

据此，基于通用标准、行业标准、特色标准建立制造业 ESG 信息披露生态体系，有助于健全制造业 ESG 信息披露框架制度。需要注意的是，持续完善制造业 ESG 信息披露制度应强化标准制定、评价体系、第三方监督、宏观政策、制造业企业等多维度的共同配合。其一，合规引入第三方评级及监督，科学有效地健全 ESG 信息披露监管体系。持续完善 ESG 法规条例，提高监管部门监督效率，提升对制造业上市公司信息披露的监管力度和 ESG

报告的审查强度，以保证制造业企业无法利用 ESG 数据造假、"漂绿"等行为干扰资本市场 ESG 投资者和利益相关方的投资决策。积极制定制造业 ESG 审计准则并规范审计流程，进而保障 ESG 信息披露体系建设向健康有序的方向推进。其二，健全中国 ESG 信息披露政策保障制度，充分调动利益相关者对于 ESG 信息披露的积极性，共同打造 ESG 信息披露环境。针对制造业领域予以税收补贴、优惠减免等"政府+市场"双向引导政策扶持，推动制造业企业践行 ESG 理念，在实践中完善企业的 ESG 信息披露理论框架，打造制造业动态 ESG 信息披露环境。

综上，完善 ESG 信息披露框架制度是推动我国现代化经济高质量发展的基础，也是推进 ESG 投资赋能制造业健康可持续发展的根本条件，有助于中国更好融入国际经济体系、参与全球经济治理，在加快中国企业与国际市场接轨的同时逐步形成以"国内大循环为主体、国内国际双循环相互促进"的新发展格局。同时，建设制造业 ESG 标准化信息披露体系也有利于中国维护负责任大国形象，符合国际经济治理潮流、顺应国内行业发展趋势。

（二）制造业企业践行 ESG 投资理念

制造业企业在公司经营管理过程中应注重培养和践行 ESG 理念，提升公司在环境贡献、社会责任和公司治理方面的表现水平，进而提升自主创新能力、提高资源利用效率、加强企业核心技术攻关并形成差异化竞争优势，为企业的长远发展打造更广阔利润空间。制造业上市公司的管理层应注重提高公司 ESG 信息披露程度以适度缓解企业自身与外部投资者之间存在的信息不对称问题，从而降低企业获得绿色融资的成本。制造业企业应根据自身经营发展的不同阶段和状况，针对企业自身特点制定差异化 ESG 战略。制造业企业应加快绿色转型、践行环境贡献和社会责任，通过降低企业的污染排放等措施来实现产品绿色化和生产过程节能化，适度加大企业清洁生产技术研发投入，进而提升制造业企业绿色创新能力。践行 ESG 理念有助于企业打造品牌形象，从而提高与 ESG 投资利益相关方的紧密关联度、拓宽绿色融资渠道。

其一，提升董事会对 ESG 关注度，公司董事会层面强化 ESG 表现，推动企业可持续发展认知，识别对公司具有重大意义的 ESG 议题，发挥管理层对 ESG 事项的决策、监督、引领及战略指导等功效。其二，完善 ESG 治理机制与组织架构，以优化董事会决策体系。考虑设置 ESG 专门委员会，负责履行 ESG 战略决策和监督职能，落实并审议 ESG 相关事项，自上而下推动公司内部 ESG 体系建设。其三，建立专业的组织架构和运行机制，配备管理和执行人员负责解决 ESG 各维度涉及的管控和实施问题，明确界定责任主体及绩效考核，通过提升企业 ESG 管理质效增强企业经营的持续性、稳定性。其四，提高 ESG 专业能力，利用大数据、云计算等科技手段建立 ESG 数据收集及评估机制，确保数据的有效性和可溯源性。其五，增强 ESG 风险识别、管控能力，加强与外部机构交流合作，开展 ESG 培训，强化内部员工"ESG 意识"，在业务层、管理层、决策层各链条提高 ESG 风险防范意识，将环境贡献、社会责任和公司治理三方面纳入企业战略决策和风险分析。

ESG 理念是在人类应对其所面临的可持续发展问题时被提出的，其内涵和外延详见表9。ESG 要素已成为政府、企业、投资者、金融机构等利益相关方对可持续发展战略实施的重要考量因素。ESG 理念符合全球经济政策发展趋势，制造业企业应以 ESG 理念作为转型向导，探寻企业 ESG 生态系统的优化对策，有效引导企业关注长期可持续发展战略目标，践行 ESG 有序协调发展价值观，实现经济高质量发展和整体社会可持续发展。ESG 理念寻求生态环境保护、社会和谐发展以及优化公司治理，强调企业正外部性的理念与中国新发展理念应在底层逻辑上保持高度一致，加快推进 ESG 理念是适应可持续发展需求与向国际展示负责任大国形象的重要手段。国资委成立社会责任局明晰职责，包括抓好中央企业社会责任体系构建工作、指导推动企业积极践行 ESG 理念、主动适应并引领国际规则标准制定，以期更好地推动可持续发展。ESG 理念作为一种以人与自然和谐共生为目标的可持续发展价值观，将企业置于相互联系和依赖的社会网络之中、将公共利益引入企业价值评估体系之中、将单一企业行为映射到整个社会体系，其更注重企业在发展过程中带来的企业价值与社会价值的共同创造和相互促进，而非单一考察公司是否提升财务表现。

随着"创新、协调、绿色、开放、共享"的发展理念深入资管行业，以及"十四五"时期力争持续改善环境质量、建立健全环境治理体系，ESG管理理念逐渐成为制造业企业绿色可持续发展的理想载体。企业应在环境贡献、社会责任、公司治理这三个方面综合发力。环境贡献层面，应当提升生产经营中的环境绩效，最大限度降低企业运营对外部生态环境质量造成的负向影响。社会责任层面，应当秉持较高的商业伦理、社会伦理和法律标准，重视对地方社区的影响和企业员工的保护。公司治理层面，应当完善自身制度并形成科学的管理体系。制造业企业提高践行 ESG 理念的质效有助于企业更好地进行内外部治理，包括吸引人才、开拓市场、打造品牌形象、应对气候变化挑战等方面，进而保证企业获得可持续价值和长远发展空间。ESG理念主流化意味着社会已经对企业运作的外部影响产生了新的认知、对企业的价值有了新的评估标准。ESG 绩效较高的企业更易获得低成本融资，投资机构的 ESG 资产组合比非 ESG 资产组合通常表现出更稳定和可持续的价值回报。ESG 理念与中国倡导的新发展理念、高质量增长和"双碳"目标等高度一致，制造业企业应及时把握 ESG 理念所带来的机遇，在实现自身可持续发展的同时成为中国乃至全球可持续发展的中坚力量。

表 9　ESG 理念的内涵及外延

ESG 维度	ESG 内涵	ESG 外延
环境指标（E）	绿色环保和创新发展	坚持绿色发展和绿色转型,推动低碳循环和节能减排行动;激励企业进行绿色研发,采用节能环保技术
社会指标（S）	共享、协调和创新发展	企业将自身的发展成果与社会共享,关注员工发展情况和福利待遇,履行社会责任;提升企业多元发展的融合性与包容性,重视员工、客户等利益相关方之间,以及企业与自然环境、公司治理之间的协调发展
治理指标（G）	开放、协调和创新发展	企业自身发展秉持开放的胸怀和格局,敢于接受挑战,勇于披露信息,积极接受监督;企业进一步强化科技创新的引领作用,实现企业转型和经济社会高质量发展

资料来源：根据 ESG 相关研究资料整理。

（三）数字化转型提升制造业 ESG 信息披露质量

积极推动制造业企业以数字化转型提升 ESG 竞争力，有助于企业实现长期价值的提升。数字化与绿色低碳发展相融合，可以成为落实气候行动、实现"双碳"目标的有力抓手。数字技术可以为制造业各细分领域的绿色低碳转型和可持续发展提供解决方案，有效提高资源利用效率和行业绿色管理效率。企业生产经营活动的数字化有助于其发布的可持续发展报告、社会责任报告等 ESG 相关信息报告更具时效性、科学性和准确性。制造业在构建接轨国际、符合中国国情的 ESG 评价体系时，应利用自然语言处理技术、大数据技术等数字化手段提升数据提取及处理能力，进而赋能 ESG 评价体系的评价过程和结果。充分利用人工智能和机器学习算法提高 ESG 评级精准性和预测性，并利用可视化工具更为客观真实地展现和传递评级结果，帮助投资者和利益相关方更好地理解和比较差异化企业的 ESG 绩效。制造业企业应推动数字化和智能化转型升级，利用数字化技术促进行业提质增效及碳排放"双控"。数字化有利于制造业整体实现其价值链上产品的碳足迹数据透明化、标准化。制造业企业通过数字化转型提升行业 ESG 竞争力的过程中，将逐步实现其自身高质量发展协同整体经济社会可持续发展的美好愿景。

通过对制造业企业披露的 ESG 信息进行分析，发现其披露的数据虽较其他行业相对全面，但定量数据较少，缺乏对相关指标达标值的披露，这在一定程度上影响利益相关方对企业经营状况及其发展前景做出准确的投资判断。制造业企业 ESG 信息披露应针对数据化要求较高的信息做出细致的规范性的规定，注重对相关 ESG 信息的量化披露。披露量化数据不仅有利于满足投资者获取全面信息的需求，更有助于企业自身针对清晰数据进行量化分析，从而及时发现运营中涉及的问题并予以解决，进而提高制造业企业整体经营管理水平。

制造业企业应充分利用第三方 ESG 评分体系，以考虑中国国情为前提，构建符合制造业各细分领域特点的 ESG 管理体系，建立 ESG 信息数据库，提高行业竞争优势。对不同企业的差异化业务链条实施分类管理并确保披露的相关信息符合国家标准,选取指标必须具有可比性、真实性,保证口径边界具有高度准确性,推动制造业 ESG 信息披露规范发展及严格管理。充分利用大数据、云计算、区块链等科技手段对 ESG 投资政策监管趋势进行持续追踪,同时利用数字化手段搜集同行业 ESG 相关数据,进行对标整理和分析,以弥补企业自身在 ESG 信息披露方面存在的不足并持续提升信息披露质量。企业应该通过数字化转型技术更精准衡量和披露 ESG 指标以提高其履行社会责任的能力,降低制造业 ESG 信息披露环节可能给企业带来的风险。ESG 信息数字化管理有助于帮助企业快速获得金融机构及 ESG 投资者的信任,制造业企业借助数字化准确、及时地记录运营过程中的各项数据,例如追溯生产运营生命周期过程中碳排放数量和足迹、形成较为完整的 ESG 数据收集链条等,进而提高制造业 ESG 表现、提升其业务运营的效率和效果,实现自身可持续发展。利用数字化技术规范 ESG 信息披露的内容和展现形式,量化体现包括年内环保排放达标率、节能环保改造投入、总耗电量等在内的治理绩效,同时明确报告期内同比改善情况及预期进度,如包含年内企业耗水总量同比下降幅度等信息。

随着资本市场利益相关者对环境、社会、治理问题的关注度不断提高,投资者愈发认识到 ESG 因素与企业长期投资价值紧密相关并重视上市公司 ESG 表现,高数字化含量的 ESG 报告可以更为清晰地展现制造业企业的可持续性及社会责任感,提高 ESG 信息披露的透明度和专业度,从而持续增强企业公众品牌的信誉度和行业影响力、促进资本市场健康发展和 ESG 生态建设。制造业企业 ESG 报告披露质量的高低关系到企业环境效益数据的可信度和公司治理的完善度,制造业企业高质量披露 ESG 信息有助于树立自身形象以吸引各方投资者打通绿色融资渠道。制造业应持续加大 ESG 数字化投资,完善企业级的 ESG 数字化标准,包括整合智能报表、企业资源规划、生态环境报告、碳资产管理等系统,从而形成日益完备的标准化、数字化 ESG 报告披露。

（四）构建标准化制造业 ESG 评价体系

"十四五"规划中提出"双碳"目标，促使制造业积极提高绿色可持续发展质量。ESG 评价体系是发展绿色金融以助推碳中和进程中至关重要的投资评价体系，其旨在衡量企业在环境贡献、社会责任、公司治理等方面均衡可持续发展的能力。2021 年《政府工作报告》提出"实现金融支持绿色低碳发展的专项政策"，主要包括发展我国绿色金融、ESG 投资、可持续投资，而建立完善的 ESG 评价体系和 ESG 信息披露制度是实现"碳达峰、碳中和"目标的重要支撑。基于 ESG 的评价标准，利益相关方可以更为直观地了解企业 ESG 绩效、评估自身投资行为，以及考量企业在促进经济可持续发展、承担社会责任等方面的贡献。ESG 评级是 ESG 投资的关键环节，随着可持续发展理念和"双碳"目标的提出，国内越来越多的投资者开始关注企业的 ESG 效应，一定规模的制造业企业也加入 ESG 投资的行列。对于 ESG 评级及其与公司股票表现的关系，国际社会大多认为 ESG 高评分的股票所构成的投资组合和基金会表现出实质性的优异成绩。国内依据商道融绿 ESG 评分数据对 A 股、沪深 300 成分股进行实证研究表明，ESG 评级能够对企业的每股收益以及股票的回报率产生显著的正向影响，且正向效应对制造业、金融业及地产行业更为明显。在当前国内外金融市场风险因素持续增加的背景下，更多投资者在投资决策中将 ESG 评级纳入考量因素。相关研究表明，ESG 评级结果对股票市场相较于其他维度会产生更为显著的影响，利益相关方及机构投资者往往倾向于投资 ESG 评分较高的企业。

ESG 发展是社会责任投资的基础，也是绿色金融体系的重要组成部分，其展现形式主要包括信息披露、评估评级和投资指引三个方面。ESG 体系主要包括 ESG 信息披露标准、对企业 ESG 表现的评估方法以及 ESG 评级结果对投资的指引和参考作用。ESG 评级机构通过采集企业环境绩效和社会绩效数据，基于主观认知设定 ESG 评估方法以对企业 ESG 表现进行评级，并以此为基础开发构建 ESG 指数。国际主要的指数公司相继推出差异化 ESG 指数，目前较具社会影响力的国际权威评级主要包括明晟 ESG 评级

（MSCI）、英国富时 FTSE 4Good 系列指数、标普道琼斯可持续发展系列指数
（S&P Global）等。国内监管部门应持续完善并细化 ESG 披露指标，提高对
量化指标的披露要求并提供工具方法论，为 ESG 评价和整合建立可参考的
数据基础。

加强 ESG 评级结果的科学性、有效性有助于投资取得良好效果，ESG 评
级结果能够为绿色投资、责任投资等提供实用性指引。ESG 评级是促进绿色
金融实现健康可持续发展、实现规模化和多元化发展的重要基础，在提高企
业绿色理念认知、践行绿色发展、拓宽绿色投资者范围等方面能够产生显著
的正向影响。如何建立符合中国制造业现实情况的 ESG 责任投资评价标准体
系，进而提高 ESG 评价结果的实用性，可以着重考虑如下几方面：

第一，根据我国资本市场的实际情况和制造业细分领域，构建制造业
ESG 评价标准。在完善 ESG 评价体系时，注重合理设定范围、度量、权重，
通过提高定量分析比重使评价指标更具规范性和科学性，并提升定量分析的
精准度。

第二，提高 ESG 评价结果在基本面研究、量化筛选、风险管理等方面
的实用性，拓宽 ESG 评价结果的应用场景，促进投资者践行 ESG 责任投资
理念、企业生产经营活动秉承 ESG 理念。

第三，鼓励合规的第三方专业评级机构对制造业企业 ESG 表现给定评
分，健全本土化 ESG 第三方评价体系和 ESG 基础数据库。通过权威的、专
业的以及具备公信力的中介机构收集整理制造业企业 ESG 信息，为投资者
提供决策依据，同时为 ESG 相关产品创新、ESG 学术研究提供可靠的数据
支持。

（五）加强 ESG 投资策略赋能企业价值的正向效应

企业是重要的经济活动主体，ESG 理念、政策的推广和实施正在重
塑企业价值。应以市场力量推动企业践行可持续发展，助力我国贯彻新
发展理念，实现经济高质量发展。ESG 投资基于非财务指标的投资理念
和企业评价标准，其核心要义是投资决策、商业行为不应只考虑财务指

标而应兼顾环境、社会和公司治理这三方面因素，以实现企业和利益相关方的可持续发展为投资导向。相较于传统投资单纯以企业营利性、投资回报率为目标，ESG 投资更加注重经济社会的可持续发展，ESG 投资通过资本市场资源配置功能将资金投入 ESG 践行较好的企业，以 ESG 投资行为助力社会公平和经济可持续发展。ESG 作为制造业企业实现环境效益、承担社会责任、提升公司治理水平方面的综合标准，在三者价值转化的过程中持续产生增值效益，赋能企业的健康可持续发展。制造业企业在践行 ESG 理念以吸引投资者的过程中，将企业财务与创新绩效结合环境、社会和治理纳入 ESG 信息披露体系，在规范企业 ESG 行为的同时大幅提升 ESG 表现，进而为企业创造更大的价值。因此，制造业企业应关注 ESG 投资对企业财务、创新绩效的正向效应，通过识别自身践行 ESG 理念时存在的环境、社会及治理方面的问题，突出企业价值创造并提升自身的吸收、转换能力，以更好地通过践行 ESG 获取绿色融资，进而获得更显著的红利效应。

ESG 投资考察企业中长期可持续发展的潜力，应持续强化制造业 ESG 投资策略的针对性和专业性，从而挖掘能够同时创造股东价值和社会价值的投资标的。全球可持续投资联盟（Global Sustainable Investment Alliance，GSIA）将 ESG 投资策略分为 7 种类型，包括负面筛选、正面筛选、规范筛选、可持续发展主题投资、ESG 整合、社会影响力投资、企业参与和股东行动，上述 ESG 投资策略可以分为三类，即筛选类、整合类和参与类。其中筛选类基于一定的标准对投资标的进行排除和选择，包括负面筛选、正面筛选、规范筛选、可持续发展主题投资；整合类将 ESG 理念融入传统投资框架；参与类通过投资推动公司采取行为并实现积极的社会和环境影响，包括企业参与和股东行动、社会影响力投资。

（1）负面筛选（Negative Screening），又称排除筛选（Exclusionary Screening），即寻找在 ESG 方面表现低于同行的企业并在构建投资组合时避开这些公司。负向筛选条件主要包括产品类别和公司行为，通过划定 ESG 得分最低标准，剔除同行业评级排名较低的一定比例的公司。以创金合信

ESG 责任投资股票为例，该 ESG 基金采用负向筛选策略，其基金招募说明书中表明在综合评估公司 ESG 责任投资情况后，构建底层 ESG 基础投资池将剔除评级 B 以下的公司。

（2）正面筛选（Positive Screening），即基于 ESG 标准根据 ESG 表现在同领域、同行业内进行对比和筛选，选出 ESG 表现最好的公司或给定入选 ESG 指标的门槛值。该策略通常应用于 ESG 指数编制，以沪深 300 ESG 价值指数为例，从沪深 300 指数样本中选取 ESG 分数较高且估值较低的 100 只上市公司证券作为指数样本。

（3）规范筛选（Norms-based Screening），又称国际惯例筛选，即根据国际规范筛选出符合最低商业标准或发行人惯例的投资。该策略使用的"标准"通常基于现有框架，包括联合国、经合组织、国际劳工组织等机构发布的关于环境保护、人权、反腐败等方面的契约和倡议，包括《联合国全球契约》、《联合国人权宣言》、经合组织的《跨国企业准则》、国际劳工组织的《关于多国企业和社会政策的三方原则宣言》等。

（4）可持续发展主题投资（Thematic Investing），即对有助于可持续发展的资产进行投资，包括可持续农业、环保产业、绿色建筑、智慧城市、绿色能源、数字信息产业等主题。该策略注重预测社会长期发展趋势，而不单一对特定企业或行业进行 ESG 评价。

（5）ESG 整合（ESG Integration），又称 ESG 因素策略，即在投资分析和决策中明确并系统地将环境、社会和治理问题纳入考量，将 ESG 理念和传统的财务分析相融合做出全面的评估。该策略将传统的财务信息、盈利分析等方法与 ESG 理念进行融合，在投资决策权重中增加 ESG 分析因子，将企业在 ESG 方面的做法比对标准进行量化统计分析，得出是否投资的结论。随着信息披露和评价体系的完善，ESG 整合正逐步成为最核心的 ESG 投资策略，具体可以分为个股公司研究和投资组合分析两部分。个股公司研究主要是收集并分析上市公司财务和 ESG 数据，找到影响企业、行业的重要财务和 ESG 因子。投资组合分析要评估的则是财务和 ESG 对投资组合的影响，从而调整投资组合内股票的权重。在进行 ESG 整合时，一般会采用定性或者定量的分析方法。定性分析大多用于 ESG 整合策略刚出现时数据较少的情况，随着上市公司 ESG 披露增多，ESG 评级数据愈加全面，更多的企业量化 ESG 信息并纳入分析估值的框架。全球可持续投资联盟（GSIA）在《全球可持续投资回顾 2020》中整理了 2016～2020 年主流 ESG 投资策略的规模，发现可持续发展主题投资、ESG 整合策略发展迅速。

（6）社会影响力投资（Community & Impact Investing），即为具有明确社会或环境目的的企业提供资金，通过投资以实现积极的社会影响、环境影响，其投资目的是在获得经济收益之外产生有益于社会的积极成果，帮助减少商业活动造成的负面影响。该策略积极推动新兴企业和行业，通常利用风险资本等特殊金融工具助力中小企业成长，根据 ESG 理念对企业收益评估进行校正，充分考虑其对社会和环境等公共利益方面产生的效益。需要注意的是，该策略对企业 ESG 信息披露的完整性要求较高，导致进行客观评估的成本较大。

（7）企业参与和股东行动（Corporate Engagement & Shareholder Action），又称 ESG 积极股东策略，即投资人利用股东权利来影响企业行为，从而实现 ESG 投资目标。该策略主要考察股东决议、董事会决议在 ESG 方面的作为，评估现有企业股东是否进行 ESG 积极投入、以股东身份影响企业在 ESG 方面的股东决议、对被投资企业施加积极影响。ESG 积极股东策略主要包括投资人主动要求 ESG 相关信息披露、直接改变被投资公司的行为或提出明确的要求、投票支持 ESG 相关决议等形式。ESG 投资者通过积极参与公司治理和股东行动，协助并督促所投资企业践行 ESG 理念。

参考文献

安国俊、华超、张飞雄等：《碳中和目标下 ESG 体系对资本市场影响研究——基于不同行业的比较分析》，《金融理论与实践》2022 年第 3 期。

白雄、朱一凡、韩锦绵：《ESG 表现、机构投资者偏好与企业价值》，《统计与信息论坛》2022 年第 10 期。

李井林、阳镇、陈劲等：《促进企业绩效的机制研究——基于企业创新的视角》，《科学学与科学技术管理》2021 年第 9 期。

梁毕明、徐晓东：《ESG 表现、动态能力与企业创新绩效》，《财会月刊》2021 年第 14 期。

刘艳博、耿修林：《环境不确定下的营销投入、企业社会责任与企业声誉的关系研究》，《管理评论》2021 年第 33 期。

邱牧远、殷红：《生态文明建设背景下企业 ESG 表现与融资成本》，《数量经济技术经济研究》2019 年第 3 期。

孙忠娟、郁竹、路雨桐：《中国 ESG 信息披露标准发展现状、问题与建议》，《理论追踪》2023 年第 8 期。

仝佳：《ESG 表现、融资约束与企业价值分析》，《商讯》2021 年第 29 期。

王波、杨茂佳：《ESG 表现对企业价值的影响机制研究——来自我国 A 股上市公司的经验证据》，《软科学》2022 年第 6 期。

王磊：《我国金融机构的 ESG 责任投资实践、问题与对策》，《绿色金融》2022 年第 7 期。

王琳璐、廉永辉、董捷：《ESG 表现对企业价值的影响机制研究》，《证券市场导报》2022 年第 5 期。

温忠麟、叶宝娟：《中介效应分析：方法和模型发展》，《心理科学进展》2014 年第 5 期。

张长江、张倩、张玥、张思涵：《ESG 表现对制造业上市公司创新能力的影响研究——基于企业社会资本的中介效应》，《技术与创新管理》2021 年第 2 期。

周丽萍、陈燕、金玉健：《企业社会责任与财务绩效关系的实证研究——基于企业声誉视角的分析解释》，《江苏社会科学》2016 年第 3 期。

B.7
蓝碳产业 ESG 投资发展报告

连 炜*

摘 要: 本报告从蓝碳的定义和概念入手，分析发展海洋碳汇的主要意义
以及国家、地方目前对开展蓝碳交易的支持政策和实践经验，研
究通过蓝碳交易实行碳中和助力企业 ESG、企业在绿色融资企业
库参评过程中的蓝碳运用、蓝碳金融赋能金融机构践行 ESG 理
念三大领域，深入探究蓝碳与 ESG 投资的内在联系和融合发展。
通过分析研究，建议将企业开展蓝碳开发和蓝碳交易情况纳入 E
SG 评价范围，特别是对企业运用蓝碳进行碳中和的项目予以重
点披露和关注，鼓励企业参与蓝碳技术的科学研究，有利于推动
ESG 投资创新，促进 ESG 与蓝碳经济深度结合。

关键词: 海洋碳汇 绿色融资企业 蓝碳产业

一 蓝碳的定义与概念

蓝碳，也称蓝色碳汇或海洋碳汇，是利用海洋活动及海洋生物吸收大气
中的二氧化碳，并将其固定、储存在海洋中的过程、活动和机制。海洋碳储
量是陆地碳库的 20 倍、大气碳库的 50 倍。蓝碳作为捕捉二氧化碳的高手、
储存二氧化碳的宝库，储碳周期可达数千年。近年来，全球蓝碳交易日益活
跃，重点集中在红树林、海草床和盐沼三大类滨海生态系统与海水养殖等

---

* 连炜，高级经济师，厦门产权交易中心（厦门市碳和排污权交易中心）董事长，主要研究领
域为海洋碳汇、农业碳汇、绿色金融、产权交易等。

领域。

早在 2009 年，联合国环境规划署（UNEP）、联合国粮食及农业组织（FAO）、联合国教科文组织（UNESCO）和政府间海洋学委员会（IOC）就联合发布了题为《蓝碳：健康海洋对碳的固定作用——快速反应评估》（以下简称《蓝碳报告》）的报告，正式提出了"蓝碳"（blue-carbon）的概念，蓝碳相关话题正式进入专家和公众的视野。

《蓝碳报告》指出，"在世界上每年捕获的绿碳（光合作用捕获的碳）中，超过一半（55%）是由海洋生物捕获的，这部分被称为蓝碳"。因此，根据《蓝碳报告》中的定义，蓝碳应该是指海洋生态系统通过光合作用捕获的生物碳（有机碳）。其中，沿海湿地生态系统中的红树林、盐沼和海草床被广泛认为是具有较大减缓潜力的蓝碳生态系统，这里提到的蓝碳相对侧重于指红树林、盐沼和海草床生态系统所吸收与储存的碳。

联合国政府间气候变化专门委员会（IPCC）在 2019 年发布的《气候变化中的海洋和冰冻圈特别报告》（以下简称《特别报告》）中对蓝碳做了明确定义："海洋系统所有易于管理的生物驱动的碳通量及存量可以被认为是蓝碳。"通常，"易于管理"可以理解为容易施加人为影响或者"管理"，《特别报告》明确指出，红树林、盐沼和海草床三类海岸带蓝碳是相对易于管理的，而这三大海岸带蓝碳生态系统也已经在 2014 年被 IPCC 纳入《2006 IPCC 国家温室气体清单指南 2013 年增补：湿地》中。但在新的科学认识下，蓝碳不仅包括海岸带红树林、盐沼和海草床等生态系统的固碳，还包括之前没有得到足够重视的占海洋生物量 90% 以上的微型生物固碳储碳、海洋渔业碳汇等方面。

一般而言，海洋碳汇和储碳机制主要包括生物过程与物理化学过程两大类。海岸带根系植被生态碳汇是典型的生物过程，在海洋碳泵机制中，生物过程主要包括生物泵（BCP）和微型生物碳泵机制（MCP）。物理化学过程则主要包括溶解泵（SP）和碳酸盐泵（CCP，有时候也伴随着生物机制）。

联合国清洁发展机制（CDM）在造林和再造林方法学中纳入了湿地、

红树林生境的造林和再造林相关方法学。全球最大的独立温室气体自愿减排机制——自愿碳减排核证标准（VCS）在其2020年修订的减少森林砍伐和退化造成的碳排放（REDD+）方法学框架中，将蓝碳保护和修复相关活动列为合格的项目类型，主要包括红树林、海草床和盐沼的保护与修复相关活动。

2010年，第16届联合国气候变化大会正式提出"蓝碳计划"。2013年，中国科学家共同成立了"全国海洋碳汇联盟"（COCA），在我国近海典型海区设立了7个时间序列观测站。2014年，"未来海洋联合会"（FOA）正式成立，并推出了《中国蓝碳计划》，在国家"十三五"规划中执行了若干重点研发计划，推动了海洋碳汇研究在我国的蓬勃发展。2019年，中国科学家共同发起了"海洋负排放国际大科学计划"（ONCE），来自全球15个国家的23名科学家签约参加ONCE，探讨通过开展广泛的国际合作研究，建立长时间序列海洋碳汇观测站，使海洋负排放科学研究和实际应用有机结合。经过多年的研究，我国在海洋碳汇与蓝碳科学研究方面取得了令人瞩目的成就，尤其是我国科学家率先提出了"微生物碳泵""渔业碳汇"等概念。

多年前，厦门大学焦念志教授提出"微生物碳泵"概念，在经过若干大型生态系统模拟实验验证后，得到国内外科学界的认可，并被写入世界银行《2022年碳定价发展现状与未来趋势报告》（以下简称"IPCC报告"）。实际上，在地球演化历史上发生过多次因微生物的作用导致大规模碳酸盐沉积的实例，以厌氧、有氧微生物作为反应介质，实现了碳沉降。例如，在英国英吉利海峡比奇角有一片高100多米、长5千米的白色悬崖，即丹福白崖，是碳酸盐沉积的自然景观，丹福白崖就是在微型生物（20微米，0.02毫米）作用下沉积而成的。美国科学家称，尽管这个巨大的惰性有机碳库的形成原因仍然是个谜，但对调节气候变化的作用巨大，而且在地球历史进程中，曾经的惰性有机碳库比现在至少大500倍。

经科学研究，在地球形成的历史过程中，全球各地广泛分布的海相碳酸盐岩，也就是人们所熟悉的烧石灰的石灰岩，其化学成分是碳酸钙。换言之，当今广泛分布的石灰岩，吸收了当时大气中的二氧化碳。当然，海洋自然负排放过程缓慢，受海洋环境、人为活动等影响较为明显。科学家在研究如何调控碳酸盐泵、生物泵和微生物泵三者之间的反应条件，以实现"三泵"协同增汇。此外，科学家还在研究如何采取措施，调控反应条件，使"反泵"变为"正泵"，在高效利用自然界中二氧化碳的同时，也实现经济社会的可持续发展。

值得注意的是，海洋可再生能源在碳中和方面的作用巨大。海洋蕴藏着丰富的可再生能源。风能、波浪能、温差能等，是海上常见的可再生能源。风能是重要的可再生能源。海上风速比陆地上的快约 20%，发电量多约 70%。风力发电以固定式海上风机为主，但漂浮式海上风机逐步发展起来并有望成为主流，海上风电成本也在不断下降。海上风电不占用宝贵的土地资源，受自然环境因素的影响较小，发电价格也非常低廉。波浪能是海水波浪式前进形成的能量，拥有极为丰富的储量，能量密度较大，时空分布合理，海洋波浪能被誉为"蓝色石油"。利用波浪能发电，需要提高发电装置的适应能力和发电稳定性，发电装置进入深沿海是必然趋势。温差能是表层海水与深层海水的温度差所储存的能量，最大特点是发电非常稳定，一旦开机循环就可以稳定地输出电能，还可以产生淡水等附加产品。温差能发电系统循环的效率有待进一步提高，包括朗肯循环的优化。海洋可再生能源可以在碳减排和增汇两端发力，因而具有巨大碳中和潜力。在减少碳排放方面，对比火力发电，海洋可再生能源没有二氧化碳排放，滩涂还可用来海水养殖，这也是目前增汇的一种重要形式。

二　发展海洋碳汇的主要意义

（一）助力碳达峰、碳中和的重要手段

力争 2030 年前实现碳达峰、2060 年前实现碳中和，是以习近平同志为核心的党中央经过深思熟虑做出的重大战略决策，是我们对国际社会的庄严承诺，也是推动高质量发展的内在要求。习近平总书记强调："实现'双

碳'目标是一场广泛而深刻的变革，不是轻轻松松就能实现的。"当下，中国发展不平衡不充分问题仍然突出，经济发展和民生改善任务还很重，能源消费仍将保持刚性增长。同时，我国产业结构偏重，能源结构偏煤，时间窗口偏紧，技术储备不足，碳排放法律法规、交易机制尚不健全，技术、标准、人才等基础支撑薄弱，实现碳达峰、碳中和的任务相当艰巨。深入推进碳达峰、碳中和，必须深刻认识和把握"双碳"工作面临的形势与任务，充分认识实现"双碳"目标的紧迫性和艰巨性，有的放矢推动"双碳"工作取得实绩、发挥实效。在习近平新时代中国特色社会主义思想特别是习近平生态文明思想的科学指引下，我们党准确把握"双碳"工作面临的形势和任务，深入贯彻新发展理念，坚定不移走生态优先、绿色低碳发展道路，推动经济社会发展全面绿色转型取得显著成效。

"十四五"时期，我国生态文明建设进入了以降碳为重点战略方向、推动减污降碳协同增效、促进经济社会发展全面绿色转型、实现生态环境质量改善由量变到质变的关键时期。我们要深刻把握坚持绿色发展是发展观的深刻革命，加快推动生产方式、生活方式、思维方式和价值观念的全方位、革命性变革，着力推动产业结构、能源结构、交通运输结构等的调整和优化，大力推动生态产品价值实现，把碳达峰、碳中和纳入生态文明建设整体布局和经济社会发展全局，让绿色成为普遍形态，以高水平保护促进高质量发展、创造高品质生活。

海洋碳汇是一个全新的领域，有许多未知的潜力尚待开发，发展好蓝碳对实现"双碳"目标具有重要的现实意义。因此，我们一方面要集中于"减少碳排放"的路径和手段，另一方面则要关注于海洋等领域对大气二氧化碳的吸收，即负排放的研发和实施。其中，提升以海洋为重点的生态碳汇能力和生态系统碳汇增量越来越重要。

（二）推动海洋生态修复和保护工程

一段时期以来，我国沿海地区高强度的开发导致近岸海域的环境压力陡增，海岸带生态系统的结构和功能总体上呈退化趋势，蓝碳生态系统及其碳汇功能也遭受强烈干扰和破坏。因此，大力推动蓝碳工程发展，将有力促进我国海岸线的保护修复，实现从点状保护向全面保护的转变。通过蓝色要素市场化机制，把碳汇价值纳入经济活动，将极大提高地方政府、企业和社会保护环境的积极性，改变保护观念，推进海洋生态保护从"要我保护"向"我要保护"转变。

2023 年 6 月 2 日，连云港市灌南县法院灌河流域环境资源法庭在赣榆区海头镇小口村巡回开庭，审理由赣榆区检察院提起的江苏省首例适用认购海洋碳汇替代性修复海洋生态环境案并当庭宣判。被告人陈某某当庭认罪认罚，并表示愿意承担生态损害侵权赔偿责任。2021 年 10 月 7 日至 10 月 31 日，被告人陈某某先后 11 次驾船至连云港海域，使用禁用工具拖曳水冲齿耙耙刺捕捞河蚬 35.9 万余千克，价值人民币 15 万余元。经市海洋与渔业发展促进中心评估，拖曳水冲齿耙耙刺为我国全面禁止使用的 13 种渔具之一，使用该禁用渔具会严重破坏海洋生物资源，陈某某需要承担海洋渔业资源修复费用 31 万余元。

根据国家海洋环境监测中心研究员（此案中的专家证人）的介绍，蛤蜊等海洋贝类生物被捕捞从海水中移出后，形成可移出碳汇，这就是海洋碳汇，或者称为蓝色碳汇。国家海洋环境监测中心对陈某某非法捕捞造成的海洋固碳服务功能开展评估测算，认定非法捕捞行为导致海洋碳汇损失量为 60 余吨，需承担海洋固碳价值部分的服务功能损失赔偿金 2808.82 元。

赣榆区检察院以陈某某犯非法捕捞水产品罪向灌南县法院提起公诉，并依法提起刑事附带民事公益诉讼，诉请法院判决陈某某承担海洋渔业资源修复费用，并首次诉请法院支持被告人以认购海洋碳汇的方式弥补海洋固碳价值部分的服务功能损失。此前，经检察机关释法说理，陈某某签署认罪认罚具结书的同时，主动提出愿意通过认购海洋碳汇的方式弥补受损海洋生态系统。

该案的审判长表示，本案中的捕捞行为不仅造成海洋渔业资源损失，还因其破坏海洋生态环境，造成海洋生态系统纳污净化、固碳循环等服务功能损失。其中，海洋固碳能力的损害可以通过海洋碳汇的方式予以科学量化。为此，法庭创新采用认购海洋碳汇的方式对该部分生态服务功能损失予以科

学认定，全面保护海洋生态环境。法庭通过实质性审查，针对连云港海域中国蛤蜊特定类型的碳汇损失，探索出通过贝类软体部和贝壳部碳储量来计算可移除碳汇，然后根据碳与二氧化碳的转化系数，计算碳汇量，最后依据捕捞行为发生时相关碳汇交易所确定的碳排放量均价计算案涉海洋碳汇损失金额。

最终，法院采纳了检察机关的全部诉讼请求，结合被告人陈某某具有认罪认罚、退回部分违法所得等情节，法庭当庭判决被告人陈某某犯非法捕捞水产品罪，判处其有期徒刑 1 年 4 个月，缓刑 1 年 6 个月。附带民事诉讼部分，判决陈某某承担海洋渔业资源修复费用 31 万余元，承担海洋固碳价值部分的服务功能损失赔偿金 2808.82 元，该赔偿金用于认购海洋碳汇。

从上述案例可以看出，通过市场化运作，蓝碳交易机制对生态修复工程有重要的现实意义。

（三）构建海洋蓝碳经济的创新引擎

蓝碳经济是利用二氧化碳等传统经济副产品，提供生态服务和生态产品的减碳经济。将经济发展的驱动力由化石能源转变为自然生产力，不仅增汇固碳，还有利于推动形成以海洋资源环境可持续发展为核心的蓝碳经济新模式和蓝碳产业链，带动海洋生态工程、生态旅游、生态养殖等相关产业发展，打通海洋生态产品价值实现通道，形成"绿水青山"向"金山银山"转变的有效市场机制。同时，海洋经济的发展也将更加推动建设更为优美的人居环境，大幅提升地区竞争力，产生项目流、资金流、人才流的吸附效应。

三 我国国家层面及地方政府关于支持蓝碳交易的政策

2015 年，中共中央、国务院印发的《生态文明体制改革总体方案》明确提出要建立增加海洋碳汇有效机制。

2017 年，中央全面深化改革领导小组第三十八次会议审核通过了《关于完善主体功能区战略和制度的若干意见》，提出"探索建立蓝碳标准体系及交易机制"。

2023 年 1 月 1 日，自然资源部批准发布的《海洋碳汇核算方法》正式实施。这份官方的核算方式将海洋碳汇，也就是蓝碳，明确定义为"红树林、盐沼、海草床、浮游植物、大型藻类、贝类等从空气或海水中吸收并储存大气中的二氧化碳的过程、活动和机制"。该方法规定了海洋碳汇核算工作的流程、内容、方法及技术等要求，确保了海洋碳汇核算工作有标可依，填补了该领域的行业标准空白。该方法适用于海洋碳汇能力核算与区域比较。

除了国家层面对海洋碳汇大力支持之外，各地也纷纷出台推动海洋碳汇发展的若干举措。海南省自然资源和规划厅于 2022 年出台了《海南省海洋生态系统碳汇试点工作方案（2022~2024 年）》，要求围绕海洋生态系统碳汇资源的调查、评估、保护和修复，以试点项目为抓手，切实巩固和提升海洋生态系统碳汇，探索海洋自然资源生态价值实现路径，创新海洋生态系统碳汇发展模式和途径。该方案明确指出，全面推进海南海洋生态系统碳汇试点工作，到 2024 年，基本摸清全省重要红树林、海草床、海藻场等海洋生态系统碳汇底数，开发碳汇试点项目 5 个，探索新型碳汇项目 2 项。通过试点工作形成可推广、可复制的碳汇产品价值实现新模式，发挥市场机制和社会参与在海洋生态保护修复中的作用，形成可借鉴的生态系统碳汇管理模式，提升海洋生态系统管理水平，实现生态、经济和社会协同发展，以点带面促进海南海洋生态系统保护和增汇工作的全面科学发展。

《海南省海洋生态系统碳汇试点工作方案（2022~2024 年）》强调，开展海洋生态系统碳汇试点。通过提升海洋碳汇生态系统质量，修复退化海岸带生境，促进生态系统自然恢复，实施人工修复措施，探索海洋生态系统增汇有效方式。充分利用"蓝色海湾"项目和海岸带生态修复项目等海洋生态修复项目基础，探索海洋生态修复后生态产品的价值实现途径，建立生态补偿机制和社区共建共管机制，充分利用市场机制等探索海洋碳汇生态系统

保护修复的长效管理模式。将开展陵水黎安海草床、红树林生态系统碳汇试点项目，琼海沙美内海红树林生态系统碳汇试点项目，三亚红树林、珊瑚礁生态系统碳汇试点项目，昌江珠碧江河口红树林生态系统碳汇试点项目，文昌八门湾红树林生态系统碳汇试点项目。

《山东省"十四五"应对气候变化规划》提出，应对气候变化，作为碳排放大省，山东将借力滨海盐沼、海草床、藻类贝类养殖等蓝碳资源，推动海洋碳汇建设和增汇行动。山东将实施滨海湿地固碳增汇行动，推进盐沼生态系统修复，增加海草床面积、海草覆盖度，提高海洋生态系统碳汇能力。同时，探索以近海海洋牧场和深远海养殖为重点的现代化海洋渔业发展新模式，高水平建设海洋牧场示范区。该规划提出，山东还将开展滨海湿地、海洋微生物、海水养殖等典型生态系统碳汇储量监测评估和固碳潜力分析，探索建立蓝碳数据库。此外，山东还将积极探索区域碳普惠机制，支持威海市探索建设蓝碳交易平台，推动海洋碳汇由资源转化成资产。

广东省发展改革委印发《广东省"十四五"现代流通体系建设实施方案》明确提出，支持深圳排放权交易所开展海洋碳汇交易试点。《广东省人民政府关于〈印发广东省碳达峰实施方案〉的通知》（粤府〔2022〕56号）提出，要大力发掘海洋碳汇潜力。推进海洋生态系统保护和修复重大工程建设，养护海洋生物资源，维护海洋生物多样性，构建以海岸带、海岛链和各类自然保护地为支撑的海洋生态安全格局。加强海洋碳汇基础理论和方法研究，构建海洋碳汇计量标准体系，完善海洋碳汇监测系统，开展海洋碳汇摸底调查。严格保护和修复红树林、海草床、珊瑚礁、盐沼等海洋生态系统，积极推动海洋碳汇开发利用。探索开展海洋生态系统碳汇试点，推进海洋生态牧场建设，有序发展海水立体综合养殖，提高海洋渔业碳汇功能。

《厦门市人民政府关于印发〈加快建设"海洋强市"推进海洋经济高质量发展三年行动方案（2021~2023年）〉的通知》（厦府〔2021〕193号）提出，要抢占海洋碳汇制高点，深入开展海洋碳汇科学研究。支持厦门大学碳中和创新研究中心与福建省海洋碳汇重点实验室建设，深化海洋负排放相关理论基础和技术标准研究，推动创建国家重点实验室、海洋碳汇基础科学中心，探索开展海洋碳汇研究大科学装置可行性研究。支持自然资源部第三海洋研究所"福建省海水养殖碳中和应用研究中心"建设，开发养殖碳汇监测技术体系及规程，探索建立海水养殖碳汇核算标准，开发海水养殖增汇技术。支持厦门产权交易中心（厦门市碳和排污权交易中心）探索开展海洋碳汇方法学研究。同时，推动海洋碳中和试点工程。探索开展"蓝碳"交易，推动厦门市海洋碳汇交易服务平台的发展。配合国家、省级层面探索制定海洋碳汇观测方案、核算标准、海洋碳汇交易规则，推动海洋碳汇市场基础能力建设。推动开展海水养殖增汇、滨海湿地和红树林增汇、海洋微生物增汇等试点工程，因地制宜评估厦门海域增汇路径与固碳潜力。

四　厦门海洋碳汇交易的实践

（一）创新运用海洋碳汇完成金砖国家领导人会议碳中和项目，成为中外知名的"碳中和厦门故事"

2017 年，厦门产权交易中心配合厦门市发展改革委、厦门市海洋与渔业局，参与制定了金砖国家领导人会议碳中和项目方案，在国内率先运用红树林海洋碳汇实施碳中和，助力推动 80 万平方米碳中和示范林建设，实现了金砖国家领导人会议历史上的第一次"零碳排放"，外交部、国家发展改革委参加了启动仪式，联合国秘书长海洋事务特使彼得·汤姆森来厦门期间专门到金砖会议碳中和林进行调研并给予充分肯定，成为中外知名的"碳中和厦门故事"。

（二）设立全国首个海洋碳汇交易平台，与院士团队合作成功开发中国首个红树林海洋碳汇方法学

厦门产权交易中心设立了全国首个海洋碳汇交易服务平台，根据厦门市

政府出台的《加快建设"海洋强市"推进海洋经济高质量发展三年行动方案（2021~2023年）》明确提出的"支持厦门产权中心探索开展海洋碳汇方法学研究"的有关精神，厦门产权交易中心与院士团队合作，成功开发了国内首个红树林海洋碳汇方法学，该方法学的出台有利于进一步提升我国在国际海洋碳汇领域的话语权。

（三）完成全国首宗海洋渔业碳汇交易，标志着我国海洋渔业碳汇交易领域实现"零的突破"

为了进一步贯彻落实福建省委提出的要抢占海洋碳汇制高点的战略部署，根据厦门市委、市政府关于"探索开展蓝碳交易，推动海洋碳汇交易平台的发展"的文件精神，2022年1月，厦门产权交易中心完成15000吨海洋渔业碳汇交易项目，标志着我国海洋渔业碳汇交易领域实现"零的突破"。

（四）全国首创运用海洋碳汇打造零碳金融中心和蓝色零碳居民小区，创新"海洋碳汇+文明创建"新模式

厦门产权交易中心助力建设了厦门全国首个运用海洋碳汇实现社区碳中和的"零碳小区"，突出了厦门海洋碳汇的独特优势，创新了"海洋碳汇+文明创建"的新模式。

（五）完成国家级海洋牧场蓝碳交易，创新打造"生态司法+蓝碳交易+乡村振兴"新机制

2022年9月29日，在厦门市中级人民法院、厦门市检察院的指导下，根据厦门市同安区人民法院、厦门市同安区人民检察院与厦门产权交易中心签订的全国首个生态司法公益碳账户设立暨"生态司法+碳汇交易"合作协议，厦门产权交易中心在莆田市南日岛国家级海洋牧场示范区，完成了南日镇云万村、岩下村海洋碳汇交易85829.4吨，本次交易的海洋碳汇将作为全国首个生态司法公益碳账户第一笔碳汇，碳汇交易收入将全额转入当地农村集体账户，通过创新机制让渔民端起"生态碗"、吃上"绿色饭"，为实现

海水养殖碳汇价值的市场化提供了示范路径，打造了"生态司法+蓝碳交易+乡村振兴"新机制。

厦门产权交易中心的海洋碳汇交易工作获得了各级政府及社会各方的充分肯定。《经济日报》专门发表长篇文章，指出厦门在落实"碳达峰、碳中和"战略尤其是"绿碳携手蓝碳"上走在了全国前列。厦门产权交易中心的海洋碳汇交易工作被福建省绿色金融改革领导小组评为省第二批绿色金融改革创新成果。

2022 年 7 月，福建省委宣传部召开"牢记使命　奋斗为民"系列主题新闻发布会，将厦门市（厦门产权交易中心）成立全国首个农业、海洋碳汇交易平台作为福建省贯彻落实习近平生态文明思想的重要举措之一。

2022 年 11 月，中央纪委国家监委网站、最高人民检察院官方公众号充分肯定了厦门产权交易中心海洋碳汇交易工作的成效。

五　蓝碳与 ESG 融合发展

（一）通过蓝碳交易实行碳中和，助力企业 ESG 建设

世界五百强企业厦门国贸集团依托厦门产权交易中心，运用海洋碳汇，将翔安国贸天成小区打造成为"零碳小区"，成为厦门国贸集团 ESG 评价报告的重要内容之一。厦门航空与厦门产权交易中心合作，深入践行可持续发展理念，在全国首创成功推出碳中和机票后，又在开通绿色账户、记录绿色足迹、收集绿色能量、兑换绿色权益等方面进行精准合作，将为厦门航空参与轻装出行的乘客出具《轻装减碳证书》，力争再次创造全国航空绿色出行的典型经验。

（二）通过参与蓝碳业务在绿色融资企业库参评过程中实现加分，为企业 ESG 建设打下良好的基础

根据《中共中央　国务院关于完整准确全面贯彻新发展理念做好碳达峰

碳中和工作的意见》关于"建立健全绿色金融标准体系"的重要精神，厦门产权交易中心完成了厦门市绿色融资企业（项目）认证标准编制工作，在此标准的基础上，厦门市金融局、厦门市发展改革委、中国人民银行厦门中心支行、厦门银保监局、厦门市证监局、厦门市财政局、厦门市生态环境局七个部门联合出台了《厦门市绿色融资企业及绿色融资项目认定评价办法（试行）》，明确厦门产权交易中心承担厦门市绿色融资企业（项目）的建库认证工作，在全国率先构建海洋产业入库直通车模式。

根据《厦门市促进绿色金融发展若干措施》等文件精神，将对符合条件的入库绿色融资企业（项目）给予一定金额的财政贴息；对入库绿色融资企业进行投资的，投资机构在符合规定的条件时将获得一定金额的财政资金奖励；中国人民银行厦门中心支行"绿票通"等政策将优先支持进入绿色融资企业库的企业。

厦门产权交易中心承建"厦绿融"数字化金融服务平台，开展厦门市绿色融资企业及项目库建库认证工作，在全国率先构建海洋产业入库直通车，以"大数据+绿色金融"模式构建厦门市绿色融资企业及项目库，入库绿色企业及项目170家，初步实现入库海洋企业6家。

从实践来看，企业参与绿色融资企业的评定过程，可以为自身的ESG建设打下良好的基础。

（三）蓝碳金融赋能金融机构践行 ESG 理念

厦门产权交易中心与兴业银行合作设立全国首个"蓝碳基金"，通过蓝碳基金的设立，探索逐步开展蓝碳金融。厦门产权交易中心还与兴业银行、厦门航空共同推出全国首创的"碳中和机票"，共有5万人参加了此次个人碳中和活动，成为全国个人航空绿色出行的经典案例。

目前，我国已落地了多笔海洋碳汇质押贷款，很多金融机构都开始了这方面的探索。2021年8月，兴业银行青岛分行落地了全国首单湿地碳汇贷，以胶州湾湿地碳汇为质押，向青岛胶州湾上合示范区发展有限公司发放贷款1800万元，专项用于企业购买增加碳吸收的高碳汇湿地作物等以保护海洋湿地。同月，威海市荣成农村商业银行向威海长青海洋科技股份有限公司发放了 2000 万元的"海洋碳汇贷"。此后，中国农业银行、中国工商银行、温州洞头农村商业银行等纷纷实现了海洋碳汇质押贷款的落地。

2023 年 3 月，中国工商银行阳江分行成功落地了粤西首笔海洋碳汇预期收益权质押贷款，有效探索了金融领域生态产品价值的"实现路径"，以"蓝色碳汇"金融助力实现碳达峰、碳中和战略目标。

自然资源部调查显示，截至 2021 年，我国银行的海洋经济贷款余额保持在 6000 亿~7000 亿元，传统信贷模式在推动海洋金融发展中占据主导地位，海洋金融产品层出不穷。

以浦发银行为例，其积极践行 ESG 理念，并将其融入经营管理全流程。摩根士丹利资本国际公司曾给予浦发银行 2022 年 ESG 评级由 BBB 级提升至 A 级，由此可见其对浦发银行 ESG 实践的肯定。在"E"维度，浦发银行发力绿色金融，绘就一幅绿色画卷，截至 2022 年底，纳入集团绿色金融业务规模已突破 1 万亿元大关；在"S"维度，普惠金融、社会公益、乡村振兴等方面均出现浦发银行的身影；在"G"维度，浦发银行既有战略护航，又有董事会切实履行职责，连续 18 年披露社会责任报告。2022 年，浦发银行实现营收 1886 亿元，缴纳税费 286 亿元，每股社会贡献值 9.17 元，名列"全球银行 1000 强"第 18 位、综合实力持续位居股份制银行同业前列。

值得一提的是，浦发银行积极布局海洋金融业务，在港口物流、水产养殖等传统行业陆续推出了"货代通""海洋补贴贷""海域使用权融资"等涉海服务产品；针对产品应用领域相对小众、市场容量空间不大的特点，制定了包括海洋科技信用贷、海洋高企贷、海洋专利权质押贷等在内的 9 大类服务海洋科技型企业的融资产品，与海洋科技型企业共成长。浦发银行对"蓝碳"领域和海上风电项目都展开了积极的探索，其绿色信贷经验为其"蓝绿"模式创新奠定基础。截至 2022 年 6 月末，浦发银行绿色信贷余额已超过 3700 亿元，绿色信贷占比达到 7.58%，位于股份制银行前列。

参考文献

邓军文、吴文花、聂呈荣等：《中国碳排放特征及碳汇经济建设分析》，《佛山科学技术学院学报》（自然科学版）2009 年第 3 期。

纪建悦、王萍萍：《我国海水养殖业碳汇能力测度及其影响因素分解研究》，《海洋环境科学》2015 年第 6 期。

焦念志、李超、王晓雪：《海洋碳汇对气候变化的响应与反馈》，《地球科学进展》2016 年第 7 期。

李纯厚、齐占会、黄洪辉等：《海洋碳汇研究进展及南海碳汇渔业发展方向探讨》，《南方水产》2010 年第 6 期。

李大海、韩立民：《中国"蓝色粮仓"理论研究进展评述》，《中国海洋大学学报》（社会科学版）2014 年第 6 期。

李娇、关长涛、公丕海等：《人工鱼礁生态系统碳汇机理及潜能分析》，《渔业科学进展》2013 年第 1 期。

潘德炉、李腾、白雁：《海洋：地球最巨大的碳库》，《海洋学研究》2012 年第 3 期。

唐启升：《碳汇渔业与又好又快发展现代渔业》，《江西水产科技》2011 年第 2 期。

王伟定、梁君、毕远新等：《浙江省海洋牧场建设现状与展望》，《浙江海洋学院学报》（自然科学版）2016 年第 3 期。

吴斌、王海华、习宏斌：《中国淡水渔业碳汇强度估算》，《生物安全学报》2016 年第 4 期。

许冬兰：《蓝色碳汇：海洋低碳经济新思路》，《中国渔业经济》2011 年第 6 期。

严立文、黄海军、陈纪涛等：《我国近海藻类养殖的碳汇强度估算》，《海洋科学进展》2011 年第 4 期。

张显良：《碳汇渔业与渔业低碳技术展望》，《中国水产》2011 年第 5 期。

赵云、乔岳、张立伟：《海洋碳汇发展机制与交易模式探索》，《中国科学院院刊》2021 年第 3 期。

邹丽梅、王跃先：《中国林业碳汇交易法律制度的构建》，《安徽农业科学》2010 年第 5 期。

专 题 篇
Special Topics Reports

B.8
气候风险背景下的 ESG 投资分析

王学柱　虞宙　贾琦　李青梅　张思文　林立身*

摘　要： 本报告系统介绍了气候风险的定义与各类情景，探讨了气候变化
背景下的 ESG 投资，并以 2022 年中国 A 股和中国香港 H 股的
5000 余家国内上市公司发布的 ESG 报告与 TCFD 气候相关财务
信息披露报告为样本，评估了中国上市企业的气候相关财务信息
披露质量和表现。研究发现：①中国企业的气候相关财务信息披
露仍处于起步阶段，但并无大幅落后。②资本市场行业企业是气
候相关财务信息披露领域的先行力量。③中国上市企业气候相关
的战略和风险信息披露与机制建设有待完善。本报告进行气候相

* 王学柱，润灵环球（北京）咨询有限公司执行董事，主要研究领域为风险管理、企业可持续
发展；虞宙，北京中创碳投科技有限公司，ESG 业务负责人，主要研究领域为 ESG 与气候信
息披露；贾琦，北京中创碳投科技有限公司，ESG 分析师，主要研究领域为可持续投资和气
候变化；李青梅，北京中创碳投科技有限公司金融机构双碳服务项目经理，主要研究领域为
金融机构碳核算与气候风险分析；张思文，北京中创碳投科技有限公司环境咨询助理，主要
研究领域为资源与环境经济学；林立身，北京中创碳投科技有限公司碳市场首席分析师，主
要研究领域为碳定价与碳金融。

关披露研究的同时，也介绍了银行业开展气候风险评估、压力测试的实践案例与相关评估工具，为企业与金融机构提供了气候风险下完善ESG投资体系的理论框架与实践参考。

关键词： ESG投资　气候风险　压力测试　情景分析　TCFD气候相关财务信息披露

一　什么是气候风险

（一）气候风险的定义

1. 气候风险背景

近年来，极端气候频发对全球的经济发展以及人民的生产生活造成了严重的影响。联合国于2022年4月发布了《减少灾害风险全球评估报告》，谈及了在过去20年间，全球每年约有大中型灾害350~500次。而这一数字也在过去10年中进一步攀升。在这波气候带来的危机面前，发展中国家所受到的冲击最为严重，因灾害受到的年均损失约占国内生产总值的1%，而这一比例在发达国家为1‰~3‰。

2. 气候风险与TCFD

气候风险指的是极端气候事件、全球变暖等气候相关的因素给企业造成的各类财务、经营、声誉等风险。根据其影响波及的范围、行业以及诱因，可以大致分为物理风险和转型风险。该分类与定义率先在气候相关财务信息披露工作小组（TCFD）中被提及，并被广泛传播使用。2015年12月，G20成员组成的金融稳定理事会（FSB）成立了TCFD。2017年6月，该工作小组发布了第一份正式报告，并每年发布全球气候信息披露的工作进展。截至2023年5月，全球约有4000家机构支持该信息披露标准，覆盖了全球101个国家及地区。该报告也将对统一全球气候信息披露共识、提升各国气候治理能力、应对气候变化风险提供了一个重要的参考。

3. 气候风险分类

具体来看，物理风险主要表现为极端气候灾害，包括台风、洪涝、地震、火山爆发等，该风险将进一步传导至企业的运营、财务表现与未来的长期规划，包括资产搁浅、经济损失等风险。根据灾害的严重程度和时间周期，又可以进一步细分为急性风险与慢性风险。急性风险包括飓风、干旱、森林大火等，慢性风险指的是全球气候变暖、海平面上升、温室气体排放加剧等。

转型风险主要是社会可持续转型过程中，技术革新突破、国内外政策要求、市场动态变化带来的风险，包括财务表现、声誉损失、资产定价等方面的问题。例如一家从事传统煤炭生产的企业，受到政策约束、技术突破和新能源发展的影响，不得不进行转型，转型的同时可能会丧失投资机构的青睐，市值进一步降低。

物理风险与转型风险相辅相成，企业不得不重视其对企业融资、财务表现、社会形象造成的影响。受波及的行业不仅仅是传统的高耗能行业，金融行业、低耗能行业，尤其是其上下游供应链，也会受到影响。

（二）不同情景下的气候风险概述

企业和金融机构需要对这些气候风险进行量化分析，进而更好地进行投融资决策。因此气候情景分析作为 TCFD 推荐的工具之一，可以帮助机构对气候相关的风险进行系统化地监测、识别、评估，并制定对应的工作计划与方案。

主流的气候风险情景分析由三大国际机构提出，包括联合国政府间气候变化专门委员会（IPCC）情景、国际能源署（IEA）情景以及央行与监管机构绿色金融网络（NGFS）情景。

1. 联合国政府间气候变化专门委员会情景

IPCC 于 2022 年 4 月 4 日发布第六次评估报告，对于不同升温情景进行了具体的描述，包括相较工业化前水平上升 1.5℃、2℃、3℃和 4℃的场景。

值得一提的是，IPCC 第六次评估报告首次开发了一套由不同社会经济模式驱动的排放情景——共享经济路径（SSPs），取代了原先的浓度排放情景（RCPs）。两者的主要区别在于 SSPs 情景模式从 2014 年开始预测，而RCPs 为 2007 年。在 SSPs 情境中，通过参数的变化，构建出了一套气候预测模型，具体可再细分为 SSP1-2.6、SSP2-4.5、SSP4-6.0 和 SSP5-8.5等，代表在有无政府干预、辐射强迫顶点变化、起始年份远近情景下的二氧化碳的浓度与排放情况。

2. 国际能源署情景

IEA 将 2010~2050 年温室气体排放分为三大情景。第一种情景是当下情景（Current Trend），即如果不采取任何措施，温室气体排放将继续增长，并且给全球环境带来毁灭性的影响；第二种情景是既有政策情景（Stated Policies Scenario，SPS），即实施已经对外承诺的各类政策，包括实现《巴黎协定》中各国对外做出的减排承诺；第三种情景是可持续发展情景（Sustainable Development Scenario，SDS），该情景也意味着联合国可持续发展目标的实现，从 SPS 向 SDS 的转变，意味着能源效率的提升、可再生能源的使用、传统能源的替代以及碳捕集等技术的应用。

3. 央行与监管机构绿色金融网络情景

NGFS 情景是 2020 年 6 月《面向央行与监管机构的气候情景分析指南》提供的，包括有序转型、无序转型以及温室世界。有序转型指的是到 2100年，气温升幅控制在 1.5℃~2℃，满足巴黎协定所提出的要求，实现净零排放。无序转型指的是到 2100 年，全球温度升高 1.5℃~2℃，但其转型风险高于有序转型的情景。无序主要体现在缺乏对于政策、技术等宏观环境的整体把握，未能进行很好的规划。温室世界指维持现状，仅实施当前已有的政策，气温升幅高于 3℃，无法达到目前的国家自主贡献目标 NDC。

一般而言，NGFS 的情景更加细化，在金融行业中被广泛使用，该情景也充分考虑了 IPCC、IEA 情景的特点，较好地总结与平衡了物理风险和转型风险之间的关系，对进行气候识别、模型传导、评估量化风险具有较强的借鉴意义。

二 气候风险披露标准与政策

（一）全球主流气候风险披露概览

1.气候相关财务信息披露工作组建议

为了更好地帮助企业披露气候相关风险和其对企业的财务影响，TCFD 框架围绕着四大支柱（见图 1），包括治理、战略、风险管理以及指标和目标，并针对金融行业和非金融行业制定了相应的补充指南。TCFD 框架旨在体现组织在面对气候相关风险时的战略韧性，通过情景分析的方法探索组织未来可能面对的不同可能性。TCFD 的建议披露框架一经发布，便得到了广泛的支持，多个与可持续相关的国际和不同国家或地区标准，开始以 TCFD 框架为参考进行编制。

治理：机构关于气候相关风险和机遇的治理

战略：气候相关风险和机遇对机构的业务、战略和财务规划的实际和潜在影响

风险管理：机构识别、评估和管理气候相关风险的流程

指标和目标：用以识别和管理气候相关风险和机遇的指标和目标

图 1　TCFD 建议披露框架四大支柱

2.国际财务报告准则可持续披露准则

国际财务报告准则可持续披露准则（ISDS）由国际可持续发展准则理事会（ISSB）制定。ISSB 是在 COP26 联合国气候变化大会后，于 2021 年由国际财务报告准则基金会（IFRS）正式宣布成立的。TCFD 虽然得到了广泛支持，但作为自愿披露框架，仍然具有一定的局限性。为了满足全球投资

者对气候和其他可持续发展事项的信息需求，ISSB 参考 TCFD 的披露框架和披露原则，发布了《国际财务报告准则可持续披露准则第 1 号——可持续性相关财务信息的一般要求》（简称"S1"）和《国际财务报告准则可持续披露准则第 2 号——与气候相关的披露》（简称"S2"）两份征求意见稿。其中 S2 侧重识别、衡量和披露气候相关财务信息，在 TCFD 框架的基础上，对于气候相关披露做出了更加详细的要求，这对全球的气候相关信息披露具有重要意义。2023 年 6 月 26 日，ISSB 发布了 S1 与 S2 的最终版本，将于2024 年 1 月 1 日正式生效，且从 2024 年开始 IFRS 将接管 TCFD 的职责。

3. 全球报告倡议组织标准

全球报告倡议组织（Global Reporting Initiative，简称 GRI）于 1997 年成立，由美国的一个非政府组织"对环境负责的经济体联盟"（CERES）和联合国环境规划署（UNEP）共同发起。GRI 提供了第一个可持续发展报告的全球框架，同时也制定了第一个可持续发展报告全球标准。GRI 的各类标准分为通用标准、行业标准和议题标准。其中在议题标准 GRI 305 中，要求对排放的相关信息和管理方法进行披露（见表 1），更加关注定量数据的披露，强调"双重实质性"。

表 1　GRI 305 排放披露项

披露项	内容
305-1	直接（范围 1）温室气体排放
305-2	能源间接（范围 2）温室气体排放
305-3	其他间接（范围 3）温室气体排放
305-4	温室气体排放强度
305-5	温室气体减排量
305-6	臭氧消耗物质（ODS）的排放
305-7	氮氧化物（NOX）、硫氧化物（SOX）和其他重大气体排放

4. CDP 问卷

CDP 是一家总部位于伦敦的非政府国际组织，旨在为公司与城市提供全球唯一的测量、披露、管理和分享重要环境信息的系统。CDP 以投资者为导向，每年向公司发放气候变化、水和森林问卷，由投资者或采购人委托 CDP 进行企业征询。目前，CDP 拥有全球最大的关于气候变化、水和森林风险的信息数据库，并且把这些运用于战略性的商业投资和政策决定中。全球已有 746 家总资产达 136 万亿美元的机构投资者和 280 多家采购支出超过 6.4 万亿美元的采购商委托 CDP 征求有关气候风险和机遇的信息。

5. 各国和地区气候相关披露进程

随着气候相关风险在国际上愈发被重视，多个国家和地区已经制定或正在制定相关披露框架与披露政策。大部分的发达经济体未来或现在的气候相关披露法规都将与 TCFD 框架保持一致，例如欧盟、美国等。在各国制定的气候相关披露政策中，一般分为强制性披露与自愿性披露。实施强制性披露的国家通常会设立"披露门槛"，通过企业的市值、人数等条件要求规模较大企业先行披露。对其他企业，则以简化流程或延长披露起始时间等方式，为企业留下充足的准备时间。欧盟、美国、日本三个的气候相关法规披露进程如下。

（1）欧盟企业可持续发展报告指令。

2022 年 11 月 28 日，欧盟理事会最终通过和签署了《企业可持续发展报告指令》（CSRD），CSRD 修订并加强了 2014 年非财务报告指令（NFRD）的要求，并制定新的欧洲可持续发展报告标准（ESRS），在 TCFD 的相关建议基础上进行了补充。在气候相关披露方面，ESRS 要求企业披露减缓气候变化的过渡计划，披露范围 1 至范围 3 的温室气体排放量，披露气候相关转型风险与物理风险对财务的影响。CSRD 要求受到 NFRD 约束的企业从 2025 年开始对其上一财政年进行报告，直到 2029 年；在欧盟净营业额超过 1.5 亿欧元且具有至少一家分支机构的第三国企业，同样需要进行相关披露。

（2）美国证券交易委员会关于气候相关信息披露的拟议规则。

2022 年 3 月 21 日，美国证券交易委员会提议修改规则，要求公司披露某些与气候相关的信息，从温室气体排放到预期的气候风险再到过渡计划。该拟议规则将适用于所有注册人的逐步实施期，合规日期取决于注册人的申报状态。该规则修正案参考了 TCFD 框架，将为投资者提供一致、可比和对决策有用的信息，以做出投资决策，并规定了发行人一致且明确的报告责任。该规则中的温室气体披露为投资者提供了数据，特别是范围3排放，以支持他们对气候变化相关金融风险的分析，给投资者提供了解公司价值链中嵌入的风险信息。

（3）日本 TCFD 联盟与报告法规制定。

2019 年，在日本经济产业省的支持下，日本成立了 TCFD 联盟，截至2023 年 5 月，已有 783 家企业和金融机构加入。自 2021 年中期以来，日本金融厅已经将一系列日本强制性气候披露规则引入该国的公司治理守则，但这并不是一个具有法律约束力的守则，而是实行"不遵守就解释"。2022 年4 月，东京证券交易所用 Prime、Growth 和 Standard 三个新板块取代了其第一和第二板块。在 Prime 市场上市的企业和组织将被要求完全遵守与 TCFD相关的披露规则。目前，日本金融厅正在采用 TCFD 框架作为未来所有与日本气候披露有关的 ESG 法规的基础，并鼓励企业根据 TCFD 的指导方针进行气候变化相关的披露。

（二）中国气候风险披露历史进程

中国在针对企业的气候相关信息和风险披露方面起步较晚，目前仍处于摸索阶段。在政策方面，2021 年 2 月，国务院发布了《关于加快建立健全绿色低碳循环发展经济体系的指导意见》针对建立健全绿色低碳循环发展经济体系。2022 年 2 月 8 日起开始施行的《企业环境信息依法披露管理办法》则第一次明确提出要开展碳信息披露，并配套了企业进行环境信息披露的具体格式准则要求，规定了披露范围、披露内容和部分指标。但目前仍只针对重点排污单位，以及实施强制性清洁生产审核与具有相应生态环境违法行为的部分企业，还未覆盖到所有行业。

从交易所层面来看，只有香港交易所发布了气候相关披露的明确指引与要求，上海证券交易所和深圳证券交易所发布的环境管理办法主要聚焦于污染物排放、环境守法以及环境管理等方面的信息，对于气候相关披露暂无明确要求。不过，目前社会各界纷纷编制 ESG 相关标准与指引，其中不乏气候相关披露的内容。

1. 香港交易所气候相关披露政策

自 2012 年起，香港交易所就发布了《ESG 报告指引》，鼓励港交所上市企业披露 ESG 相关信息。2021 年，香港联交所发布了以 TCFD 为基础的《气候信息披露指引》，帮助上市公司将气候相关议题纳入企业管理，并按照该指引与 TCFD 建议进行相关披露。香港绿色和可持续金融跨机构督导小组宣布，拟于 2025 年或之前强制实施符合 TCFD 建议的气候相关信息披露。2023 年 4 月，港交所公布了优化《环境、社会及管治报告指引》的修订建议，就有关气候信息披露的新规征询市场意见，建议强制所有发行人在其 ESG 报告中披露与气候相关的信息，将引入以 ISSB 气候准则为基础的新气候相关披露。

2. 上海证券交易所环境信息披露政策

上海证券交易所 2008 年颁布的《上市公司环境信息披露指引》，规定了六类与环境保护相关的重大事件，并规定可能对其股票及衍生品种交易价格产生较大影响的，应及时披露事件情况及对公司经营与利益相关者可能产生的影响。在《上海证券交易所上市公司自律监管指引第 1 号》中，专门设立了社会责任章节，针对环境层面的披露，其未引用国际框架。

3. 深圳证券交易所环境信息披露政策

2006 年，深圳证券交易所发布了《上市公司社会责任指引》，要求上市公司应当根据其对环境的影响程度制定整体环境保护政策，并于 2010 年将该指引纳入《上市公司规范运作指引》。2022 年 1 月，深交所进一步强化环保事项披露要求，并将《上市公司社会责任报告披露要求》纳入业务办理指南，更好地便利上市公司编制社会责任报告。上述指引或要求中，都包括了环境相关的问题，主要聚焦于污染物排放披露、环境紧急预案等，关于气候相关信息披露的规定还未明确。

（三）润灵环球 TCFD 评级方法学

1. 标准开发背景

随着气候相关风险在全球范围内被重点关注，TCFD 为企业与金融机构

披露气候相关财务信息提供了一套先进的架构，获得了国际上金融机构与监管部门的广泛支持。

截至 2021 年 10 月，已有 89 个国家和司法管辖区将 TCFD 建议纳入其气候相关信息的报告要求。有些国家对环境信息披露鼓励依据 TCFD 框架内容进行，例如日本、澳大利亚、南非、新加坡、墨西哥等。有些国家和地区在前期建议依据 TCFD 框架内容进行指导披露，后期则强制要求依据 TCFD 内容进行一致性披露，如欧盟、新加坡、加拿大、巴西。一些国家和地区则明文规定采用与 TCFD 框架保持一致的强制性披露，如新加坡、新西兰、英国、巴西、瑞士、美国、中国香港。

随着环境信息披露在实践中的推进，全球披露标准统一融合的需求越来越高。全球标准制定的国际组织在制定气候相关财务披露综合报告系统方面取得了进展。2020 年 12 月，五国集团发表了一份与气候有关的财务披露标准雏形。该文件概述了全球标准融合的共享愿景，愿景建立在 TCFD 建议的基础上，将财务信息与可持续性信息的披露融为一体。

同时，2021 年 2 月，IFRS 宣布在 TCFD 和五国集团已有的工作基础上，建立 ISSB，该组织与国际会计准则委员会（IASB）携手制定可持续发展会计标准。同月，国际证监会组织（IOSCO）宣布计划与 IFRS 合作开发国际会计准则，该标准框架将以五国集团的雏形文件为参考基础，并在声明中明确批准使用 TCFD 建议。2021 年 3 月，为推动上述提议，IFRS 宣布建立一个工作组，以加速全球可持续性报告标准的趋同。该工作组由 IFRS 担任主席，CDSB、IIRC、SASB、TCFD 和世界经济论坛（WEF）作为成员参加。

自 2018 年 6 月 TCFD 状况报告发布以来，全球对 TCFD 的支持显著增加。至 2021 年 10 月，近 2616 个组织表示支持 TCFD，增长较 2018 年超过 410%。同时，TCFD 的支持者遍布 89 个国家和司法管辖区，公司合并总市值超过 25 万亿美元，自 2021 年以来增长了 99%。TCFD 在全球拥有 2600 多个组织支持者，包括 1069 家金融机构，资产覆盖面达 194 万亿美元。①

---

① 李研妮：《TCFD 框架内容以及在全球适应性发展》，《清华金融评论》2022 年第 5 期。

TCFD 自 2017 年 6 月以来发布了系列相关气候相关政策文件。2017 年 6 月发布了《气候相关财务信息披露工作组建议最终报告》以及《TCFD 气候相关财务信息建议的执行》等系列文件，但对 TCFD 信息披露的质量和相关风险管理有效性还没有一个评估文件。在诺亚控股、第一财经研究院和北京中创碳投科技有限公司的启发和鼎力支持配合下，润灵环球基于 11 年对 A 股上市公司 CSR 报告评级和 4 年 ESG 评级的经验积累，开发了 "TCFD 气候相关财务信息评级标准"，该标准采用基于风险治理和管理最佳实践的方法，通过量化气候相关风险的管理信息，评估所披露信息的质量与其所体现的风险管理有效性。

2. 评级目的

通过 TCFD 气候相关财务信息披露报告评级工作，润灵环球期望能够达到如下目的。

（1）为政府与科研机构提供翔实可参考的信息和数据，便于政策研究与政策制定；

（2）积累中国上市公司基本财务信息和气候相关信息，包括相关风险和机遇的治理和管理信息、适应和减缓气候变化影响的行动计划（方案）和目标、温室气体排放的数据（包含价值链数据）；

（3）为投资机构、公（私）募基金管理机构、养老金管理机构等提供可持续投资的决策判断依据；

（4）推动中国上市公司气候相关财务信息披露质量和有效性的提升；

（5）为中国上市公司获取国际、国内资金提供信息平台；

（6）通过对行业的、上市公司个体的气候相关财务信息评估、统计和分析，对标 TCFD 的要求，寻找差距，为上市公司气候相关财务信息披露质量改进提供参考。

3. 评级范围

现阶段，评级范围限定为在中国 A 股和中国香港 H 股的国内上市公司中，单独发布 TCFD 气候相关信息报告，或在可持续发展报告中说明"依据"、"参考"或"参照" TCFD 要求发布气候相关财务信息的公司。

4. 评级信息来源

主要来源于上市公司公开披露的信息，包括上市公司年报中的财务信息、可持续发展报告中参照 TCFD 披露的气候相关信息，单独的 TCFD 气候相关财务信息报告，以及政府相关监管机构的违规信息等。

5. 评级原则

润灵环球 TCFD 气候相关财务信息报告评级遵循以下原则。

（1）完整性。

完整性是指评级结果反映组织遵循 TCFD 要求披露气候相关财务信息的完整程度，为达到完整性的目标，评级标准完全根据 TCFD 气候相关财务信息披露的要求设计与评估相关问题。

（2）有效性。

有效性是指评级结果反映组织对气候相关风险和机遇管理结果的有效性，为达到有效性的目标，评级标准根据国际管理最佳实践、相关指标目标的历史趋势和行业排名。

（3）公正性。

在评级标准的开发过程中，广泛邀请利益相关方参与编制，在标准中反映投资机构、财经研究机构、企业的建议。另外，在评级过程中，选派与被评估组织无利益冲突的分析师，评级记过对外公开发布。

（4）兼容性。

在遵循 TCFD 要求的前提下，融合中国本土政策、风险治理和管理最佳实践。

6. 评级方法

（1）评级方法综述。

评级依据为《气候相关财务信息披露工作组最终建议》（2021 年 10 月），并参考如下 TCFD 发布的文件将 TCFD 建议事项分解，便于评估：

①非金融公司情景分析指南（2021 年 10 月）；

②风险管理整合与披露指南（2021 年 10 月）；

③气候相关风险和机遇情景分析的使用（2017 年 6 月）；

④指标、目标和转型计划指南（2021 年 10 月）；

⑤香港交易所按照 TCFD 建议汇报气候信息披露指引；

⑥国际风险治理、管理等最佳实践；

⑦中国双碳相关政策和标准。

（2）评级指标设置。

评级系统按 TCFD 核心四要素，即治理、战略、风险管理、指标和目标，分为三级指标进行结构化的、系统化的评估，其中一级指标 9 个，二级指标 24 个，以及三级指标 183 个。

表 2　TCFD 评级指标体系

核心要素	一级评级指标	二级评级指标	三级指标数量
1-G 治理	G1 气候相关风险与机遇的治理和管理	G1.1 董事会对气候相关风险与机遇的监管	12
		G1.2 管理层在评估和管理气候相关风险与机遇中的角色	9
2-S 战略	S1 组织在短期、中期和长期内对气候相关风险与机会的影响评估	S1.1 组织对气候相关短期、中期和长期风险与机会影响的评估	7
	S2 气候变化相关的风险和机遇对组织的业务、战略和财务规划的影响	S2.1 气候变化相关的风险和机遇对产品和服务的财务影响和规划	3
		S2.2 气候变化相关的风险和机遇对价值链的影响和规划	3
		S2.3 气候变化相关的风险和机遇对研发投入的影响和规划	3
		S2.4 气候变化相关风险和机遇对于组织收购或撤资的影响和规划	3
		S2.5 气候变化相关风险和机遇对于组织融资渠道的影响和规划	3
		S2.6 气候变化相关风险和机遇对金融行业的影响和规划（补充）	7
2-S 战略	S3 不同气候相关场景分析和应对路径	S3.1 气候情景分析基本信息	4
		S3.2 驱动因素	5
		S3.3 重要的物理风险和转型风险参数	9
		S3.4 基于情景分析制定的应对路径	10

续表

核心要素	一级评级指标	二级评级指标	三级指标数量
3-R 风险管理	R1 风险管理过程	R1.1 组织识别、评估气候相关风险的过程	15
		R1.2 组织管理气候相关风险的过程	9
	R2 风险管理整合	R2.1 组织整合风险识别、评估、管理和监控的企业风险管理系统	7
4-M&T 指标和目标	M1 评估气候风险和机遇的指标	M1.1 物理风险相关指标	10
		M1.2 转型风险相关指标	21
		M1.3 薪酬相关指标	1
		M1.4 资本部署相关指标	1
		M1.5 气候变化带来的机遇相关指标	5
		M1.6 内部碳价相关指标	3
	M2 范围 1～范围 3 GHG 排放和相关风险指标	M2.1 GHG 排放相关指标	18
	T1 管理与气候相关风险和机遇所的目标	T1.1 管理目标	15

（3）评分结构设计。

对于每个三级指标，量化打分的问题设置采用 3 种方式。

①"是/否"打分，如"是否委任高管层专人负责气候相关风险管理?""是"则得分，"不是"则不得分;

②管理最佳实践递进式打分，如"管理层对气候相关行动监督的频次"，分为每年 1 次、2 次，得分依次提高。

③管理有效性打分，如"温室气体排放强度"，相比较上一年降低，得分;不可比或较上一年提高，不得分。

（4）指标权重设计。

指标权重采用层次分析法对每一级指标之间的相对重要度进行两两对比评估，再将相对重要度评估结果归一化转换为指标权重。邀请业内多名专家进行评估，最终的指标权重为各专家评估结果的平均值。

例如，对 4 个核心要素的相对重要度评估，设计了表格进行评估。数字

1~9 代表左侧指标相对上方指标的重要度，1 代表两者重要度相同，9 代表左侧指标与上方指标相比极其重要。例如，表 3 的评估结果表明这位专家认为治理与风险管理相比重要度稍高（数字 2）；当然，表格中与之对应的对角线数据应该是其倒数（1/2）。

表 3　评估结果示例

	治理（A）	战略（B）	风险管理（C）	指标和目标（D）
G. 治理	1	1	2	1/4
S. 战略	1	1	2	1/4
R. 风险管理	1/2	1/2	1	1/7
M. 指标和目标	4	4	7	1

（5）评分结果分级。

评分结果范围为 0~10 分，按不同的分数段，分为 7 级，依此为：CCC、B、BB、BBB、A、AA、AAA。

三　气候风险对投资标的的影响

（一）气候风险驱动因素与传导渠道

气候风险因素对银行金融风险的影响十分复杂，NGFS 在综合相关研究的基础上，创建了气候风险导致银行金融风险的单一框架，该框架说明了与气候变化相关的风险是如何通过关键渠道传递并转化为银行金融风险的。

环境和气候风险与金融风险的传导渠道指将两者联系起来的因果链（见图 2），可被视为气候变化可能成为金融风险来源的方式。NGFS 将传导渠道分为微观经济渠道和宏观经济渠道，微观经济渠道指气候风险因素影响银行个别交易对手的因果链，宏观经济渠道指气候风险因素影响宏观经济因素（如经济增长和劳动生产率）的机制，以及变化后的宏观经济因素对银行经营产生影响。

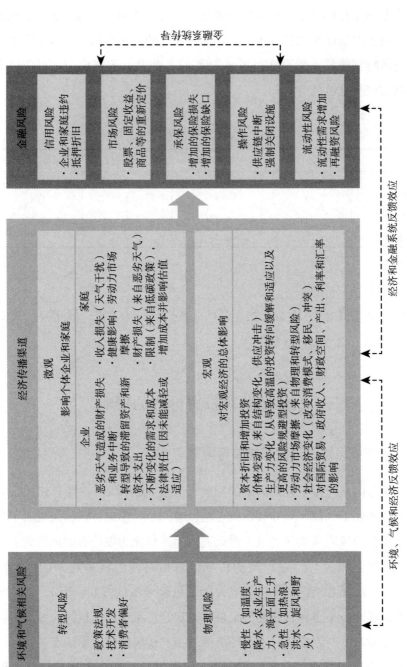

图 2　环境和气候风险与金融风险传导渠道

资料来源：NGFS 2020。

微观经济渠道：①气候风险因素主要通过其交易对手影响银行的信用风险，一旦物理和转型风险因素对借款人偿还债务的能力产生负面影响，或者抵押品价值（或可收回价值）降低而对银行在违约情况下完全收回贷款价值的能力产生负面影响，就会增加银行的信用风险；②气候风险因素主要通过金融资产的价值影响银行的市场风险，物理和转型风险可能会改变未来的经济状况或金融资产价值，进而导致市场波动性增加，还可能导致资产之间的相关性降低，从而降低对冲有效性，对银行管理风险能力形成挑战；③气候风险因素主要通过银行筹集资金或清算资产的能力，或通过客户的流动性需求，直接影响银行的流动性风险；④气候风险因素也可能通过银行内部流程或内外部事件（如气候物理危害破坏了电信基础设施）而对银行的操作和声誉风险产生影响。

宏观经济渠道：银行也可能因气候风险因素对宏观经济的影响而受到间接影响。①气候风险因素可通过影响政府债务、国内生产总值、劳动力变化、社会经济变化等对金融系统的信用风险产生影响；②气候风险因素如何通过宏观经济渠道影响市场风险的研究相对缺乏，且在分析市场风险时，微观经济和宏观经济传导渠道间的区别并不明显，因此可参考微观经济渠道进行分析研究。

（二）润灵环球 TCFD 评级主要结论

润灵环球 2022 年依据 "TCFD 气候相关财务信息评级标准"（以下简称"评级标准"），对 2021 年度 A+H 股的上市公司按照 TCFD 所要求披露的气候相关财务信息开展了评级工作。

纳入此次评级的一共有 92 家企业，共有 4 家企业单独发布了 TCFD 报告，分别为工商银行、长和、中电控股以及中国平安。其余的 88 家公司的 TCFD 信息均来自可持续发展报告、ESG 报告等。在 92 家上市公司中，A 股 43 家（上交所 32 家，深交所 11 家），港交所 H 股 49 家。H 股公司占到 53%（见表 4），这与港交所要求相关行业在 2025 年按照 TCFD 要求披露气候相关财务信息有关。而对于 A 股公司，迄今为止还没有相关监管机构的政策要求，完全由市场驱动。

表4　TCFD 报告分布占比

	港交所	上交所	深交所
占比	53%	35%	12%

1. 整体得分情况分析

TCFD 自 2017 年开始，每年抽取一定数量的重点行业公司进行信息披露情况分析并形成分析报告，最新的《气候相关财务信息披露工作组2022 年状况报告》对来自八个行业五个地区的 1434 家上市公司的财务文件、年度报告、综合报告、可持续发展报告及其他相关报告进行了审查（见表 5）。

表5　按行业划分的平均披露情况

单位：%

行业	占比	行业	占比
能源	43	农业、食品和林业产品	37
材料和建筑	42	消费品	33
银行	41	运输	32
保险	41	科技与媒体	15

数据来源：《气候相关财务信息披露工作组 2022 年状况报告》。

审查结果表明对 11 项建议披露信息的披露水平每年都在增加，然而，这种增加的幅度差别很大（从 5 个百分点到 20 个百分点不等）。就 TCFD 的11 项建议披露信息而言，2019 财年至 2021 财年披露与 TCFD 建议相一致信息的公司所占的比例平均增加了 14 个百分点。有关"战略韧性"内容披露的公司比例最低，从 2019 年的 6% 增长到 2021 年的 16%，这一点和 RKS 下面的评级结果类似。最高为"风险和机遇"披露的公司比例为 61%，而RKS 评级结果显示"治理"部分得分最高。[1]

---

[1] TCFD 分析关注的是"是否披露了相关内容"，RKS 分析不仅关注"是否披露"，还关注"信息质量"。

表6 2019～2021 年与 TCFD 建议相一致的信息披露情况

建议	建议披露的内容	百分点变动情况	进行披露的公司所占比例
治理	(a)董事会监督情况	16	29%（2021）、25%（2020）、13%（2019）
	(b)管理层的职责	12	22%（2021）、18%（2020）、10%（2019）
战略	(a)风险和机遇	19	61%（2021）、53%（2020）、42%（2019）
	(b)对组织的影响	16	47%（2021）、40%（2020）、31%（2019）
	(c)战略韧性	10	16%（2021）、12%（2020）、6%（2019）
风险管理	(a)风险识别和评估流程	14	33%（2021）、29%（2020）、19%（2019）
	(b)风险管理流程	17	34%（2021）、28%（2020）、17%（2019）
	(c)纳入整体风险管理范围	20	37%（2021）、27%（2020）、17%（2019）
指标和目标	(a)气候相关度量指标	5	47%（2021）、46%（2020）、42%（2019）
	(b)范围1、范围2和范围3温室气体排放量	10	44%（2021）、40%（2020）、34%（2019）
	(c)气候相关目标	18	45%（2021）、38%（2020）、27%（2019）

资料来源：《气候相关财务信息披露工作组 2022 年状况报告》。

从评级得分情况看，企业得分集中于 2～3 分，得分在 1～4 分的企业共计 75 家，占企业总量的 82%，大致呈现正态分布（见图3）。得分超过 5 分的企业仅有复星国际和工业富联 2 家，得分小于 1 分的企业有 6 家。TCFD气候相关财务信息披露不仅在中国处于起步阶段，在全球也只有头部公司实行，平均信息披露质量同样不高。

2. 资本市场行业表现亮眼，保险和商业银行行业先行力量不足

选取企业数量超过 5 家的行业分析。横向对比行业得分率，资本市场行业表现较好，平均得分为 2.79；商业银行行业表现一般，平均得分仅为 1.63（见图4）。纵向对比行业得分构成，不难看出，5 个行业中仅资本市

场行业涉及得分 4~5 分段，且不涉及得分小于 1 分段，整体表现较较好；保险和商业银行行业仅涉及小于 3 分的低分段，先行力量不足（见图 5）。

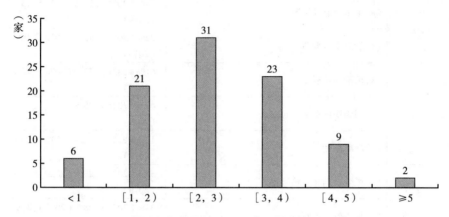

图 3　上市公司 TCFD 表现得分情况

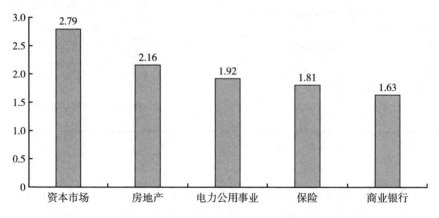

图 4　主要行业 TCFD 表现平均得分

3. 治理得分率较高，战略与风险信息披露机制建设有待完善

从各部分的得分率来看（见图 6），治理部分的平均得分率较高，为 45.2%，表明在多年实施可持续发展（CSR、ESG）的基础上，各上市公司应对可持续发展的整体治理和管理机制已有一定的基础，在此基础上整合或强调气候相关风险，相对简单。风险管理部分的得分率仅次于公司治理部分，平均得分率和最高得分率分别为 31.8% 和 71.0%。基础的风险管

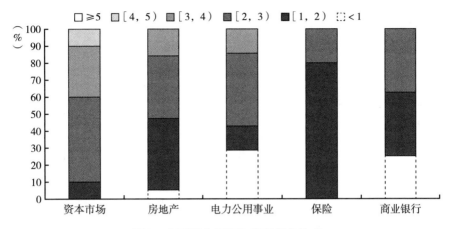

图5 主要行业 TCFD 表现得分构成

理体系是企业可持续发展的基石，说明规范化的风险治理和管理体系尚处于起步建设阶段。值得注意的是，战略部分的平均得分率不容乐观，仅为15.1%。即使表现好的企业得分率也仅为41.0%，说明战略尤其是以情景分析为核心的战略规划框架对于上市公司气候相关财务信息披露是一个挑战。有情景分析技术层面的挑战，也有商业数据透明度层面的挑战。同时，在中国上市公司气候相关财务信息披露的初级阶段，这个评级结果也属正常，据《TCFD 2021 年进展报告》报告，在不同气候相关情景下，披露战略韧性的比例在 2018 年只有 5%，到 2020 年升至 13%。所以不只是对中国上市公司，对全球的上市公司，战略核心要素的信息披露也是难点和挑战。指标和目标的平均得分率为 28.3%。指标和目标是考量管理有效性的重要指标，从 CSR 报告、可持续发展报告、ESG 报告来看，指标和目标的披露一直是信息披露的痛点，更多的公司出于商业机密的考量，不愿意披露此类信息。

4. A 股与 H 股上市企业气候信息披露情况总体较一致，战略与指标目标部分仍为未来发力的重点

从 A 股和 H 股上市公司的平均得分率来看（见图7），治理、战略与风险管理部分，A 股上市公司的平均得分率均略高于 H 股，领先 1~4 个百分

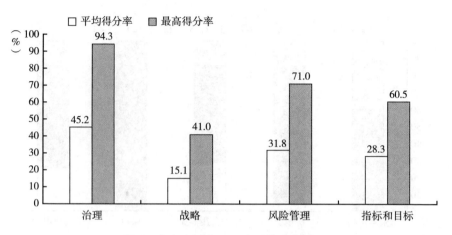

图6 上市公司 TCFD 表现得分率情况

点。在指标和目标部分，H 股的表现较为突出，领先近 4 个百分点。从整体情况来看，战略、指标和目标部分依然是当前企业披露较为薄弱的环节。

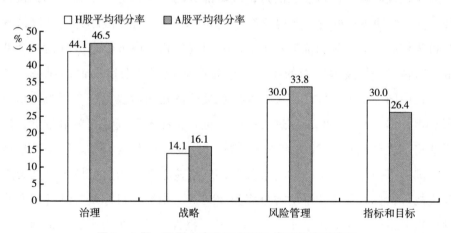

图7 A 股、H 股上市公司 TCFD 表现得分率情况

四 考虑气候风险的 ESG 投资原则

鉴于气候变化和可持续发展议程带来的社会和经济挑战的紧迫性，社会各界正进一步加大对气候变化的关注，并已采取一系列行动促进全球可持续

发展。在此背景下，金融业投资活动也逐渐趋向绿色化，越发关注企业在 ESG 领域的相关表现和可持续发展能力。近年来，与应对气候变化高度契合的 ESG 投资逐渐得到广大投资者的认可，并发展成为主流投资理念。这种投资理念认为环境、社会、治理问题会影响投资组合的利润回报，并鼓励投资者在投资决策和实践中融入三大层面的因素。随着资本市场的发展和 ESG 理念的深入，国内外各类金融机构和投资者都在不同程度上进行了 ESG 投资实践。同时，考虑气候风险是 ESG 投资的重要内容之一，随着国际机构和各国政府号召，投资者在具体实践过程中也越发关注企业的气候风险管理。

（一）气候风险与 ESG 投资七大原则

借鉴 GSIA 给出的定义，本报告将 ESG 投资视为广义概念，可以与责任投资、可持续投资替换使用。在 ESG 投资具体实践中，不同地区采用的投资策略和原则不同。基于此，GSIA 列出了 ESG 投资七大原则，包括：ESG 整合、企业参与和股东行动、规范筛选、负面/排除筛选、同类最好/正面筛选、可持续发展主题/专题投资以及影响力投资和社区投资。

表 7　ESG 投资七大原则

原则	内容
ESG 整合	主要是指投资者明确而系统化地将环境、社会和治理三层面因素纳入财务分析和金融决策
企业参与和股东行动	主要是指股东积极参与公司治理，利用股东权力影响企业 ESG 相关行为和表现，主要途径包括与公司高管或董事会直接沟通、提交或共同提交股东提案以及代理投票等
规范筛选	主要是指根据国际规范（如联合国、国际劳工组织和非政府组织发布的一系列准则）对不遵守相关规范的企业予以剔除和筛选
负面/排除筛选	主要是指投资者将 ESG 表现低于行业平均水平的企业或项目排除在投资组合之外，这些公司常常被认为是不可投资的负面清单

原则	内容
同类最好/正面筛选	主要是指投资于 ESG 绩效表现优于其他的行业、公司或项目,且相关 ESG 评级得分排名位于前列
可持续发展主题/专题投资	主要是指优先投资有利于环境和社会可持续发展的主题或资产,如绿色建筑、可持续农业、新能源技术等
影响力投资和社区投资	影响力投资是指将资本投入到具有积极的社会和环境影响的企业或项目中; 社区投资是指将资金专门用于服务不足的个人或社区,以及为具有明确社会或环境目的的企业提供融资

在投资决策与实践中,七大原则既可单独出现,也可复合出现。在应对气候变化的各种情境下,每个投资机构或投资者可以根据自身的偏好和条件选择适合的投资原则,进而推动可持续发展。GSIA 发布的《2020 年全球可持续投资审查》显示,截至 2020 年初,可持续投资报告涵盖的五大市场(欧洲、美国、日本、加拿大以及澳大利亚和新西兰)的可持续投资管理资产占管理总资产的比重升至 35.9%。七大原则中,ESG 整合在可持续投资资产总额中占比最大,也是最常被采用的原则。其后依次是负面/排除筛选、企业参与和股东行动。

(二)气候情景下 ESG 投资全球发展趋势

《2020 年全球可持续投资审查》统计显示,截至 2020 年初,报告内涵盖的五大市场的可持续投资总额达到 35.3 万亿美元,比 2016 年增长 55%,整体规模在不断攀升。总的来看,气候情景下 ESG 投资整体趋势是朝着绿色低碳、适应气候变化以及长期可持续的方向发展,但在不同行业、不同地区各有侧重和差异。

1.行业发展趋势

从行业角度来看,ESG 投资在不同行业都呈现不断增长的趋势,特别是在与气候变化密切相关的行业和领域。具体来说,主要集中于以下几种行业。

（1）可再生能源。为应对气候变化实现全球可持续发展，能源结构必须向更清洁、更高效的方向发展。可再生能源行业如太阳能和风能可以满足清洁能源转型的要求，这些行业对减少碳排放、替代传统能源以及促进能源多元化具有重要作用。在气候变化和能源转型的背景下，这一行业逐渐受到广大 ESG 投资者的关注和支持。

（2）清洁技术。清洁技术旨在减少对传统资源的依赖、降低温室气体排放。随着气候变化热度和关注度的提升，投资者也越发关注清洁技术，加大对该行业的支持力度。ESG 投资者寻求这些领域中的创新技术和解决方案，以期提高能源效率促进可持续发展，清洁技术也将在全球范围内迎来快速发展。

（3）电动交通。交通行业是全球温室气体排放的主要来源之一，其碳排放情况严重影响气候变化。随着对交通领域碳排放的关注增加，电动交通成为 ESG 投资者重要的投资领域。在获得资金支持后，电动汽车和充电基础设施的发展将得到支持。

（4）绿色建筑。建筑行业的碳排放涉及建筑物的设计、施工、使用和拆除等各个阶段，每个阶段都会产生大量的能源消耗和碳排放。建筑行业的可持续发展也受到广泛关注，ESG 投资者以推动建筑的低碳转型为目标倾向于支持具有高能效标准的项目和企业。

2. 地区发展趋势

（1）欧洲。欧洲地区在 ESG 投资方面一直都处于较为领先的地位，也更加关注应对气候变化相关问题。许多欧洲国家已制定和出台了一系列的政策和标准，如欧盟实施的可持续金融行动计划。这些强制性的信息披露制度和标准能够提高 ESG 投资市场的信息透明度和可评估性，同时也能促进当地 ESG 投资市场以及绿色金融的可持续发展。在欧洲，气候变化是 ESG 投资中的重要议题，ESG 投资者越来越关注碳足迹、碳排放以及气候风险应对策略和行动等相关信息。

（2）北美。北美地区在 ESG 投资方面相取得了显著进展，美国 ESG 投

资增长迅速。北美地区对于全球 ESG 投资实践增长具有较大贡献，越来越多的投资者开始将 ESG 因素纳入投资决策，尤其是在科技、能源和金融领域。美国在 ESG 投资领域一直处于领先地位，其部分经验和成功实践也进一步带动了北美地区的快速发展。

（3）亚洲。亚洲地区的 ESG 投资发展进程相对落后于欧美，但总体呈现快速发展趋势。投资者对 ESG 因素的重视程度不断上升，这必然要求亚洲 ESG 信息披露制度进一步完善，逐步走上标准化、规范化的道路。此外，亚洲地区 ESG 投资管理资产不断增长，其中公募基金增长最为显著。投资者认知进一步提升、信息披露制度逐渐完善以及 ESG 投资市场逐步健全是亚洲地区的总体发展趋势。

（三）ESG 投资企业案例分享

1. 渣打银行——为牧原提供首笔与可持续发展挂钩的发票融资贷款

渣打银行是一家国际银行集团，在 ESG 领域一直扮演积极的角色，并在其自身运营和业务中积极践行 ESG 投资理念。2019 年，渣打银行开发了 ESG Select 基金评估框架，在风控模型中融入 ESG 因素进行投资分析和决策。只有精选基金才能进入 ESG Select 审查程序，然后再经历一系列的正面筛选、负面剔除才可成为渣打银行青睐的 ESG 投资产品。

2023 年，渣打银行（中国）为河南牧原粮食贸易有限公司（以下简称"牧原"）提供首笔与可持续发展挂钩的发票融资贷款。牧原是一家现代化农牧企业，至今已经制定了全面的碳减排路线图，也是业内第一家披露绿色低碳行动报告的公司。在应对气候变化行动上，牧原积极开展节能降耗管理工作，2022 年温室气体排放强度同比降低 4.94%。此外，其还参考 TCFD 的相关建议，识别并分类气候变化情景下的主要风险，制定相关行动计划。牧原 ESG 表现也因此获得了广大评级机构的认可，MSCI 对其最新评级结果为 B，Wind、润灵环球的评级结果分别为 BBB、B。基于牧原在 ESG 领域的相关表现并通过严格的考察程序后，渣打银行决定为其提供首笔与可持续发展挂钩的发票融资贷款。同时选取"光伏发电装机容量"和"每千克猪肉生产的二氧化碳排放量"两个指标与贷款利率挂钩,以此激励企业实现低碳绿色发展。该贷款将为牧原提供流动资金补充,并帮助其进一步发展"养殖—水肥—绿色农业"循环经济模式、构建可持续供应链等。

2. 基石资本——将 ESG 投资原则贯穿于投资活动的各个阶段

基石资本在 ESG 投资领域是先行者之一,采取的主要做法是将可持续理念融入企业文化、日常运营以及投资活动中。其中,投资活动中的 ESG 理念贯穿各个阶段,包括募集阶段、投资决策阶段、投后管理阶段等。募集阶段多关注企业治理层面的相关表现。投资决策阶段具体落实 ESG 投资的各项决策标准,将 ESG 因素所反映的可持续发展价值作为项目遴选评估的重要考量因素,这是七大 ESG 投资原则中的 ESG 整合原则的具体实践。投后管理阶段的主要措施是向被投企业派驻董监事,为企业提供 ESG 各层面的改进建议,这一阶段主要采用的是企业参与和股东行动原则。此外,面对应对气候变化风险压力,基石资本开展可持续发展主题/专题投资,重点关注对低碳转型起重要支撑作用的新能源技术、节能环保和低碳重点行业,对于艾郎科技股份有限公司(简称"艾郎风电")的投资就是该原则的具体实践。艾郎风电成立于 2007 年 12 月,是一家专注风力发电叶片生产、销售和服务的民营公司。基于艾郎风电的较大发展潜力和风电产业前景,基石资本作为投资方之一为其提供战略融资。该投资对于能源结构转型、清洁能源的发展起到重要辅助作用。

3. 比亚迪——发行公司绿色债券用于绿色产业项目建设

比亚迪是一家新能源汽车制造商,自 2010 年就开始发布社会责任报告,披露企业在 ESG 各方面做出的举措和环境排放信息,回应投资者的相关信息要求。在应对气候变化方面,比亚迪成立公司碳排放管控委员会,制定一系列碳排放管理规定,减排效果显著。此外,比亚迪打造零碳园区总部,成功取得国际机构认证,如"ISO14064 认证""PAS2060 碳中和认证"。比亚迪在 ESG 领域的相关举措和成果得到了广大评级机构的认可,总体表现排名靠前。自 2017 年以来,MSCI 对比亚迪的 ESG 评级均为 A。根据最新评级

结果，Wind、润灵环球对其的 ESG 评级结果分别为 A、BB。

2018 年，比亚迪成功发行了 2018 年第一期比亚迪股份有限公司绿色债券，该债券募集资金用于支持其在电动汽车和可再生能源领域的发展，并由国开证券股份有限公司承销。该债券共募集资金 10 亿元，获得资金支持后，比亚迪将加大绿色基地的建设，并推动其在新能源汽车及零部件、电池、城市云轨等相关领域的发展，具有良好的社会和经济效益。该绿色债券是一种 ESG 投资工具，主要面向机构投资者，并获得了中诚信国际信用评级有限责任公司颁发的 AAA 评级，这也表明比亚迪在环境和可持续性方面的承诺和行动得到了投资者的认可。

五　气候风险评估中国实践及相关工具应用

（一）中国商业银行气候风险评估实践案例

1. 中国人民银行组织23家银行开展气候风险压力测试

（1）概况。为应对气候变化相关风险，2021 年中国人民银行组织全国 23 家主要银行开展气候风险压力测试，其中开发性、政策性银行 2 家，大型商业银行 6 家，股份制商业银行 12 家，城市商业银行 3 家。针对火电、钢铁和水泥三个行业，选取年排放量大于 2.6 万吨二氧化碳当量的企业，分析碳排放成本上升对企业还款能力、银行相关信贷资产质量和资本充足率的影响。

（2）方法。分别设置轻度、中度和重度碳价三种压力情景。设定三个关键假设，假设一是企业因排放二氧化碳等温室气体产生成本（费用），且成本逐年增加；假设二是在无技术进步的情况下，单个企业对上游、下游均无议价能力；假设三是企业资不抵债的情况下无还款能力，相应贷款将发生违约。风险传导路径如图 8 所示，首先计算测试企业碳排放费用，根据由此导致的企业生产成本上升、盈利下降更新企业财务报表，并更新企业的违约概率，进一步计算银行预期损失与资本充足率。以 2020 年末为基期，评估到 2030 年参试银行的核心一级资本充足率、一级资本充足率和资本充足是否同时满足监管要求，若满足则认为通过压力测试。

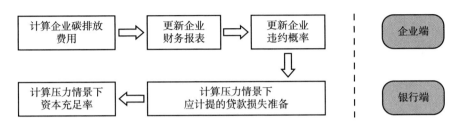

图 8　气候风险压力测试传导路径

资料来源：《中国货币政策执行报告（2021 年第四季度）》。

（3）结果。在火电、钢铁和水泥行业企业无低碳转型的情况下，各压力情景下企业还款能力表现出不同程度的下降。然而，由于火电、钢铁和水泥行业在 23 家银行的贷款占比均不高，整体资本充足率在三种压力情景下均可满足监管要求。测试反映出我国碳排放信息披露不足、数据缺失严重、测试方法待改进等问题，需要继续完善气候风险压力测试的方法，进一步扩大测试的行业范围，探索气候风险宏观情景下压力测试，更加系统地评估碳达峰碳中和对银行体系的影响。

2. 国有商业银行开展环境风险压力测试——以工商银行为例

（1）概况。工商银行是国内较早开展环境风险压力测试的金融机构。早在 2016 年，工商银行针对火电和水泥两个行业开展了环境风险压力测试，开创了环境风险对银行信用风险影响的研究。运用"自下而上"的方法，通过财务报表与评级模型等推算企业信用评级变化，量化环境风险对企业信用评级的影响。2017 年，工商银行和 Trucost 合作开发了铝行业环境风险评估框架和工具，主要考虑环境税对铝行业企业成本造成的影响。2020 年，工商银行进一步与北京环境交易所（已更名为"北京绿色交易所"）合作，开展碳交易对银行信用风险的压力测试。

（2）方法。2020 年工商银行开展碳交易对火电企业信用风险的压力测试，筛选碳价、行业基准线、减排技术应用、有偿配额比例四个压力因素

（见图9），设定轻度、中度、重度三个压力情景。首先计算企业营业成本在各项压力因素影响下的增加情况，其次根据成本变化更新财务报表，最后采用工商银行客户评级模型分析压力情景下企业信用评级的变化。

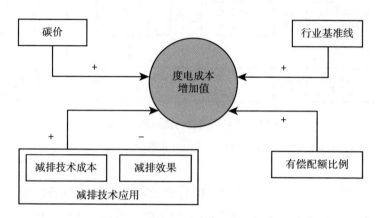

图9 火电企业度电成本变化逻辑

资料来源：碳交易对银行信用风险的压力测试。

（3）结果。碳交易显著影响企业财务表现并增加商业银行的信用风险。但由于工商银行对高耗能、高排放、高污染企业客户的结构调整与规模压降，工商银行资产组合的火电行业碳交易风险整体可控。下一步应继续优化模型，完善压力因素的耦合关系，探索碳价对行业上下游的影响机制，并将碳交易压力测试方法推广应用到更多行业。

3. 股份制商业银行开展环境风险压力测试——以华夏银行为例

（1）概况。2021年华夏银行选取采煤、钢铁、制药三个行业开展环境风险压力测试，分析各行业环境影响因素，构建压力传导模型，估算企业信用风险变化，并对华夏银行风险管控工作提出切实建议。

（2）方法。华夏银行压力测试设置高、中、低三种压力模式，结合NGFS情景假设，选择"无序转型-延迟转型"情景开展压力测试。首先输入环境相关数据计算财务承压指标，其次重建财务报告模型，最后根据财务指标计算企业评级变化和违约概率（见图10）。

（3）结果。华夏银行根据三个行业的环境风险压力测试结果，将环境

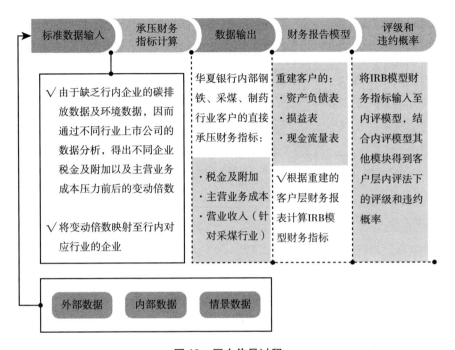

图10　压力传导过程

资料来源：华夏银行 2021 年环境信息披露报告。

风险融入授信业务贷前、贷中和贷后的风险管理中：贷前加强环境风险相关的数据收集，贷中评估客户环境风险，贷后根据压力测试结果对客户进行差别化风险监控。

4. 农村商业银行开展气候风险压力测试——以苏州农商银行为例

（1）概况。2020 年苏州农商行对纺织行业信贷客户信用风险进行压力测试，根据企业经营范围确定纺纱企业、织造企业、印染企业三类承压对象，基于各类企业面临的政策要求、环保标准、企业转型方面的环境压力，分别构建压力情景，分析压力情境下企业信用评级的变化。

（2）方法。首先分析环境影响因素对企业运营成本的影响，计算不同情景下企业经营成本的变化，进而分析成本变化对财务指标的影响，最后计算企业信用等级及违约率的变化（见图11）。

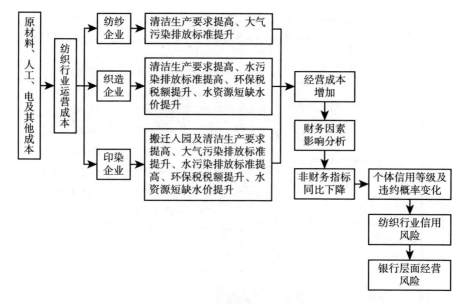

图 11　压力传导过程

资料来源：商业银行环境风险压力测试实践——以苏州农商银行为例。

（3）结果。测试企业信用评级在压力情景下有不同程度的下降，但从银行层面来看，整体风险可控，各项指标仍满足监管要求。

5.中国资管机构气候风险评估实践——以南方基金为例

（1）概况。南方基金通过识别气候风险因素，设置气候情景，构建压力情景和传导路径，分析其基金组合在不同压力情景下的表现。

（2）方法。参考 TCFD 框架识别气候风险因素；根据实际情况设定气候情景并与 NGFS 参考情景形成映射；构建气候风险传导模型，分析在各种气候转型风险情景下的碳在线价值和隐含温升。

（3）结果。在全球 2 度温升的情景下，南方基金整体投资组合中黑色金属、水泥建材、电力热力行业平均 CVaR 排前，面临的转型压力更大；金融业、其他制造业和建筑业行业平均 CVaR 则较小，转型压力更小。气候风险压力测试结果可以帮助南方基金优化投资方式，提高公司战略的气候适应性。

（二）气候风险评估工具案例

1. 案例背景

中国"一带一路"倡议提出以来，中国对外投资项目、区域间的贸易往来快速增加，未来全球大部分基础设施投资将发生在共建"一带一路"国家。为进一步推进共建"一带一路"绿色发展，《"一带一路"绿色投资原则》将低碳和可持续发展议题融入"一带一路"建设，以提升项目投资的环境和社会风险管理水平，推动投资绿色化，在满足共建国家和地区基础设施发展的巨大需求的同时，有效支持环境改善和应对气候变化。

2. GIP CERAT 工具概况

GIP 工作组在 2021 年发布了气候和环境风险评估工具（CERAT），致力于帮助利益攸关方量化投资项目的环境风险和收益，提高透明度，并展现责任。该工具集成了基于项目层面环境和气候风险的评估方法，可供所有利益攸关方免费访问，包括但不限于银行、投资者、建筑公司，以及监管机构和政府机构等。

在第一阶段，CERAT 为具有高排放强度潜力行业（包括能源、制造、建筑、运输及其他行业）中的现有项目和新项目提供绿色标准符合性判断及碳强度基准测试。根据输入的项目信息，CERAT 可判断项目是否符合现有的国际和国家绿色标准，并通过内置核算模型与排放因子库，自动计算项目碳排放总量和强度，并根据监管要求进行基准值测试。

在第二阶段，CERAT 开发包括更多有关气候、环境和水风险的评价模块，以帮助金融或投资机构理解和评估投资项目的环境风险，增强金融系统的风险防范能力，加快共建"一带一路"国家或地区沿线实体经济的脱碳进程，促进海外投资的可持续发展，把握"净零时代"的发展机遇。

3. GIP CERAT 工具实践

项目开发（投资）公司。使用 CEART 对境内外的待开发项目进行投资前气候环境风险评估，通过风险数据的量化，制定缓解措施，及时防范风险，避免气候环境风险给投资项目价值带来潜在影响；对已完成开发的项目，进行气候环境风险影响整体性评估和总结分析，为之后的开发或投资积累经验。

银行。使用 CERAT 系统提供客户气候环境风险量化评估、合规分析及影响分析结果，为建立气候环境信用评级提供有效支持；同时在全流程的授信管理业务中，将某些 CERAT 中气候环境风险的指标应用到贷款的贷前申请、贷中放款用款、贷后管理等流程中，提高授信气候环境风险管理。

保险机构。分析气候环境风险项目的承保标的时，将某些 CERAT 中气候环境风险的指标作为参考，对承保标的进行科学定价。

资产管理机构。分析资产管理机构投资组合中投向低碳领域或转型领域的项目时，使用 CERAT 的功能帮助机构初步识别项目的环境与风险评估情况，明确项目在该领域的水平或潜力，为进一步投资分析提供参考。

咨询机构。在进行有关气候环境风险咨询业务时，如气候环境风险行业分析、气候环境风险压力测试、ESG 报告、双碳目标规划等，均可应用 CERAT 的气候环境风险评估功能进行核算与分析，同时也可参考公开项目库中的评估结果，以便更好地了解不同行业的发展现状。

参考文献

《GIP 气候与环境风险评估工具》，https：//cerat. gipbr. net/user/login。

Trucost：《环境成本内部化与环境风险分析——以中国铝行业为例》，http：//www. enanchu. com/goto articleDetail 132364. shtml。

华夏银行：《华夏银行环境信息披露报告》，http：//hxb. com. cn/images/jrhx/tzzgx/xxpl/dqbg/hjxxplbg1/2022/04/29/4CA2492340F3074F51B0D16 5380F36A0. pdf。

季立刚、张天行：《"双碳"背景下我国绿色证券市场 ESG 责任投资原则构建论》，《财经法学》2022 年第 4 期。

润灵环球：《润灵环球 CSR 报告评级技术标准》，2012。

润灵环球：《润灵环球 ESG 评级标准》，2018。

商道融绿、南方基金：《资管行业气候情景分析研究》，https：//www. syntaogf. com/

products/tcfdnf2023。

上海证券交易所：《上海证券交易所上市公司环境信息披露指引》，http：//www. sse. com. cn/star/lawandrules/lawandrules/listing/blanket/c/c_ 20190718_ 4865651. shtml。

深圳证券交易所：《深市上市公司环境信息披露白皮书》，https：//investor. szse. cn/disclosure/notice/general/P020230120548605634609. pdf。

苏州农商银行环境因素压力测试课题组、徐卫忠：《商业银行环境风险压力测试实践——以苏州农商银行为例》，《金融纵横》2020 年第 10 期。

香港交易所：《按照 TCFD 建议汇报气候信息披露指引》，https：//www. hkex. com. hk/-/media/HKEX - Market/Listing/Rules - and - Guidance/Environmental - Social - and - Governance/Exchanges-guidance-materials-on-ESG/guidance_ climate_ disclosures_ c. pdf。

香港交易所：《优化环境、社会及管治框架下的气候相关披露》，https：//www. hkex. com. hk/-/media/HKEX - Market/News/Market - Consultations/2016 - Present/April - 2023-Climate-related-Disclosures/Consultation-Paper/cp202304_ c. pdf。

中国工商银行环境因素压力测试课题组：《环境因素对商业银行信用风险的影响——基于中国工商银行的压力测试研究与应用》，《金融论坛》2016 年第 2 期。

中国工商银行与北京环境交易所联合课题组：《碳交易对银行信用风险的压力测试》，《清华金融评论》2020 年第 9 期。

中国人民银行货币政策分析小组：《中国货币政策执行报告（2021 年第四季度）》，https：//www. gov. cn/xinwen/2022 - 02/14/5673404/files/0889ac6e21d74f63b6e743bb04ed 38dc. pdf。

CDP，"Climate Change"，https：//www. cdp. net/en/climate.

COSO，"COSO Enterprise Risk Management Integrating with Strategy and Performance"，https：//www. coso. org/Shared%20Documents/2017-COSO-ERM-Integrating-with-Strategy-and-Performance-Executive-Summary. pdf.

COSO_ WBCSD Enterprise Risk Management，"Applying Enterprise Risk Management to Environmental，Social and Governance-related Risks"，https：//www. wbcsd. org/Programs/Redefining-Value/Making-stakeholder-capitalism-actionable/Enterprise-Risk-Management/Resources/Applying - Enterprise - Risk - Management - to - Environmental - Social - and - Governance-related-Risks.

COUNCIL OF THE EU，"Directive of the European Parliament and the Council as Regards Corporate Sustainability Reporting （CSRD）"，https：//data. consilium. europa. eu/doc/document/PE-35-2022-INIT/en/pdf.

Folqué M，Escrig-Olmedo E，Corzo Santamaría T，"Sustainable Development and Financial System：Integrating ESG Risks through Sustainable Investment Strategies in a Climate Change Context"，*Sustainable Development*，2021，29（5）.

GRI，"About the GRI"，https：//www. globalreporting. org/.

GSIA，"Global Sustainable Investment Review"，https：//www. gsi-alliance. org/wp-content/uploads/2021/08/GSIR-20201. pdf.

IEA，"The Sustainable Development Scenario"，https：//iea. blob. core. windows. net/assets/ebf178cc-b1c9-4de9-a3aa-51a080c0f8c3/SDS-webinar-2019-draft06. pdf.

IFRS，"International Sustainability Standards Board"，https：//www. ifrs. org/groups/international-sustainability-standards-board/.

IPCC，"Emissions Scenarios"，https：//www. ipcc. ch/report/emissions-scenarios/.

ISO，"ISO31000 Risk Management—Guidelines（Second edition 2018-02）"，https：//www. iso. org/obp/ui/#iso：std：iso：31000：ed-2：v1：en.

MSCI，"2023 ESG and Trends to Watch Report"，https：//www. msci. com/cn/esg-investing/2023-esg-climate-trends-to-watch.

NGFS，"NGFS Climate Scenarios for Central Banks and Supervisors"，https：//www. ngfs. net/sites/default/files/media/2021/08/27/ngfs _ climate _ scenarios _ phase2 _ june2021. pdf.

NGFS Scenarios Portal，https：//www. ngfs. net/ngfs-scenarios-portal/.

SEC，"The Enhancement and Standardization of Climate-Related Disclosures for Investors"，https：//www. sec. gov/news/press-release/2022-46.

TCFD，"2022 TCFD Status Report：Task Force on Climate-related Financial Disclosures"，https：//www. fsb. org/2022/10/2022-tcfd-status-report-task-force-on-climate-related-financial-disclosures/.

TCFD Consortium Japan，"CFD Consortium Membership List"，https：//tcfd-consortium. jp/en/member_ list.

TCFD，"Final Report：Recommendations of the Task Force on Climate-related Financial Disclosures"，https：//assets. bbhub. io/company/sites/60/2021/10/FINAL - 2017 - TCFD - Report. pdf.

TCFD，"Guidance on Risk Management Integration and Disclosure（Oct. 2021）"，https：//assets. bbhub. io/company/sites/60/2020/09/2020 - TCFD _ Guidance - Risk - Management-Integration-and-Disclosure. pdf.

TCFD，"Guidance on Scenario Analysis for Non-Financial Companies（Oct. 2020）"，https：//assets. bbhub. io/company/sites/60/2021/11/TCFD - Guidance - on - Scenario - Analysis-for-Non-Financial-Companies-Simplified-Chinese-Translation. pdf，2020.

TCFD，"Implementing the Recommendations of the Task Force on Climate-related Financial Disclosures（Oct. 2021）"，https：//assets. bbhub. io/company/sites/60/2021/07/2021 - TCFD-Implementing_ Guidance. pdf.

TCFD，"Recommendations of the Task Force on Climate - related Financial Disclosures Final Report"，https：//www. fsb-tcfd. org/publications/#status-reports.

TCFD，"Task Force on Climate-related Financial Disclosures. Guidance on Metrics，Targets，and Transition Plans（Oct 2021）"，https：//assets. bbhub. io/company/sites/60/2021/07/2021-Metrics_ Targets_ Guidance-1. pdf.

TCFD，"The Use of Scenario Analysis in Disclosure of Climate-related Risks and Opportunities（June 2017）"，https：//assets. bbhub. io/company/sites/60/2021/03/FINAL-TCFD-Technical-Supplement-062917. pdf.

B.9
ESG 管理对企业竞争力的影响研究

刘自敏　吕峰雪　崔志伟　王健宇*

摘　要： 在碳达峰、碳中和的时代背景下，企业实现低碳绿色发展不仅有助于企业竞争力的提升，而且有助于中国经济高质量发展。本报告利用 2012~2021 年 1497 家上市公司数据，从理论和实证两个层面探讨了企业 ESG 管理对其竞争力的影响。研究发现，ESG 管理能显著提升企业竞争力，这一促进作用在东部地区、高污染企业以及非国有企业更为显著。机制分析发现，企业进行 ESG 管理主要通过缓解企业融资约束和增加绿色技术创新的方式增强企业竞争力，其中绿色技术创新的数量和质量都能够发挥正向的促进作用。进一步从宏观层面来看，绿色金融的发展水平及相应政策会给 ESG 管理与企业竞争力带来很大的影响，绿色金融发展水平较高的地区对两者之间有显著的促进作用；从相关政策发布前后对比来看，政策发布后 ESG 管理对企业竞争力的促进效果更加明显。本报告在丰富 ESG 管理与企业竞争力研究的同时，也为政府制定和完善当前绿色金融发展政策以及引领社会投资决策提供了理论支持和经验参考。

关键词： ESG 管理　企业竞争力　融资约束　绿色技术创新　绿色金融

---

* 刘自敏，博士，西南大学经济管理学院教授，主要研究领域为产业规制与竞争；吕峰雪，西南大学经济管理学院硕士研究生，主要研究领域为金融投资与风险管理；崔志伟，上海财经大学财经研究所博士研究生，主要研究领域为资源与经济可持续发展；王健宇，中国人民银行广元市分行，主要研究领域为数字金融与智能金融。

实现"碳达峰"和"碳中和"目标是在多重目标、多重约束条件下经济社会的系统性变革，我国必须正面应对其带来的诸多矛盾和挑战。绿色金融通过将资金引向生态环境保护型产业和节能环保技术的开发，加大绿色投资并抑制污染性投资，从而践行低碳发展。

一 引言

21 世纪以来，我国逐步开展了大量关于绿色金融支持环境保护、减污降碳的探索与实践，绿色金融发展也从顶层设计、政策制度以及产品工具等方面不断推进。2007 年 7 月，国家环境保护总局发布《关于落实环保政策法规防范信贷风险的意见》，旨在全面贯彻《国务院关于落实科学发展观加强环境保护的决定》和《国务院关于印发节能减排综合性工作方案的通知》，促使环保和信贷管理工作发挥协同作用，强化环境监督和信贷环保要求。2016 年 8 月，中国人民银行等七部门发布《关于构建绿色金融体系的指导意见》，提出要全面构建绿色金融体系，对绿色金融、绿色金融体系和构建绿色金融体系的目的进行更为系统的定义，从金融工具和相关政策等方面动员更多资金流向绿色产业，更加有效地抑制污染性投资，多维度解决绿色投融资所面临的期限错配、信息不对称以及产品和分析工具缺失等问题。2017 年 6 月，国务院常务会议正式审批通过浙江省、广东省、贵州省、江西省和新疆维吾尔自治区五省区绿色金融改革创新试验区的总体方案，随后甘肃省也被纳入试点范围。各试点地区立足资源禀赋优势，制定不同绿色金融发展方案以促进经济绿色转型。2020 年 9 月，中国在第 75 届联合国大会上正式提出"双碳"目标，绿色金融标准接连出炉，激励约束机制范围有所扩大，创设推出碳减排支持工具和煤炭清洁高效利用专项再贷款工具，"绿色债券""绿色保险""绿色基金"等新型产品和业态不断涌现。2021 年初，中国人民银行提出落实碳达峰、碳中和重大决策部署，完善绿色金融政策框架和激励机制，并纳入"十大工作要求"。绿色金融的投融资效应也引起了学术界的广泛关注。研究表明，绿色金融可以通过资金支持和资金的有效配置促进企业生产效率的提高，也可以通过抑制污染性投资、增加绿色产业投资等方式促使企业绿色转型。绿色金融发展政策及规划见表1。

表1　绿色金融发展政策及规划

时间	政策及规划
2007年7月	《关于落实环保政策法规防范信贷风险的意见》
2016年8月	《关于构建绿色金融体系的指导意见》
2017年6月	发展绿色金融改革创新试验区
2020年10月	《中共中央关于制定国民经济和社会发展第十四个五年规划和二〇三五年远景目标的建议》
2021年2月	《关于加快建立健全绿色低碳循环发展经济体系的指导意见》
2022年2月	《金融标准化"十四五"发展规划》

资料来源：中国政府网。

绿色发展背景下，对企业实力的考量不能仅以利润最大化为准则，单纯的财务指标已经不能代表企业未来的发展前景，也不能在竞争如此激烈的市场中脱颖而出。为了适应可持续发展的浪潮，企业在注重财务指标的基础上要更加注重非财务方面，即需要更加注重环境影响和社会责任方面，促进企业竞争力提升。环境、社会和治理（ESG）的理论可以追溯到20世纪20年代宗教教会投资的伦理道德投资，2004年联合国全球契约组织首次提出ESG的概念，得到了各国政府与监管部门的重视。我国ESG起步较晚，但自2005年起我国有关部门也开始出台有关ESG信息披露的政策性文件。2018年，中国证监会明确要求上市公司披露有关环境、社会责任以及公司治理方面的信息，从"建议披露"到最终"不遵守就解释"的硬性规定，均表明我国对ESG的重视程度上升。自2020年初新冠疫情发生以来，整个社会更加注重绿色发展，ESG的潜力较大。2022年2月，中国人民银行等四部门发布《金融标准化"十四五"发展规划》，提出关于绿色金融和ESG方面的相关标准，构成了2022年及未来数年绿色金融和ESG标准工作的重点。ESG政策发展脉络见图1。

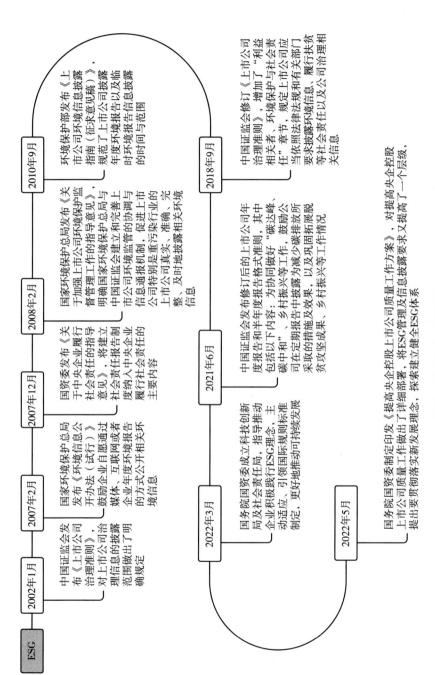

图 1 ESG 政策发展脉络

2002年1月
中国证监会发布《上市公司治理准则》,对上市公司治理信息的披露范围做出了明确规定

2007年2月
国家环境保护总局公布《环境信息公开办法(试行)》,鼓励企业自愿通过媒体、互联网或者企业年度环境报告的方式公开相关环境信息

2007年12月
国资委发布《关于中央企业履行社会责任的指导意见》,将建立社会责任报告制度纳入中央企业履行社会责任的主要内容

2008年2月
国家环境保护总局发布《关于加强上市公司环境保护监督管理工作的指导意见》,明确国家环境保护总局与中国证监会建立和完善上市公司环境监管与协调的信息通报机制,促进上市公司特别是重污染行业的上市公司真实、准确、完整、及时地披露环境相关信息

2010年9月
环境保护部发布《上市公司环境信息披露指南(征求意见稿)》,规范了上市公司披露年度环境报告信息以及临时环境报告信息披露的时间与范围

2018年9月
中国证监会修订《上市公司治理准则》,增加了"利益相关者、环境保护与社会责任"章节,规定上市公司应当依照法律法规和有关部门要求披露环境信息,履行扶贫等社会责任以及公司治理相关信息

2021年6月
中国证监会发布修订后的上市公司年度报告和半年度报告格式准则,其中包括以下内容:为协同做好"碳达峰""碳中和"、乡村振兴等工作,鼓励公司在定期报告中披露为减少碳排放所采取的措施及效果,以及巩固拓展脱贫攻坚成果、乡村振兴等工作情况

2022年3月
国务院国资委成立科技创新局及社会责任局,指导推动企业积极践行ESG理念,主动适应、引领国际规则标准制定,更好地推动可持续发展

2022年5月
国务院国资委制定印发《提高央企控股上市公司质量工作方案》,对提高央企控股上市公司质量工作做出了详细部署,将ESG管理及信息披露要求又提高了一个层级,探索建立健全ESG体系

资料来源:中国政府网。

249

随着 ESG 投资理念的广泛传播，越来越多的投资者将 ESG 因子纳入其投资决策框架，企业也随之在 ESG 成本与收益之间进行衡量。但在这一过程中很多企业存在"漂绿"行为，如为了塑造企业的品牌形象，投入可观的金钱或时间在以环保为名的形象广告上，而不是将其落到实处来增强企业的社会责任感和对环境的保护，没有通过 ESG 来造福社会。整体来看，虽然越来越多的企业对 ESG 有了更深入的了解，但还没有上升到企业战略层面，没有采用一定的战略决策来配合 ESG 的投资。企业可以通过对 ESG 采取一定的投资策略，将 ESG 理念贯穿至发展的各个方面和阶段，有效控制环境、安全和社会责任风险，提高企业的竞争力。

在推动经济高质量发展的时代，处于浪潮中的 ESG 作为一种评估企业环境可持续性、社会价值与治理能力的综合矩阵指标体系，对促进企业高质量发展具有积极作用，那么良好的 ESG 管理是否会提高企业的竞争力呢？如果会，又是通过什么途径影响的呢？本报告基于绿色发展战略背景的现实，分析 ESG 管理对企业竞争力的作用机制（见图2）。

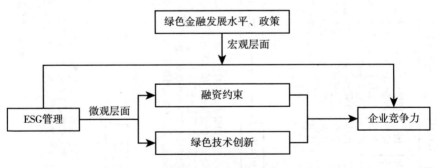

图 2　ESG 管理对企业竞争力的机制分析

二　实证方法与数据说明

（一）样本选择与数据来源

本报告选取沪深 A 股上市公司为初始研究样本，结合数据的可获得性，最终选取样本期间为 2012~2021 年。考虑到数据的可靠性，本报告对样本进行了如下处理：①剔除样本期间属于 ST、ST*、已退市、当年 IPO 上市公司；②剔除金融类、保险类上市公司；③剔除存在数据缺失的样本；④为减少极端值的影响，对于所使用的所有连续变量，在 1% 和 99% 水平下进行缩尾处理。数据来源如下：①ESG 评级和企业竞争力数据来自万德数据库（Wind）；②绿色技术创新数据来自中国研究数据服务平台（CNRDS）；③绿色金融指数数据来自《中国工业统计年鉴》、《中国经济普查年鉴》以及 Wind；④其他财务数据来自国泰安数据库（CSMAR）。

（二）变量定义

1. 被解释变量

企业竞争力具有持续性，体现了企业竞争中足以生存下去的优势。本报告借鉴金碚（2003）、李钢（2004）的方法测量企业竞争力，将其分为规模竞争力、增长竞争力、效率竞争力三个子维度，以 8 个可测量指标来评价企业竞争力，每个指标的权重参照金碚（2003）、卞琳琳和谢晓倩（2012）等的研究结果进行设定。最终，将标准化的各指标加权得到研究样本的企业竞争力综合得分。其中，规模子因素包括当年营业收入、净资产、净利润，反映上市公司的规模、资本实力与盈利水平；增长子因素包括当年营业收入增长率、净利润增长率，反映上市公司的业务增长与持续盈利水平；效率子因素包括净资产收益率、总资产收益率、全员劳动效率，反映上市公司资本盈利增值能力与评估该公司相对于公司总资产值的现有盈利能力（见表 2）。所选指标均具有综合性、可取性、显见性、可靠性、可叠加性的数据特征。

表 2 企业竞争力评价指标

变量	指标类型	指标名称	数据来源	权重
s	规模子因素	营业收入	财报直接获取	19
		净资产	财报直接获取	10
		净利润	财报直接获取	15

变量	指标类型	指标名称	数据来源	权重
i	增长子因素	营业收入增长率	当年营业收入/上年营业收入−1	17
		净利润增长率	当年净利润/上年净利润−1	14
e	效率子因素	净资产收益率	净利润/平均净资产	9
		总资产收益率	净利润/平均总资产	9
		全员劳动效率	营业收入/员工总数	7

2. 解释变量

ESG 管理，是指企业在环境、社会责任及公司治理等方面的表现情况，目前有很多机构对企业 ESG 进行评级。本报告针对中国市场的特点，使用华证 ESG 评级数据[①]，并将华证 ESG 评级指标"AAA ~ C"分别量化为"9~1"来代表企业披露 ESG 信息的综合得分，其 ESG 评级越高说明企业的ESG 管理越好。

3. 中介变量

绿色技术创新，具体可分为发明型创新和实用新型创新，但根据国家知识产权局的有关规定，实用新型创新的创新性较低，而发明型创新的创造性要求较高。因此，参照李创等（2023）的研究，本报告基于上市公司绿色专利申请数据，从数量和质量两个维度来测度企业绿色技术创新。绿色技术创新数量（Quantity）采用样本企业绿色专利申请总数进行测度，绿色技术创新质量（Quality）则选用样本企业绿色发明专利申请数量进行测度。

4. 控制变量

结合现有文献对企业竞争力的研究，选取公司规模（Size）、资产负债率（Lev）、股权集中度（Top10）、产权性质（SOE）、企业年龄（Age）作为控制变量。公司规模（Size）采用企业期末资产总额的对数形式表示，通常规模越大的企业人员安排越合理，规模经济可能发挥作用，在一定程度上会影响企业竞争力；资产负债率（Lev）为总负债与总资产之比；股权集中

---

① 该数据具有时效性强、覆盖面广等特点，已经覆盖了券商、保险、基金等多个领域。

度（Top10）用以衡量前十大股东持股比例，即反映公司的股份在前若干位的大股东的集中情况；产权性质（SOE）以国有企业为 1，否则为 0 构造虚拟变量；企业年龄（Age）采用企业成立年限来衡量。变量定义见表 3。

表 3　变量定义

类型	变量名称	变量符号	变量说明
核心被解释变量	企业竞争力	Com	见上文描述部分
核心解释变量	ESG 管理	ESG	华证 ESG 评级
中介变量	融资约束	FC	SA 指数
	绿色技术创新数量	Quantity	上市公司绿色专利申请总数加 1 的自然对数
	绿色技术创新质量	Quality	上市公司绿色发明专利申请数量加 1 的自然对数
调节变量	绿色金融发展水平	GF	见下文描述部分
控制变量	公司规模	Size	企业期末资产总额取自然对数
	资产负债率	Lev	总负债/总资产
	股权集中度	Top10	前十大股东持股比例
	产权性质	SOE	国有企业为 1，否则为 0
	企业年龄	Age	企业成立年限
	独立董事比例	Indep	独立董事人数/董事人数
	是否"四大"	Big4	公司经由"四大"（普华永道、德勤、毕马威、安永）审计为 1，否则为 0
	年份固定效应	Year	控制年份固定效应
	行业固定效应	Industry	控制行业固定效应

（三）模型构建

本报告首先通过双向固定效应这一研究方法，考察 ESG 管理对企业竞争力的影响，并在此基础上进一步探讨融资约束和绿色技术创新之间的中介效应传导机制。其次探究 ESG 管理与企业竞争力之间是否受绿色金融发展水平的影响，进一步区分地区、所属行业以及企业产权带来的影响，从而验证企业内外部异质性产生的差异。本报告建立以下模型：

$$Com_{it} = \beta_0 + \beta_1 ESG_{it} + \beta_2 Control_{it} + \beta_3 \sum Year + \beta_4 \sum Industry + \varepsilon_{it}$$

其中，Com_{it} 表示企业 i 第 t 期的竞争力，ESG_{it} 代表企业 i 第 t 期的 ESG 管理，$Control_{it}$ 是一系列控制变量的集合，$Year$ 为年份固定效应，$Industry$ 为行业固定效应，ε_{it} 为随机误差项。

（四）描述性统计分析

表 4 展示了主要变量的描述性统计特征。结果显示，企业竞争力（Com）的最大值为 1.608，最小值为 -0.654，相比较而言，我国 A 股上市公司之间的竞争力差距较为明显。ESG 管理（ESG）的最大值为 8.000，最小值为 1.000，表示各企业的 ESG 发展不平衡，这可能与各企业所处地区 ESG 的发展理念和扶持政策有关。融资约束（FC）的均值为 3.763，最大值为 5.646，最小值为 2.109，表示目前企业普遍存在融资约束问题。从企业绿色技术创新来看，无论是绿色技术创新数量（$Quantity$），还是绿色技术创新质量（$Quality$），均反映出我国企业间绿色技术创新产出能力存在较大差距，在国家创新战略背景下，企业仍需加强绿色技术创新能力建设。调节变量绿色金融发展水平（GF）的最大值和最小值也存在较大差距，政府需通过政策调整来缩小差距，尽可能使各地区绿色金融发展水平达到均衡。

表 4 主要变量的描述性统计

变量	观测值	均值	标准差	最小值	最大值	中值
Com	10728	0.057	0.256	-0.654	1.608	0.012
ESG	10565	4.409	1.028	1.000	8.000	4.000
FC	10728	3.763	0.276	2.109	5.646	3.771
$Quantity$	10728	1.779	1.644	0.000	6.026	1.792
$Quality$	10728	1.284	1.383	0.000	5.485	1.099
GF	10728	0.402	0.107	0.067	0.650	0.408
$Size$	10728	22.418	1.416	20.075	26.250	22.171
Lev	10728	0.398	0.201	0.055	0.859	0.388
$Top10$	10728	0.625	0.143	0.276	0.904	0.636
SOE	10728	0.317	0.465	0.000	1.000	0.000
Age	10728	2.867	0.315	1.946	3.466	2.890
$Indep$	10728	0.377	0.053	0.333	0.571	0.363
$Big4$	10728	0.096	0.294	0.000	1.000	0.000

三　实证检验

（一）基准回归分析：ESG 管理与企业竞争力

为了保证结果的稳健性和可靠性，本报告采用年份和行业的双向固定效应模型，在表5的结果中也分别展示了有无控制变量的结果。ESG 管理越好，表示企业越注重 ESG 方面的发展，回归结果显示 ESG 管理在1%的水平下显著正向影响企业竞争力，表明当 ESG 管理等级提高时，能够显著提升企业竞争力。

表 5　ESG 管理与企业竞争力回归结果

变量	（1） Com	（2） Com
ESG	0.047 *** （0.002）	0.015 *** （0.002）
Size		0.015 *** （0.002）
Lev		0.111 *** （0.002）
Top10		−0.348 *** （0.014）
SOE		0.307 *** （0.015）
Age		−0.034 *** （0.005）
Indep		−0.045 *** （0.007）
Big4		0.20 *** （0.038）
常数项	−0.289 *** （0.029）	−2.561 *** （0.055）
年份固定效应	Y	Y
行业固定效应	Y	Y

续表

变量	(1)	(2)
	Com	*Com*
调整后的 R²	0.103	0.375
N	10565	10565

注：***、**、* 分别表示在1%、5%、10%的水平下显著，括号内数字为t值，下同。

（二）内生性检验

针对ESG管理与企业竞争力之间可能存在的内生性问题，在主检验做滞后一期处理的基础上，针对反向因果问题、遗漏变量问题等进一步采取如下方法缓解内生性问题。第一，本报告将核心解释变量ESG管理滞后一期，并采用年份和行业的双向固定效应模型以尽可能减少内生性所带来的估计偏误，回归结果见表6列（1）和列（2），可以看出加入控制变量后结果仍然显著。第二，选取同一年份同一省份的华证ESG均值作为ESG管理的工具变量，并采用2SLS方法估计，回归结果见表6列（3）和列（4），可以看出加入控制变量后结果至少在10%的置信水平下显著为正，与原估计结果一致。第三，由于第二种方法采用ESG均值作为工具变量可能在外生性方面不够严谨，所以参考曾建光等（2016）、孙传旺等（2019）的做法，本报告采用企业所在城市的宗教场所数量与年度虚拟变量的交乘项作为工具变量，在时间和变量两个维度均有变化，可以充分展示不同年份工具变量对内生变量的影响及作用，回归结果见表6列（5）和列（6），可以看出引入企业所在城市的宗教场所数量这个工具变量后，结果仍然显著为正。同时，考虑到第一种内生性检验的方法只考虑了ESG管理滞后项的影响，而忽略了企业竞争力滞后项的影响也会给模型带来偏误，从而影响估计结果，本报告参考邱牧远和殷红（2019）的做法，采用动态面板模型，引入竞争力的时间滞后项，回归结果见表6列（7），可以看出ESG管理与企业竞争力仍在5%的置信水平下显著为正，系统GMM方法的结果与原估计结果一致。

表6　内生性处理

变量	（1）	（2）	（3）	（4）	（5）	（6）	（7）
	滞后一期		工具变量Ⅰ		工具变量Ⅱ		系统GMM
	Com	*Com*	*Com*	*Com*	*Com*	*Com*	*Com*
ESG			0.393 ***	0.247 *	0.043 ***	0.035 ***	0.009 **
			（0.061）	（0.101）	（0.002）	（0.002）	（0.003）
L.*ESG*	0.044 ***	0.010 ***					
	（0.003）	（0.003）					
L.*Com*							0.058 ***
							（0.012）
常数项	−0.273 ***	−2.743 ***	−1.568 ***	−2.338 ***	−0.194 ***	−1.881 ***	−2.279 ***
	（0.042）	（0.075）	（0.228）	（0.133）	（0.014）	（0.042）	（0.073）
控制变量	N	Y	N	Y	N	Y	Y
年份固定效应	Y	Y	Y	Y	Y	Y	
行业固定效应	Y	Y	Y	Y	Y	Y	
调整后的 R²	0.108	0.372			0.104	0.353	0.339
N	7263	7263	10565	10565	10565	10565	4739

（三）稳健性检验

为进一步增强结果的稳健性，本报告分别采用更换被解释变量、更换解释变量、控制不同固定效应、聚类行业标准误四种方法对基准回归模型进行稳健性检验（见表7），若得到的结果与主回归结果一致，表明结果具有稳健性。

表7　稳健性检验

变量	（1）	（2）	（3）	（4）
	更换被解释变量	更换解释变量	控制不同固定效应	聚类行业标准误
	Com	*Com*	*Com*	*Com*
ESG	0.005 ***		0.011 ***	0.015 ***
	（0.002）		（0.002）	（0.002）
B-ESG		0.004 ***	`	
		（0.001）		

续表

变量	（1）更换被解释变量	（2）更换解释变量	（3）控制不同固定效应	（4）聚类行业标准误
	Com	Com	Com	Com
常数项	−0.421 ***	−3.472 ***	−1.449 ***	−2.561 ***
	（0.043）	（0.107）	（0.145）	（0.073）
控制变量	Y	Y	Y	Y
年份固定效应	Y	Y	Y	Y
行业固定效应	Y	Y		Y
个体固定效应			Y	
调整后的 R^2	0.147	0.450	0.732	0.375
N	10565	4633	10565	10565

企业竞争力是评价企业的总括性指标，代表企业各个方面能力的综合体现。本报告选取企业盈利能力指标、规模指标、营运能力指标、成长能力指标作为一级指标，其中盈利能力指标分为资产报酬率、总资产净利润率和投入资本回报率，规模指标分为每股营业收入和每股净资产，营运能力指标分为应收账款周转率和总资产周转率，成长能力指标分为总资产增长率和营业收入增长率。采用因子分析法衡量企业竞争力来进行稳健性检验，回归结果见表7列（1），可以看出结果仍然显著。彭博 ESG 数据（文中用 $B\text{-}ESG$ 表示）也有 ESG 评级得分，因此本部分选用彭博 ESG 数据来代替华证 ESG 数据，回归结果见表7列（2），可以看出 ESG 管理提升企业竞争力的结论没有变化。本报告原本采用行业固定效应模型，现将其控制为个体固定效应模型，回归结果见表7列（3），可以看出结果仍然显著。聚类行业标准误是一种特殊的稳健标准误，它可以解释聚类行业的异方差性，回归结果见表7列（4），可以看出 ESG 管理对企业竞争力的影响显著存在。

（四）异质性分析

我国各地区的经济发展水平差距较大，东部、中部、西部地区金融资源分布也有明显差异，而金融资源对于企业提升自身竞争力也具有至关重要的影响。在"双碳"背景下，高污染企业面临更大的规制压力，在履行企业社会责任方面还有欠缺，在绿色发展方面可能面临更为严格的环境监管，所以迫于制度压力，高污染企业更愿意通过调整企业战略来提高环境绩效以降低环境风险和环境管治成本。而且，在我国的制度体系下，国有企业和非国有企业在环境规制、社会责任、公司治理方面均存在明显的差异。

本报告分别对地区差异、行业属性以及企业产权性质进行异质性检验，结果见表8。可以看出，ESG 管理对企业竞争力的效应随地区差异而变化，东部地区的作用效果明显大于中西部地区。原因可能是，与经济基础薄弱的中西部地区相比，改革开放优先发展东部沿海地区，其环境制度更加完善，投资者更加注重企业履行社会责任方面，促使企业绿色发展走在前列。另外，东部地区有一定的经济基础，政府可以为其提供资金、税金减免等政策性支持，企业对 ESG 的投入更加积极。对于中西部地区而言，政府的工作重心在于企业经济效益，没有过多地关注企业社会责任方面，政府经济支持的匮乏导致 ESG 成本增加，企业的 ESG 投入处于较低水平。

表 8　异质性分析

变量	(1)	(2)	(3)	(4)	(5)	(6)
	地区差异		行业属性		企业产权性质	
	东部地区	中西部地区	高污染企业	低污染企业	国有企业	非国有企业
ESG	0.015 ***	0.009 **	0.016 ***	0.014 ***	0.009	0.015 ***
	(0.003)	(0.003)	(0.004)	(0.002)	(0.005)	(0.002)
常数项	−2.737 ***	−2.114 ***	−2.482 ***	−2.591 ***	−3.522 ***	−1.793 ***
	(0.071)	(0.083)	(0.062)	(0.107)	(0.121)	(0.056)
控制变量	Y	Y	Y	Y	Y	Y
年份固定效应	Y	Y	Y	Y	Y	Y
行业固定效应	Y	Y	Y	Y	Y	Y
调整后的 R^2	0.409	0.326	0.430	0.364	0.500	0.241
N	7636	2929	2796	7769	3383	7182
系数组间差异检验 p 值	0.000		0.000		0.000	

注：异质性分析的系数组间差异检验 p 值采用费舍尔组合检验（抽样1000次）计算得到。

在"双碳"背景下，高污染企业面临更大的挑战。在监管压力下，高污染企业会更加注重环境绩效，调整环境管理战略以提高环境绩效，从而降低环境管治成本。高污染企业进行绿色转型会使公众的关注度提高，会向市场传达一种利好的信号，使市场反应更加强烈。如表8列（3）和列（4）结果表明，高污染企业的效应略高于低污染行业。国有企业与政府之间有一定的关联，需要积极主动地履行企业社会责任以起到模范带头作用，因此国有企业践行ESG具有一定的强制性。而非国有企业为了提高自身效益，主动践行企业社会责任，表明企业更加注重绿色发展，可持续发展理念较强。如表8列（5）和列（6）结果表明，国有企业的ESG管理对企业竞争力影响不显著，而非国有企业的结果显著，与推断相符。

四　机制分析

（一）融资约束视角

良好的ESG管理能够降低企业的融资成本，减小企业的融资约束。一方面，ESG的信息披露能够缓解企业与债权人之间的信息不对称，降低债权人的风险，从而降低其所要求的必要报酬率；另一方面，企业在进行ESG管理时能够有效规避潜在风险。

本报告采用中介变量法来检验融资约束的传导机制是否存在，具体模型如下：

$$FC_{it} = \gamma_0 + \gamma_1 ESG_{it} + \gamma_2 Control_{it} + \gamma_3 \sum Year + \gamma_4 \sum Industry + \varepsilon_{it}$$

$$Com_{it} = \theta_0 + \theta_1 ESG_{it} + \theta_2 FC_{it} + \theta_3 Control_{it} + \theta_4 \sum Year + \theta_5 \sum Industry + \varepsilon_{it}$$

其中，FC_{it}为融资约束。企业融资约束的衡量标准很多，本报告参考Hadlock和Pierce（2010）、鞠晓生等（2013）、方先明和胡丁（2023）的做法，选用SA指数。该指数具有较强的适用性，可以避免由内生性财务变量引起的测度偏差，并且在许多场景适用。

表 9 列 (1) 结果显示,ESG 管理能够显著降低企业融资约束。列 (2) 结果表明,在引入融资约束后,ESG 管理的影响显著为负,并且系数也有所降低,表明 ESG 管理可以通过降低融资约束进而提升企业竞争力。

表 9　影响机制:融资约束传导机制回归结果

变量	(1)	(2)
	FC	*Com*
ESG	-0. 007 ***	0. 009 ***
	(0. 001)	(0. 002)
FC		-0. 780 ***
		(0. 013)
常数项	2. 982 ***	-0. 234 ***
	(0. 036)	(0. 060)
控制变量	Y	Y
年份固定效应	Y	Y
行业固定效应	Y	Y
调整后的 R^2	0. 761	0. 542
N	10565	10565

(二)技术创新视角

良好的 ESG 管理能够促使企业进行绿色技术创新,从而提高企业竞争力。绿色技术创新可以从数量 (*Quantity*) 和质量 (*Quality*) 两个角度来衡量,良好的 ESG 管理可以通过增加绿色技术创新的数量来实现,但在增加数量的同时也要保证质量。本报告采用中介变量法来检验绿色技术创新的传导机制是否存在,具体模型同前文。

由表 10 可以看出,列 (1) 和列 (3) 的结果显示,ESG 管理的回归系数均在 1% 的水平下显著为正,表明在 ESG 管理的影响下,企业绿色技术创新的数量和质量均得到显著提高。列 (2) 和列 (4) 的结果显示,ESG 管理的回归系数显著为正,且企业绿色技术创新的数量和质量也均在 1% 的水

平下显著。综上，绿色技术创新的中介变量是存在的。ESG 管理能够通过绿色技术创新缓解信息不对称问题，使外部投资者能够知晓外部项目进展，有效监督管理层经营决策，使企业绿色技术创新数量和质量稳步提升，从而提高企业竞争力。

表 10　影响机制：绿色技术创新传导机制回归结果

变量	（1）	（2）	（3）	（4）
	Quantity	*Com*	*Quality*	*Com*
ESG	0. 253 *** （0. 015）	0. 014 *** （0. 002）	0. 185 *** （0. 013）	0. 014 *** （0. 002）
Quantity		0. 006 *** （0. 001）		
Quality				0. 009 *** （0. 002）
常数项	−2. 122 *** （0. 381）	−2. 552 *** （0. 055）	−2. 774 *** （0. 330）	−2. 541 *** （0. 055）
控制变量	Y	Y	Y	Y
年份固定效应	Y	Y	Y	Y
行业固定效应	Y	Y	Y	Y
调整后的 R^2	0. 267	0. 376	0. 222	0. 377
N	10565	10565	10565	10565

五　进一步分析：绿色金融发展下 ESG 管理对企业竞争力的影响

根据前文的理论分析，在企业微观层面，企业会通过对 ESG 管理的投入来提高企业竞争力，如一些企业会通过 ESG 投入来缓解融资约束，降低融资成本，或者进行一定程度的绿色技术创新，为自身绿色发展奠定坚实基础。而在现实的经济发展过程中以及绿色金融时代背景下，是否会对 ESG

管理与企业竞争力存在某些调节作用？本部分从"绿色金融发展水平高的地区对 ESG 管理与企业竞争力有正向的促进作用"以及"绿色金融发展政策的出台对 ESG 管理与企业竞争力有正向的促进作用"两个角度出发，对理论假说的宏观层面进行证明。

（一）不同绿色金融发展水平下 ESG 管理对企业竞争力的影响

为探讨不同绿色金融发展水平下 ESG 管理对企业竞争力的影响，可将绿色金融发展水平作为调节变量进行调节效应分析。为进一步验证以上结论，本报告将绿色金融发展水平分为高、中、低三组，形成高绿色金融发展水平组、中绿色金融发展水平组和低绿色金融发展水平组，并对这三个子样本组进行回归。对于绿色金融发展水平，本报告从绿色信贷、绿色投资、绿色保险、绿色债券、绿色支持、绿色基金、绿色权益七个方面，使用熵值法构建绿色金融发展指数来表示。具体模型如下：

$$Com_{it} = \rho_0 + \rho_1 ESG_{it} + \rho_2 ESG_{it} \times GF_{it} + \rho_3 GF_{it} + \rho_4 Control_{it}$$
$$+ \rho_5 \sum Year + \rho_6 \sum Industry + \varepsilon_{it}$$

其中，GF_{it} 为调节变量，表示绿色金融发展指数。

由表 11 可以看出，不同绿色金融发展水平下 ESG 管理对企业竞争力有显著的促进作用，表明绿色金融发展比较好的地区，人们的绿色发展理念以及地区的绿色发展政策是相对完善的，所以 ESG 投入可能会对企业竞争力有更为显著的影响。将绿色金融发展水平按三分位数分为高、中、低三个层次，从表 11 列（2）至列（4）可以看出，低绿色金融发展水平下 ESG 管理对企业竞争力的作用不显著。相较于高绿色金融发展水平来看，中绿色金融发展水平的调节效应在 1% 的水平下显著，原因可能是在高绿色金融发展水平下，各个企业的 ESG 发展趋于饱和，若继续投入，则 ESG 管理对企业竞争力产生的边际贡献很小。在中绿色金融发展水平下，绿色发展各方面还在逐步完善，因此对两者之间的调节作用可能更显著一些。

表 11　不同绿色金融发展水平下 ESG 管理对企业竞争力的影响

变量	（1）绿色金融发展水平	（2）低绿色金融发展水平	（3）中绿色金融发展水平	（4）高绿色金融发展水平
	Com	*Com*	*Com*	*Com*
ESG	0.0159 ***	0.0165	0.0205 ***	0.0121 *
	(0.0022)	(0.0182)	(0.0045)	(0.0048)
GF	0.0268	0.2226 *	0.1434	−0.0359
	(0.0188)	(0.0897)	(0.1076)	(0.0468)
ESG×GF	0.0352 *	0.0322	0.2002 *	0.0600
	(0.0176)	(0.0852)	(0.0933)	(0.0441)
常数项	−2.5686 ***	−2.3511 ***	−2.1811 ***	−2.8747 ***
	(0.0552)	(0.1657)	(0.0927)	(0.0921)
控制变量	Y	Y	Y	Y
年份固定效应	Y	Y	Y	Y
行业固定效应	Y	Y	Y	Y
调整后的 R^2	0.376	0.398	0.337	0.397
N	10565	1497	3854	5214

（二）不同绿色金融发展政策下 ESG 管理对企业竞争力的影响

本部分探讨中国人民银行等七部门联合印发的《关于构建绿色金融体系的指导意见》以及绿色金融改革创新试验区政策下 ESG 管理对企业竞争力的影响，对绿色金融发展政策采取分时期样本检验，对比政策实施前后 ESG 管理对企业竞争力的影响作用，实证结果如下。

2016 年 8 月，中国人民银行等七部门联合印发了《关于构建绿色金融体系的指导意见》。政策的出台会让企业有一段时间来调整企业战略。本报告将政策颁布节点定在 2017 年，将全样本分为两个子样本——事件发生前（2012~2016 年）样本和事件发生后（2017~2021 年）样本，以探索绿色金融发展政策的出台是否对企业产生显著效果。由表 12 可知，政策出台之后，政策体系不断完善，ESG 发展对企业竞争力的作用更加显著。

表 12   《关于构建绿色金融体系的指导意见》政策下 ESG 管理
对企业竞争力的影响

变量	(1)	(2)
	事件发生前(2012~2016 年)	事件发生后(2017~2021 年)
	Com	*Com*
ESG	0.012 ***	0.018 ***
	(0.003)	(0.003)
常数项	−2.153 ***	−2.814 ***
	(0.077)	(0.078)
控制变量	Y	Y
年份固定效应	Y	Y
行业固定效应	Y	Y
调整后的 R^2	0.387	0.373
N	4338	6234

第一批绿色金融改革创新试验区的设立时间为 2017 年 6 月，绿色金融改革创新试验区政策出台前夕，由于试验区企业的前瞻性普遍较强，所以相应地区的政策调整可能在 2016 年就开始筹划。本报告参考刘晔和张训常（2017）的做法，将这一政策实施时间提前到 2016 年，将全样本分为两个子样本——政策颁布前非试验区样本和政策颁布后试验区样本。经过几年的实践，五省（区）八地绿色金融改革创新试验区的政策效果已经较为明显。如表 13 所示，列（2）作为政策颁布后试验区样本的回归结果比政策颁布前非试验区样本的回归结果更加显著。

表 13   绿色金融改革创新试验区政策下 ESG 管理对企业竞争力的影响

变量	(1)	(2)
	政策颁布前非试验区	政策颁布后试验区
	Com	*Com*
ESG	0.014 **	0.015 ***
	(0.004)	(0.004)

续表

变量	(1) 政策颁布前非试验区 Com	(2) 政策颁布后试验区 Com
常数项	−2. 354 *** (0. 108)	−2. 934 *** (0. 100)
控制变量	Y	Y
年份固定效应	Y	Y
行业固定效应	Y	Y
调整后的 R^2	0. 397	0. 335
N	4634	1936

六 结论与建议

本报告首先构建 ESG 管理对企业竞争力的理论模型，分析两者之间的关系，随后进行不同层面的异质性分析，并通过中介机制检验分析 ESG 管理影响企业竞争力的路径。进一步地，利用调节效应模型评估不同绿色金融发展水平及政策下我国 ESG 管理对企业竞争力的影响。本报告的研究结论和政策建议如下。

首先，ESG 管理对企业竞争力具有显著的正向影响，经过内生性及稳健性检验之后结果仍然成立。企业加大对 ESG 的投入能够显著提高企业竞争力，并通过缓解企业融资约束、增加绿色技术创新两个方面来实现企业竞争力的提升。在企业层面，企业在推进绿色发展的过程中要不断加大 ESG 的投入，将 ESG 政策融入企业文化及发展中，如可以通过增加企业 ESG 的理财产品等手段落实。在政府层面，政府可以通过为企业提供财政优惠或减免政策，让企业意识到在投入 ESG 方面是有利于己的，提高企业践行绿色发展的积极性，实现"自下而上"地主动管理 ESG，从而对企业形成正向激励。同时，应完善相关法律制度，减少不良 ESG 行为以及"漂绿"等弄虚作假的行为，引导 ESG 朝着积极的方向发展。

其次，异质性分析发现，相较于中西部地区、高污染企业以及国有企业而言，东部地区、低污染企业以及非国有企业在 ESG 管理与企业竞争力层面表现较好。中西部地区资源相对匮乏，绿色金融体系的落地受到一定的阻碍，所以政府要注重对中西部地区加大政策性引导以及资金支持力度。对于高污染企业而言，应加大对环保设备和技术的投入，尽可能降低排放量和污染物的含量。政府应给予合理的环保政策和一定的经济支持，让高污染企业在有限的资源条件下改善自身的 ESG 管理，低污染企业要不断提高环境绩效、承担社会责任、加强公司治理，作为行业标兵起到带头作用。同时，国有企业应积极争当绿色发展的先行者，作为生态文明建设的主体，应全面贯彻绿色发展理念，把绿色发展理念贯穿于企业建设发展的全过程，将绿色发展落实到企业生产的各个环节；非国有企业在没有政策关联的情况下，要跟紧潮流，不断完善 ESG 履行的义务，提升自身竞争力。

最后，在绿色金融发展方面，绿色金融发展水平较高的地区 ESG 管理对企业竞争力有正向的调节作用，绿色金融政策颁布之后 ESG 管理对企业竞争力的促进作用更加显著。绿色金融发展是产业结构转型的重要手段，应大力发展绿色金融。在绿色金融发展水平较高的地区，人们的绿色发展理念较强，相关金融政策也比较完善，对 ESG 管理与企业竞争力的调节作用更明显。因此，政府要积极引导绿色金融发展政策以及绿色金融相关技术创新工具向企业倾斜，尤其是向高污染、高排放企业倾斜，以倒逼这类企业完成技术创新改革，有效推动我国企业实现绿色高质量发展。

参考文献

卞琳琳、谢晓倩：《商业上市公司董事会治理与竞争力》，《财会通讯》（下）2012年第 5 期。

陈潇：《绿色金融政策实施对上市公司 ESG 表现的影响》，《现代营销》（下）2022年第 11 期。

崔也光、周畅、王肇：《地区污染治理投资与企业环境成本》，《财政研究》2019年第3期。

范晓屏：《企业竞争力多相测度指标体系的构造》，《中国工业经济》1997年第5期。

方先明、胡丁：《企业ESG表现与创新——来自A股上市公司的证据》，《经济研究》2023年第2期。

冯勇杰、张静娴：《上市公司绿色治理（ESG）与企业竞争地位——基于竞争战略调节效应的实证研究》，《商业会计》2022年第18期。

高杰英、褚冬晓、廉永辉、郑君：《ESG表现能改善企业投资效率吗?》，《证券市场导报》2021年第11期。

金碚：《企业竞争力测评的理论与方法》，《中国工业经济》2003年第3期。

鞠晓生、卢荻、虞义华：《融资约束、营运资本管理与企业创新可持续性》，《经济研究》2013年第1期。

李创、王智佳、王丽萍：《碳排放权交易政策对企业绿色技术创新的影响——基于工具变量和三重差分的检验》，《科学学与科学技术管理》2023年第5期。

李钢：《财务指标对企业竞争力影响的实证分析》，《管理科学》2004年第2期。

李瑾：《我国A股市场ESG风险溢价与额外收益研究》，《证券市场导报》2021年第6期。

李民、戴永务：《数字化转型对涉农企业竞争力的影响——基于企业异质性视角》，《北京航空航天大学学报》（社会科学版），网络首发论文，2022年7月1日。

李文茜、刘益：《技术创新、企业社会责任与企业竞争力——基于上市公司数据的实证分析》，《科学学与科学技术管理》2017年第1期。

李湉、周韩梅：《绿色金融发展对产业结构转型升级的空间效应及异质性研究——基于空间杜宾模型的解释》，《西南大学学报》（自然科学版）2023年第3期。

林汉川、管鸿禧：《我国东中西部中小企业竞争力实证比较研究》，《经济研究》2004年第12期。

刘晔、张训常：《碳排放权交易制度与企业研发创新——基于三重差分模型的实证研究》，《经济科学》2017年第3期。

吕峻、焦淑艳：《环境披露、环境绩效和财务绩效关系的实证研究》，《山西财经大学学报》2011年第1期。

马占杰：《基于"绿色创新"视角的企业竞争优势探析》，《现代管理科学》2013年第1期。

孟慧文：《上市公司ESG表现与企业竞争力关系的实证研究》，北京林业大学硕士学位论文，2020。

钱雪松、谢晓芬、杜立：《金融发展、影子银行区域流动和反哺效应——基于中国委托贷款数据的经验分析》，《中国工业经济》2017年第6期。

邱牧远、殷红：《生态文明建设背景下企业 ESG 表现与融资成本》，《数量经济技术经济研究》2019 年第 3 期。

孙传旺、罗源、姚昕：《交通基础设施与城市空气污染——来自中国的经验证据》，《经济研究》2019 年第 8 期。

王健、张晓媛：《企业竞争力指标体系研究》，《山东社会科学》2014 年第 11 期。

吴梦云、张林荣：《高管团队特质、环境责任及企业价值研究》，《华东经济管理》2018 年第 2 期。

席龙胜、赵辉：《企业 ESG 表现影响盈余持续性的作用机理和数据检验》，《管理评论》2022 年第 9 期。

徐建中、贯君、林艳：《互补性资产视角下绿色创新与企业绩效关系研究——战略柔性和组织冗余的调节作用》，《科技进步与对策》2016 年第 20 期。

杨蓉：《公司治理与企业竞争力的关系研究》，《华东师范大学学报》（哲学社会科学版）2007 年第 1 期。

姚文韵、郭艳红：《公司内部治理机制与企业竞争力研究——"代理成本"的分析视角》，《产业经济研究》2012 年第 6 期。

银莉、陈收：《集团内部资本市场对外部融资约束的替代效应》，《山西财经大学学报》2010 年第 8 期。

尹子民、余佳群、初明畅：《企业竞争力与可持续发展评价方法的研究》，《北京工业大学学报》2003 年第 1 期。

曾建光、张英、杨勋：《宗教信仰与高管层的个人社会责任基调——基于中国民营企业高管层个人捐赠行为的视角》，《管理世界》2016 年第 4 期。

张长江、张玥、陈雨晴：《ESG 表现、投资者信心与上市公司绩效》，《环境经济研究》2021 年第 4 期。

张丹、马国团、奉雅娴：《ESG 报告"漂绿"行为的动因、甄别与治理》，《会计之友》2023 年第 10 期。

张佳佳：《数字金融、技术创新与企业竞争力——来自中国 A 股上市企业的实证证据》，《南方金融》2023 年第 1 期。

张进财、左小德：《企业竞争力评价指标体系的构建》，《管理世界》2013 年第 10 期。

张琳、赵海涛：《企业环境、社会和公司治理（ESG）表现影响企业价值吗？——基于 A 股上市公司的实证研究》，《武汉金融》2019 年第 10 期。

张巧良、孙蕊娟：《ESG 信息披露模式与投资者决策中的锚定效应》，《财会通讯》（中）2015 年第 10 期。

赵天骄、肖翔、张冰石：《企业社会责任对资本配置效率的动态影响效应——基于公司治理视角的实证研究》，《山西财经大学学报》2018 年第 11 期。

中国人民银行贵阳中心支行青年课题组，任丹妮、李良元、邵骏等：《政策推动还

是市场驱动？——基于文本挖掘技术的绿色金融发展指数计算及影响因素分析》，《西南金融》2020年第4期。

周韩梅、黎涛瑞：《绿色金融、产业结构升级与区域经济高质量发展》，《当代金融研究》2021年第3期。

Benlemlih, M., Shaukat, A., Qiu, Y., Trojanowski, G., "Environmental and Social Disclosures and Firm Risk", *Journal of Business Ethics*, 2018, 152 (9).

Du, X., Jian, W., Zeng, Q., Du, Y., "Corporate Environmental Responsibility in Polluting Industries: Does Religion Matter?", *Journal of Business Ethics*, 2013, 124 (3).

Fatemi, A., Glaum, M., Kaiser, S., "ESG Performance and Firm Value: The Moderating Role of Disclosure", *Global Finance Journal*, 2017, 38.

Friedman, M., "The Social Responsibility of Business Is to Increase Its Profits", *New York Times Magazine*, 1970, 32.

Hadlock, C. J., Pierce, J. R., "New Evidence on Measuring Financial Constraints: Moving Beyond the KZ Index", *Review of Financial Studies*, 2010, 23 (5).

Hart, S. L., Dowell, G., "Invited Editorial: A Natural-resource-based View of the Firm: Fifteen Years After", *Journal of Management*, 2011, 37 (5).

Huang, D. Z. X., "Environmental, Social and Governance Factors and Assessing Firm Value: Valuation, Signaling and Stakeholder Perspectives", *Accounting and Finance*, 2022, 62.

Jo, H., Kim, H., Park, K., "Corporate Environmental Responsibility and Firm Performance in the Financial Services Sector", *Journal of Business Ethics*, 2014, 131 (2).

Kumar, N. C. A., Smith, C., Badis, L., et al., "ESG Factors and Risk-adjusted Performance: A New Quantitative Model", *Journal of Sustainable Finance & Investment*, 2016, 6 (4).

Welch, K., Yoon, A., "Do High-ability Managers Choose ESG Projects that Create Shareholder Value? Evidence from Employee Opinions", *Review of Accounting Studies*, 2022.

Yu, M., Zhao, R., "Sustainability and Firm Valuation: An International Investigation", *International Journal of Accounting & Information Management*, 2015, 23 (3).

Zhou, G., Sun, Y., Luo, S., et al., "Corporate Social Responsibility and Bank Financial Performance in China: The Moderating Role of Green Credit", *Energy Economics*, 2021, 97.

B.10
ESG 评级体系研究及企业
ESG 评级表现分析

高卫涛 李占宇 李 悦*

摘 要： ESG 作为评价企业在环境保护、履行社会责任和公司治理方面表现
的非财务性指标日益受到投资者关注，ESG 评级可帮助市场快速衡
量企业 ESG 绩效或价值，打破外部投资者与企业内部实际生产经营
情况的信息壁垒。基于我国当下政策趋势以及监管要求，ESG 管理
理念越来越多地被企业纳入战略规划之中，本报告以上市公司为研
究主体，根据中诚信绿金 ESG 评级方法及 ESG Ratings 数据库 2022
年 ESG 数据进行评级表现分析。研究发现，我国上市公司的 ESG 信
息披露水平和 ESG 评级表现均有待进一步提升；上市公司应准确识
别自身不足，结合行业特征，提升 ESG 管理水平；进行 ESG 利益相
关者内外部有效沟通，明确实质性议题；有效进行 ESG 信息披露，
全面客观地呈现 ESG 信息披露内容。此外，各级监管方、证券交易
所、ESG 评级机构、上市公司与不同属性企业等需要加强沟通交流，
才能构建出具有中国特色的 ESG 评级指标与体系，让 ESG 理念更好
地助力"双碳"背景下中国经济高质量发展。

关键词： ESG 评级体系 中国上市公司 ESG 评级表现 ESG 评级应用

---

* 高卫涛，硕士，注册咨询（投资）工程师，高级工程师，中诚信绿金科技（北京）有限公司
副总裁，主要研究领域为绿色金融、节能环保规划、环境效益计量、ESG 等；李占宇，硕
士，中诚信绿金科技（北京）有限公司副总经理，主要研究领域为 ESG、可持续投资等；李
悦，硕士，中诚信绿金科技（北京）有限公司 ESG 事业部高级分析师，主要研究领域为绿色
金融、ESG 等。

一　引言

ESG 评级代表了企业在行业中的相对可持续发展水平，对于企业自身来说，ESG 评级能够帮助企业有效识别并管理自身的可持续风险，关注 ESG 评级情况也是上市公司响应资本市场、完善信息披露的有效方式，更是国有企业重视承担自身社会责任、牢记安全生产和生态环保工作、践行"双碳"目标与 ESG 理念的实际行动表现。对于外部投资者来说，ESG 评级结果能够展现被评主体 ESG 的综合绩效，便于投资者快速了解被评主体的 ESG 表现，是 ESG 投资标的筛选的参考依据。

目前，国内外许多第三方评级机构、指数研究机构、学术机构和非营利组织等都在积极探索与构建 ESG 评级体系。欧美国家的 ESG 理念发展较早，国际 ESG 评级机构发展较快，数量已经超过 600 家，而截至 2022 年末我国只有 20 家左右。2022 年，疫情持续反复、地缘冲突加剧、生态环境恶化、能源危机、粮食短缺等因素引发全球对可持续发展更深的思考和关注，富有社会责任担当的企业也获得更多市场的支持，多个国家发布条例筹划要求金融机构、大型企业披露自身气候/环境信息，制订低碳发展计划。在监管机构、投资机构、企业以及评级机构的多方驱动下，ESG 理念从市场的小众概念逐渐成为全球发展共识。

2022 年 7 月，我国财政部和证监会对两项可持续披露准则（ISDS）征求意见稿向国际可持续准则理事会（ISSB）反馈意见，指出在适用性、中立性、实用性等方面存在的不足；12 月，由国务院国资委社会责任局指导、多家单位联合发起，首批 11 家企业成立了"中央企业 ESG 联盟"，联盟将开展建立联动协作机制、推进创建 ESG 典型标杆企业、创建具有中国特色的 ESG 生态体系等多项工作任务，协同各方推进中央企业 ESG 建设；12 月，国际财务报告准则（IFRS）基金会与我国财政部签署谅解备忘录，成立 IFRS 基金会北京办公室，将在制定和推广 ISSB 高质量的国际可持续发展披露标准方面进行更密切的合作。

2023 年 2 月，证监会召开 2023 年系统工作会议，指出要推动提升估值定价的科学性与有效性。深刻把握我国的产业发展特征、体制机制特色、上市公司可持续发展能力等因素，推动各相关方加强研究和成果运用，逐步完善适应不同类型企业的估值定价逻辑和具有中国特色的估值体系，更好地发挥资本市场的资源配置功能；4 月，香港联合交易所有限公司发布《优化环境、社会及管治框架下的气候相关信息披露（咨询文件）》，筹备气候相关信息披露方面与 ISSB 准则接轨的工作，并向全球利益相关方征询意见和建议，充分借鉴气候相关财务披露工作组（TCFD）的建议；5 月，财政部会计司就 ISSB 发布的《方法论：提高 SASB 标准的国际适用性以及 SASB 标准的通用分类标准更新（征求意见稿）》公开征求意见，深入参与国际财务报告准则制定，使国际财务报告可持续披露准则的修订完善更好地满足我国利益相关方需求；6 月，ISSB 正式发布《国际财务报告可持续披露准则第 1 号——可持续相关财务信息披露一般要求》（简称 IFRS S1）和《国际财务报告可持续披露准则第 2 号——气候相关披露》（简称 IFRS S2），两项准则将在 2024 年 1 月 1 日或之后开始的会计年度生效，成为全球 ESG 信息披露发展历程中的重要里程碑。

在 ESG 理念成为全球共识的当下，为更好地规范引领我国上市公司践行可持续发展理念，上海证券交易所、深圳证券交易所正在研究制定中国版上市公司可持续发展信息披露指引。与此同时，近年来我国第三方专业评级机构、学术机构、指数公司、资产管理公司等机构也在持续推进 ESG 评级体系建设，以期为企业构建符合中国国情的 ESG 评价体系，更好地推动我国包括 ESG 信息披露、ESG 评级、ESG 投资等环节在内的 ESG 生态良性循环发展。

本报告从国内外 ESG 评级体系发展概况、ESG 评级应用与价值体现、ESG 评级方法、企业 ESG 评级实践与提升四个方面，展现国内外不断演进的 ESG 评级体系研究成果，并基于中诚信绿金 ESG Ratings 数据库呈现的中国上市公司 2022 年 ESG 评级情况，综合分析上市公司的 ESG 绩效水平，为中国企业的高质量可持续发展提供参考及建议。

二 ESG 评级体系发展概况

（一）国际 ESG 评级体系

1. 评级机构概况

ESG 评级是衡量企业 ESG 绩效的重要方法，能够缓解企业与投资者之间的信息不对称。国际上 ESG 评级发展较早，评级机构数量众多，以专业评级公司和非营利组织为主。其中，摩根士丹利资本国际公司（MSCI）、路孚特、富时罗素、Sustainalytics、碳信息披露项目（Carbon Disclosure Project，CDP）等发布的 ESG 评级或 ESG 评分具有较大的国际市场影响力。

2. 评级体系构建情况

目前，国际上对 ESG 评级体系没有统一标准。本报告从 ESG 评级过程中的指标选取、权重设置、风险评估、机会、争议评估和最终结果等方面，对上述 5 家国际评级机构的 ESG 评级或评分体系构建情况进行阐述。

（1）MSCI 评级体系构建情况

MSCI 将 ESG 评级划分为 10 个主题、35 个关键指标及数千个数据点，具体如表 1 所示，评级时会将单一公司的 6～10 个关键指标纳入考察。

在选取关键指标之后，需对关键指标进行权重的设定。具体权重的设定主要参照两个方面：一是该指标对其相关领域的影响力，二是关键指标预期的影响时间（见表 2）。

在从环境和社会维度评估公司具体的风险、机会和争议时，MSCI 会从两个角度出发来完成评价，即风险敞口和风险管理。由于不同行业的公司面对的风险不同，风险敞口较大的公司应在管理上更加严格，尽更大的努力实现公司的健康发展。对于风险敞口，MSCI 主要从商业层面、地域层面、公司治理层面评估具体风险点，并体现了不同行业、不同地域及具体公司间的差异性。在评价风险敞口时，MSCI 会对其敞口大小做出评分，从 0 到 10 依次代表公司对该项风险敞口的大小，0 为不存在风险，10 为风险最高。

表 1　MSCI ESG 评级指标体系

维度	10 个主题	35 个关键指标	
环境	气候变化	碳排放量、碳足迹	融资环境因素
		单位产品碳排放	气候易变性
	自然资源	水资源稀缺	稀有金属、原材料采购
		生物多样性和土地利用	
	污染和消耗	有毒物质排放和消耗	电力资源消耗
		包装材料消耗	
	环境治理机遇	清洁技术机遇	可再生能源机遇
		绿色建筑机遇	
社会	人力资本	人力资源(劳动力)管理	人力资源发展
		员工健康安全	供应链劳动力标准
	产品责任	产品安全与质量	因素和数据安全
		化学物质安全性	责任投资
		金融产品安全性	健康和人口增长风险
	利益相关者反对意见	有争议的资源	
		社区关系	
	社会机遇	沟通途径	医疗保健途径
		融资途径	员工医疗保健机会
治理	公司治理	董事会	股东、所有权和控制权
		工资、股利等支付、结算	会计
	公司行为	商业道德	
		财税透明度	

表 2　关键指标的权重

	短期(0~2 年)	长期(5 年以上)
关键指标对相应领域的影响大	高权重	适中
关键指标对相应领域的影响小	适中	低权重

对于治理的能力评估，MSCI 主要从战略与治理、计划与措施、绩效三个维度开展。战略与治理部分主要评估组织能力以及公司管理层应对

关键风险和机遇的承诺强度及范围；计划与措施部分主要评估计划、措施和目标的强度及范围，以提高风险管理绩效；绩效部分主要评估公司在管理特定风险或机遇方面的业绩，包括收集一系列定量指标以及评价业绩的定性指标。

最后，根据每个指标的评分加权得出 ESG 总分，并通过对比同业标准和表现，对企业得分赋予 ESG 级别。MSCI 的 ESG 评级从高到低依次为 AAA、AA、A、BBB、BB、B、CCC 共 7 个等级。

（2）路孚特评分体系构建情况

路孚特的 ESG 综合评分由两大部分组成：一是 ESG 得分，二是 ESG 争议得分。

在第一部分的 ESG 得分中，路孚特评分体系将 ESG 的三个维度划分为10 个主题、186 个关键指标（见表 3），并通过赋予指标不同的权重最终得出 ESG 得分。

表 3　路孚特 ESG 评分指标体系

维度	10 个主题	186 个关键指标
环境	资源利用	186 个具有可比性和重要的细化指标,归于 10 个领域
	排放量	
	产品创新	
社会	员工	
	人权	
	社群	
	产品责任	
	管理	
治理	股东	
	企业社会责任战略	

路孚特通过确定一个重要性矩阵来决定每个主题的得分权重。在环境和社会两个维度中，每个主题对不同行业的重要性是不同的，而治理对各个行

业来说同等重要，因此所有行业的重要性标识是相同的，主要取决于各主题下的指标数量。将 10 个主题的得分按照行业内各个主题的相对重要性加权平均，即为公司的 ESG 得分。也可以用相同的方法计算出公司在环境、社会和治理单个维度上的得分。

在治理维度的评价中，路孚特选择同一国家内公司指标作为参照，因为同一国家内的治理标准更为趋同，指标间更具可比性。在环境和社会维度的评价中，路孚特选择同一行业内指标作为参照，因为相同行业内公司对环境和社会的影响相似。

在第二部分的 ESG 争议得分中，纳入评估的事件包括 10 个主题下的 23 种类型，如反垄断、商业道德、知识产权、雇用童工等，旨在分析争议性事件对公司的影响。一旦出现争议性事件，将发生争议性事件的次数进行市值调整后，乘以相应的比例，按争议事项发生次数进行排序，采用百分位评分法计算相应得分。

将 ESG 得分和 ESG 争议得分整合为 ESG 综合得分，对应到评级，按四分位点将所涉及的公司分为 A、B、C、D 四个等级，在每个等级内部又按照排名分三级，如 A-、A、A+。其中，A+为最高等级，D-为最低等级。

（3）富时罗素评级体系构建情况

富时罗素评级体系将 ESG 划分为 14 个主题，超过 300 个细化指标，具体如表 4 所示。平均每个主题包含 10～35 个指标，平均每个公司的评级由 125 个指标决定，由于指标选取范围较大，因此评分体系较为灵活。

评级的方式为首先评估指标与公司的相关性，根据公司相关指标的治理程度进行打分，进而汇总到主题得分。富时罗素较为重视材料和指标的实质性，重要的 ESG 指标会被赋予更高的权重，最终主题得分加权后得出 ESG 评分。其中，每个指标分为 0～5 分六个等级，5 分为最高分，这些指标包括气候变化的影响、污染的控制、水资源的安全等内容。

表 4　富时罗素 ESG 评级指标体系

维度	14 个主题	300+细化指标
环境	生物多样性	300+细化指标,平均每个主题包含 10~35 个指标
	气候变化	
	污染与资源	
	供应链:环境	
	水安全	
社会	劳务标准	
	消费者责任	
	人权与社区	
	健康与安全	
	供应链:社会性	
治理	反腐败	
	公司治理	
	风险管理	
	财税透明度	

（4）Sustainalytics 评级体系构建情况

Sustainalytics 隶属晨星公司，是一家独立的 ESG 评级机构。Sustainalytics 的评估体系从 ESG 风险角度出发，根据企业 ESG 表现进行风险评估，并按照企业 ESG 风险得分划分风险等级，分数越高表示风险等级越高。其 ESG 评价体系包含公司治理、ESG 实质性议题和特殊议题（如黑天鹅）三个模块。

其中，公司治理作为 ESG 风险评估的基础直接反映了企业面临的风险，即反映了公司治理不善所带来的风险，适用于所有被评企业。ESG 实质性议题是评价体系的核心和评分的关键模块，涵盖了企业在环境、社会、治理三个层面中的各类综合指标，公司在不涉及此类问题时可将其剥离。特殊议题一般是由事件驱动的，如黑天鹅事件，不同于之前企业面对的普遍性问题，此类问题被归类于"不可预测的"问题，并且适用于所有企业。例如，会计丑闻可以发生在任何一家企业，并且此类事件的发生对企业的经济价值和未来发展影响极大。Sustainalytics 会对此类事件纳入考量并据此评估对企业的影响。

Sustainalytics 评级体系是基于风险敞口和风险管理两个维度对以上三个模块进行细分评分的。其中，风险敞口代表企业所面对风险的大小，不同行业对不同风险因子（MRF）的敞口不同，同一行业下不同赛道的企业面临的风险因子也有一定差异，通常 MRF 的范围为 30%~100%。

风险管理旨在衡量企业面对风险时的管理能力，如化工企业在面对较大的碳排放压力时仍能处理好排放量，表明该企业对该风险因子的管理能力较强。而风险管理又分为管理指标和事件指标，其中管理指标标准是基于风险发生的关键领域或导致公司表现各异的具体管理措施而制定的，事件指标用以评估公司参与环境或社会争议事件的程度。Sustainalytics 评级方法见图 1。

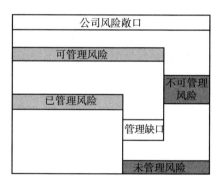 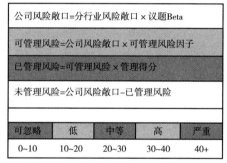

图 1　Sustainalytics 评级方法

Sustainalytics 认为 ESG 三个维度下单一指标较少，更多的是一个指标符合多个维度。因此，不同于其他评价体系将 E、S、G 三个维度单独划分，Sustainalytics 评级的核心框架是一个预测模型，使用简化的指标集和结构综合成完整框架，Sustainalytics 将 ESG 看作一个整体，通过企业的整体未管理风险来判断该企业的 ESG 分值。

（5）CDP 评级体系构建情况

CDP 的 ESG 评级体系从 ESG 投资者角度出发，作为一家非营利性机构，CDP 通过向测评企业提供调查问卷，并通过问卷中企业所得的分数评估内容的详细程度和全面性，以及企业对气候变化问题的认识、管理方法和

在应对气候变化方面采取的行动。

CDP 的问卷分为三大主题，分别是关注企业应对气候变化风险并执行减排行动的气候变化问卷、关注企业管理毁林风险并提升大宗农产品可追溯性的森林问卷，以及关注企业运营的水安全保障风险并提升水资源使用效率的水问卷。2022 年 CDP 气候变化问卷中首次纳入 6 个生物多样性相关问题，旨在评估企业生物多样性承诺的相关性和有效性，并敦促企业考虑生物多样性相关风险对商业活动的影响，体现出 CDP 作为一家国际性非营利组织重视并督促企业在生产经营过程中关注生物多样性的影响作用。每类主题设有通用问卷，并根据行业特点，对高环境影响行业设定特定问卷，问卷指标符合 TCFD（气候相关财务信息披露工作组）报告框架，每种问卷均包括公司治理、战略、风险管理、指标及目标等要素。

CDP 评级分为四个等级，这些等级代表企业环境管理工作提升的过程，包括披露等级、认知等级、管理等级和领导力等级。评分类别按主题对问题进行分组，在指标评分上 CDP 会根据企业高管做出的实质性管理行为对指标进行打分，指标可能与披露、认知、管理、领导力四个方面相关联，最后根据指标得分综合得出企业的环境管理得分。

参与披露的企业将在全球范围内与同行业公司进行比较，并根据得分结果获得评级。CDP 的评级分为四级，由低到高依次为披露等级 D-及 D、认知等级 C-及 C、管理等级 B-及 B、领导力等级 A-及 A。

3. 国际评级体系主要特征

当前国际主流机构 ESG 评级体系的特点主要体现在以下五个方面。

（1）评级对象：覆盖范围广、数量多

目前，国际上 ESG 评级主要针对欧美发达国家上市公司。其中，截至 2023 年 3 月，MSCI ESG 评级超过 16500 家权益和发债主体，涉及超过 680000 只股票和固定收益证券。伦敦证券交易所集团（LSEG）所属的富时罗素 ESG 评分的公司包含来自 47 个发达国家和发展中国家的 7200 只证券。路孚特 ESG 数据库覆盖了自 2002 年起的 ESG 评分数据。截至 2022 年 5 月，路孚特 ESG 评分范围包含全世界超过 12500 家上市和非上市公司、大量指数成分股，以及超过 85% 的全球市值规模，并且每周更新 ESG 及 ESG 争议事件评分，确保评级的时效性和完整性。Sustainalytics ESG 评级包含全球超过 16000 家上市和非上市公司、发债企业，覆盖发达、发展中和前沿市场地区。

可以看出，国际上主流的 ESG 评价机构的评级覆盖范围较广，不仅具有对公司的整体性评级，对具体股票和债券等多种产品也均有涉及。

（2）评级维度：议题多元，各有侧重点

在各家 ESG 评价体系中，评价主题主要分布在 10~14 个议题区间，在议题下涉及大量指标覆盖各行各业所面对的具体风险。由于国际 ESG 评价机构的评价范围涉及不同国家，因此评级时会将各国行业发展特性纳入考量。

在议题的选择中，自然资源、污染减排、产品安全、员工的人权与发展、公司治理是各机构重点关注的方向，对于其他议题的选择，各家机构有各自的特点。

（3）评级数据：信息来源广

由于国际上 ESG 评价体系发展较早，企业对 ESG 的披露较为重视，机构在信息的选取上有较大的空间。其数据信息的主要来源为企业自身的披露，包括年报、环境与社会责任报告、公司官网和碳排放披露报告等，其他来源包括政府和行业监管报告、学术报告、新媒体等。认可度较高的评价机构如 CDP 以问卷调查的方式对企业进行调研，得到的信息更为精确。

（4）评级指标：定性和定量指标相结合

国际 ESG 评级体系中，指标体系中同时包含定量和定性指标，各评级体系基本采用了自上而下构建、自下而上加总的方式，从环境、社会和治理三个层次延伸开来，逐级拆解至底层的几十乃至上百个评价指标，在指标设计和权重分配上基本上考虑了行业的差异性，做到了跨行业可比。

（5）评级衍生品：ESG 指数产品多样化

国际主要 ESG 指数公司，如 MSCI 目前拥有超过 900 项 ESG 相关的权益

类及固定收益类指数，其通过 ESG 指数产品扩大地区覆盖范围和市场影响力，在一定程度上达到推动 ESG 信息披露标准统一的目的。

（二）国内 ESG 评级体系

1. 评级机构概况

在投资需求和政策要求的推动下，我国的 ESG 评级机构快速发展。国内的 ESG 评价机构包括评级机构、学术机构、咨询机构、数据服务机构、指数公司等。

2. 评级体系构建情况

目前，国内对 ESG 评级体系没有统一标准，各机构探索创新 ESG 评级体系并在实践中加以应用。本报告针对 ESG 评级体系、赋权方法、数据来源、评级结果和覆盖范围五个方面，选取不同的 ESG 评级机构进行分析对比，包括中诚信（评级机构）、商道融绿（咨询机构）、万德（数据供应机构）、华证（指数公司）和中央财经大学绿色金融国际研究院（学术组织）等机构（见表5）。

表 5　国内主要机构 ESG 评级方法

机构名称	评级体系	赋权方法	数据来源	评级结果	覆盖范围
中诚信	划分了 57 个行业评级模型，提取一级指标 13 个、二级指标 40 余个、三级指标 130 余个	基于行业特征指标的多种赋权方法	公司 ESG 报告、CSR 报告、年报、企业公告、企业网站等官方披露渠道，以及政府部门和监管机构网站公布的信息	共 7 个级别，分别为 AAA、AA、A、BBB、BB、B 和 C	A 股和港股上市公司、发债企业
商道融绿	3 个一级指标、13 个二级指标、127 个三级指标	根据行业特征赋予权重	企业网站、年报、可持续发展报告、社会责任报告、环境报告、公告、媒体采访等	从 A+ 到 D 共 10 个级别，A+ 代表企业具有优秀的 ESG 管理水平，D 代表企业近期出现重大 ESG 负面事件	沪深 300 和中证 500 共 800 只标的

续表

机构名称	评级体系	赋权方法	数据来源	评级结果	覆盖范围
万德	三大维度、27个议题、300+指标	基于行业实质性议题并赋权,突出行业 ESG 主要风险	上市公司社会责任报告、定期公告和临时公告,监管部门和政府机构披露信息、新闻舆情、NGO、行业协会等	评级从最低至最高分为 CCC 到 AAA,共 7 档	800+上市公司
华证	华证 ESG 评级涵盖一级指标3个、二级指标14个、三级指标26个、四级指标超过130个	根据企业所属行业对具体评估指标进行选择并划分相应权重	55%来自公司定期报告与临时公告,主要涉及资产质量、关联交易等;23%来自企业披露的社会责任报告等,主要涉及披露污染排放等环境议题、扶贫等社会议题;12%来自新闻媒体,对上市公司正负面事件进行跟踪;10%来自国家及地方监管部门,比如上市公司违法违规的公告	评级从 AAA 到 C,共 9 档,其中 BBB 及以上均为领先水平	A 股上市公司及债券主体评级数据
中央财经大学绿色金融国际研究院	包括定性指标、定量指标和负面信息及风险。其中,一级指标3个、二级指标22个、三级指标超160个	未说明	上市公司公开信息,扣分项数据来源于国家和各地方环保局对企业的环保处罚公告以及各监管单位金融处罚公告,各上市企业在各主流媒体上的负面新闻报道	评级分为 A+、A、A-、B+、B、B-、C+、C、C-、D+、D、D-,共 12 个等级	上市公司

可以看出,我国 ESG 评级体系大体相同,基本上是通过自上而下的分层方式,细化建立底层指标,根据行业特征和细分行业赛道赋予因子权重,根据公司以往表现定性或定量分析公司 ESG 表现,最后给出基于以往信息的评分。同时,部分评级机构会根据企业动态实时评估对企业产生实质性影响的事件,迅速调整企业 ESG 评分,保证 ESG 评级的时效性。

相较于国际 ESG 评级，我国 ESG 评级目标更加本土化，评级覆盖范围更广，目前针对国内 A 股和 H 股上市公司，以及其他非上市的发债企业均已开展 ESG 评级，旨在为权益类和固定收益类产品投资决策提供 ESG 评级分析参考。

3."双碳"背景下我国 ESG 评级体系发展方向

2020 年 9 月，我国首次明确提出"碳达峰"与"碳中和"目标。2022 年 10 月，习近平总书记代表第十九届中央委员会向大会所做的报告中明确提出了"推动绿色发展，促进人与自然和谐共生"的战略。报告提出包括加快发展方式绿色转型，深入推进环境污染防治，提升生态系统多样性、稳定性、持续性，以及积极稳妥推进"碳达峰碳中和"的要求。

ESG 作为一种评估企业环境可持续性、社会价值与治理能力的综合矩阵指标体系，其可持续发展、绿色低碳等核心思想与"双碳"目标不谋而合。"双碳"战略是 ESG 理念推广普及的重要抓手，ESG 投资又是鼓励企业绿色发展、关注员工与客户、承担社会责任的微观基础，两者有机结合，互相促进，对实现我国共同富裕、低碳转型目标具有积极推动作用。

基于上述背景分析，本报告提出"双碳"背景下我国 ESG 评级体系发展方向建议。

第一，政府及监管部门应不断完善 ESG 评价体系顶层设计，构建更加符合中国实际情况的 ESG 评价体系。相较于国际 ESG 评价，我国 ESG 评价体系尚处于萌芽阶段，ESG 具体指标尚未明确，指标评价方法尚未统一，各类评级机构大多通过自上而下的分层方式，细化建立底层指标，根据行业特征和细分行业赛道赋予因子权重，根据公司以往表现定性或定量分析公司 ESG 表现。借鉴国际主流 ESG 评估框架，融入国内本土特色可持续发展议题及信息披露情况是较为可行的良策。未来 ESG 评级中可以添加一些符合新时代特征的制度，如加入包括乡村振兴、重大公共卫生危机应对等在内的具有中国特色的议题。

政府部门和监管机构是制度的制定者，ESG 作为推动中国整体经济高质量发展的方式和手段，在助力中国"双碳"目标实现的同时，也可作为重要的参考指引。应不断完善 ESG 评级体系的顶层设计，推动可落地执行的 ESG 信息披露标准，构建和创新 ESG 评价指标。

第二，统一 ESG 披露指标体系。现阶段我国上市公司在披露环境、社会责任和公司治理报告时口径不一，同行业内不同公司披露指标不一，环境类指标披露内容和定量指标的单位不同，给 ESG 评级带来了较大困扰。因此，同行业内统一 ESG 披露指标显得尤为重要。

ESG 评级体系需要从具体数据出发，系统、科学地对企业进行评价，呈现企业多维指标的表现水平。因此，ESG 评级体系的完善与有效推进，需要各方机构协同作用、共同发力。企业需提高对定量指标的重视程度，将环境、社会以及治理有机结合起来，凸显评级对行业和公司的意义；政府及监管机构需明确有效的作用机制，完善 ESG 顶层设计，统一 ESG 相关标准，更好地引导企业不断提升可持续发展水平。

三　ESG 评级价值体现与应用

（一）ESG 评级价值体现

ESG 评级作为企业非财务表现的客观评价，在投资者和企业之间发挥着重要的桥梁作用，有助于投资者、利益相关方和企业最高决策者更好地了解企业在可持续性方面的表现，以及面临的潜在 ESG 风险和机遇。

在投资端，ESG 评级可以帮助投资者有效识别符合其 ESG 投资策略的投资标的，并通过综合考量 ESG 指标评估企业的 ESG 绩效水平，揭示 ESG 风险因子对企业可持续经营的影响程度，识别并规避投资标的重大 ESG 风险，实现投资组合的长期价值。

在企业端，ESG 评级可以全面衡量梳理企业在环境、社会和治理三个维度的风险暴露与管理水平，并分析 ESG 风险因子对企业可持续经营的影响程度，从而为企业应对 ESG 风险并提升管理水平提供执行依据。

（二）ESG 评级应用

1. ESG 评级应用于投资业务

ESG 评级作为衡量企业非财务绩效水平的重要工具，在 ESG 投资生态中发挥着资金引导作用。无论是正面筛选、负面剔除还是 ESG 因子整合等策略，都需要以 ESG 评级数据为基础对投资标的进行筛选，构建更具可持续性和长期稳健的投资组合，形成 ESG 投资产品，从而达到风险规避或投资收益的目的。目前许多投资者已经把 ESG 评级作为筛选投资对象的重要工具，如大型资产管理公司贝莱德等明确表示，其在投资决策中将考虑 ESG 因素，并使用 ESG 评级作为重要的参考工具之一。此外，其他机构投资者和个人投资者对 ESG 的关注度也愈来愈高，借助 ESG 评级报告的内容分析，投资者可以更好地理解公司的 ESG 表现，寻找优秀企业，规避资金投向 ESG 风险较高的公司，以获得长期稳定收益。

ESG 评级在投资领域的应用主要包括权益投资、固定收益投资、量化投资和股权投资。基于正面筛选、负面剔除和 ESG 因子整合等 ESG 策略实现最终 ESG 评级在投资流程中的应用，并开发形成 ESG 投资基金、ESG 理财产品、ESG 指数、ESG ETF 等。具体应用流程如下。

（1）设定投资目标和策略。投资者明确其 ESG 投资目标和策略，以及对行业和 ESG 三个维度的偏好要求。

（2）构建 ESG 评级体系。构建 ESG 评级体系并收集 ESG 公开数据或采用外部机构的 ESG 评级体系和数据库，基于评级体系和数据库形成投资标的的 ESG 评级结果。

（3）选择投资标的。根据设定的 ESG 投资目标和策略，投资者可以使用 ESG 评级结果或评级指标的评分数据来筛选符合其偏好和要求的投资标的。可以将 ESG 评级低的企业剔除，也可以选择 ESG 评级较高的企业进入投资范围，还可以将 ESG 评级或某几项 ESG 评级指标作为筛选标准之一进行标的筛选。

（4）综合评估 ESG 绩效。对于符合筛选标准的投资标的，投资者可通过 ESG 评级报告、ESG 披露报告、年报及其他公开信息进一步了解企业的

ESG 信息情况。同时，可根据标的所属行业和业务性质重点考虑不同维度的 ESG 指标评分表现，如温室气体排放、能耗水平、供应链管理、产品或服务质量、董监高治理等。

（5）投后跟踪和监督。投资者应定期跟踪和监督投资标的的 ESG 绩效及变化情况，以确保其持续符合投资策略和要求。可以建立投后 ESG 绩效信息动态跟踪监测机制，根据投资标的的 ESG 绩效变化进行投资决策调整。

2. ESG 评级应用于信贷业务

2021 年初，中国人民银行确立了"三大功能""五大支柱"的绿色金融发展政策思路，风险管理作为绿色金融的第二大功能，要求金融机构通过气候风险压力测试、环境和气候风险分析、绿色和棕色资产风险权重调整等工具，增强金融体系管理气候变化相关风险的能力。2022 年 6 月，原银保监会印发《银行业保险业绿色金融指引》，明确指出银行保险机构应当有效识别、监测、防控业务活动中的 ESG 风险，把 ESG 纳入全面风险管理流程。同时强调，银行不仅仅要对客户本身的 ESG 风险进行评估，还要关注客户的上下游承包商、供应商的 ESG 风险。基于 ESG 评级建立有效的 ESG 风险管理与缓释机制，可有效补充传统信用风险的衡量维度，全面考量企业面临的内外部环境变化，支持银行机构对信贷客户进行全流程风险管控。

国际商业银行 ESG 评级在信贷业务中的应用发展时间较长，其 ESG 评价方法和管理流程发展相对较为完善，如花旗银行、德意志银行、法兴银行已发展出较为完善的 ESG 评价方法学，并在业务流程中进行应用。国内商业银行在监管部门的管理驱动下也开始逐步探索 ESG 评级的应用，其中中国银行、中国建设银行、中国工商银行等大型商业银行均已基于信贷客户 ESG 风险特征开发出了完善的 ESG 评价方法学，并对 ESG 评价结果融入信贷风险管理流程进行探索尝试。具体应用流程如下。

（1）构建 ESG 评级模型。构建 ESG 评级模型是银行建立 ESG 风险管理流程的首要步骤，通过模型和数据评定信贷客户的 ESG 风险等级，用于指导后续的审批、放款和贷后监测。

（2）授信审批。在授信审批阶段利用评级模型的准入性条件和 ESG 风

险评级结果避免纳入具有重大 ESG 风险的企业，并对不同风险等级的企业进行奖励性或惩罚性的分级授信管理。

（3）合同管理。合同中增加对客户 ESG 风险的惩罚性和奖励性指标，如立即收回贷款，并根据客户 ESG 风险情况要求提供 ESG 风险评估报告，进行全面审慎管理。

（4）资金拨付。在放款前再次审查客户是否存在重大 ESG 风险或风险等级是否较授信时有所上升，如果发现潜在风险，应及时终止或中止贷款，待风险因素解决后再重启资金拨付流程。

（5）贷后管理。在放款后定期监测信贷客户的环境与社会风险，根据 ESG 风险变化调整贷后审查频次。同时，结合客户 ESG 风险事件发生情况以及客户风险等级的变化，视情况对信贷客户采取相应的风险管理措施，避免或减缓信用风险事件发生。

3. ESG 评级应用于企业管理

ESG 评级覆盖企业在环境、社会和治理三个维度的多项议题，通过系统性数据收集、梳理与评级对标分析，有助于决策者和管理者更好地分析企业面临的潜在 ESG 风险以及对企业业务的影响。同时，了解企业与行业企业相比的 ESG 优势和差距，为企业未来提升公司治理水平、健全环境管理体系、满足利益相关方期望，进而提升公司可持续竞争力奠定基础。

此外，ESG 评级过程的分析与管理提升，有助于确保公司在业务运营中保持高标准和高透明度，进而在未来的 ESG 评级中取得较好的成绩，提高其声誉和长期业绩。具体应用流程如下。

（1）现状调研。基于 ESG 评级体系，对企业进行现状调研、数据收集。

（2）评级分析。根据现状调研情况，对 ESG 数据信息进行评级分析，综合分析企业在三个维度下不同议题的表现水平。

（3）管理提升。根据评级分析结果，对标同行 ESG 表现优秀企业，结合企业未来发展规划，制订 ESG 管理提升计划与实施方案。

（4）评级结果。通过 ESG 管理工作，提升 ESG 评级水平，提高企业声誉，并提升其在资本市场的可持续影响力。

四 ESG 评级方法

（一）方法学原理

ESG 评级方法[①]由 ESG 评级模型和对 ESG 相关外部因素调整两部分组成。首先，基于 ESG 量化评级模型，根据资源信息内容对受评主体进行 ESG 指标评分，将 ESG 指标评分加权计算得到受评对象的 ESG 基础级别；其次，结合相关外部影响因素进行 ESG 基础级别的综合调整，形成最终的评级结果（见图 2）。

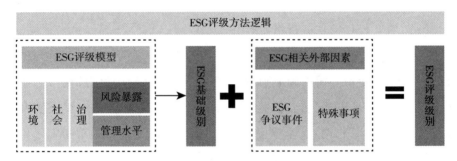

图 2 ESG 评级方法逻辑

（二）评级体系内容

ESG 评级模型是根据环境、社会、治理三个维度中的重要 ESG 因子构建指标体系，并通过对受评主体各指标的加权评分得到受评企业 ESG 风险综合评分结果，形成 ESG 基础级别。

1. ESG 评级指标构建

（1）借鉴国际 ESG 评级机构方法学

根据前文对国际主流 ESG 评级机构的方法学特点分析，在议题的选择中，自然资源、污染减排、产品安全、员工的人权与发展、公司治理是各机

---

① 本报告所称"ESG 评级方法"除特殊说明之外，均指中诚信绿金 ESG 评级方法。

构重点关注的方向，也是投资机构关注的主要议题。据此拟订本土 ESG 评级方法议题框架（见表6）。

表 6　ESG 关键议题

三个维度	关键议题
环境	气候变化、生物多样性、自然资源、污染和消耗、环境治理、供应链(环境风险)、水资源安全等
社会	人力资本、劳力标准、人权与社区、健康与安全、产品责任、利益相关者反对意见、社会机遇、供应链等
治理	公司治理、公司行为、反腐败、风险管理、财税透明度、股东回报、企业社会责任战略等

（2）基于 ESG 信息披露相关指引

根据《上市公司社会责任指引》[①]《上海证券交易所上市公司环境信息披露指引》[②]《上市公司治理准则》[③]《环境、社会及管治报告指引》[④] 中关于环境、社会、治理相关信息的披露要求，以及国际标准化组织 ISO26000 发布的《社会责任指南》、全球报告倡议组织（GRI）发布的第四版《可持续发展报告指南》、联合国全球契约组织发布的《全球契约十项原则》以及可持续发展会计准则委员会（SASB）标准等指引文件，细化评级指标体系，形成 ESG 评级指标体系（见图3）。

结合国内 ESG 信息披露现状和行业发展趋势，针对申万行业分类，ESG 评级模型划分为不同的行业评级模型，提取一级指标、二级指标和三级指标，全方位剖析 ESG 表现。具体指标设计内容如下。

● 环境因素

基于"双碳"目标规划，聚焦绿色低碳转型发展，设置环境管理、可持续发展、排放物管理、环境争议事件管理、资源管理、绿色金融管理、绿

---

① 深圳证券交易所于 2006 年 9 月 25 日发布。

② 上海证券交易所于 2008 年 5 月 14 日发布。

③ 中国证监会于 2018 年 9 月 30 日发布修订。

④ 香港联合交易所于 2019 年 12 月 18 日发布。

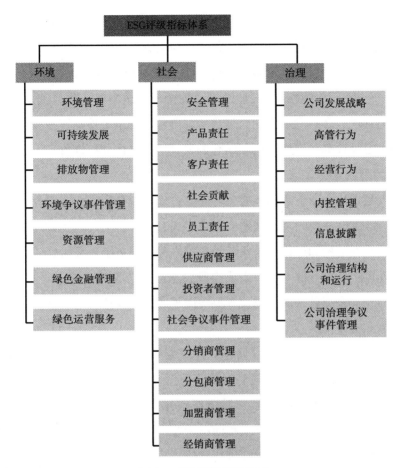

图 3 ESG 评级指标体系

色运营服务 7 个一级指标，覆盖了碳排放、能耗强度、水资源使用、污染物排放等绩效指标的量化评价，也包含了环境风控管控措施、环境保护和绿色创新技术相关专业培训等定性指标的分析评价，还包括了绿色低碳领域实践与创新（绿色低碳技术创新、绿色低碳供应链打造、绿色物流体系构建等）发展效果的综合分析。

- 社会因素

从客户、员工、社区、供应商、投资者、公众等利益相关方重点关注的内容，梳理受评主体在利益相关方管理方面的重要议题，侧重于分析受评主

体在利益相关方管理方面的现状和潜在风险因子。主要从安全管理、产品责任、客户责任、社会贡献、员工责任、供应商管理、投资者管理、社会争议事件管理、分销商管理、分包商管理、加盟商管理、经销商管理12个一级指标展开分析，并针对受评主体的产品安全与质量事件、供应商的 ESG 风险识别与管理、客户隐私保护与信息泄露事件、安全事件与管理成效等风险因子通过定量计算与定性分析相结合的方式进行具体分析评价。

- 治理因素

治理是现代企业管理的核心内容，其合理与否是影响企业绩效的重要因素之一。该维度从公司发展战略、高管行为、经营行为、内控管理、信息披露、公司治理结构和运行、公司治理争议事件管理7个一级指标综合分析企业的治理风险。重点针对实控人或控股股东性质、股份减持、产业链扩张、高管变动、关联交易、商业道德等风险因子通过定量计算与定性分析的方式进行具体分析评价。

此外，ESG 相关外部因素调整对评级结果的影响也非常重要，是调整项中除 ESG 评级体系中难以进行分类但会对企业可持续经营产生影响的因素的统称，是对受评主体 ESG 风险进行整体分析评价后的微调。包括行业政策变动、环保标准趋严、严重负面舆情等重大影响事件发生时，均会通过调整项体现出对事件的影响程度进行评估。

2. 指标评分方法设计

指标类型可分为定量和定性两类，根据其指标含义和评分目的确定评分方法，覆盖受评主体对应指标的纵向表现和横向表现对比，综合分析受评主体的 ESG 风险暴露情况和管理水平（见表7）。

表7　ESG 指标评分方法

指标类型	评分方法
定量指标	行业均值法、区间法等
定性指标	分级评分法、分类评分法等

此外，针对基于公开披露信息开展的 ESG 评级，考虑到目前缺乏统一的 ESG 信息披露规范，大部分企业（主要为公众企业）未能针对 ESG 关键指标信息进行全范围的核算与统计披露。因此，在上述 ESG 评级指标体系的基础上引入未披露因子综合分析替代的评分方法，补充受评主体未统计信息的因子得分表现，以提升 ESG 评级体系的全面性和评级结果的有效性。

3. 评级指标权重确立

基于以上 ESG 评级体系，通过集历史回测法、熵权法和层次分析法（AHP）三种方法于一体的复合赋权法进行指标赋权。

历史回测法即根据历史数据选择 E、S 和 G 维度对应指标的最佳权重，分别选取企业短期的股价波动风险和长期的经营稳定性风险作为目标变量进行回测分析，对企业长期影响程度判断指标的重要性进行赋权。熵权法是一种客观的赋权方法，根据 E、S、G 指标的变异程度，用信息熵计算出各指标的熵值（对评级结果的影响），再通过熵值计算出指标的权重，一般行业特征指标的权重可通过熵权法确定。层次分析法是在上述两种赋权方法的基础上，根据企业 ESG 议题评分结果，从指标本身的重要程度和企业 ESG 管理现状对指标进行调权，以降低评分结果的偏差。

按照上述三种方法确定指标的权重，根据行业特性，并对特定行业的指标特征进行权重调整，形成旨在反映行业特性的复合赋权法。

五　企业 ESG 评级实践与提升

（一）中国上市公司 ESG 评级表现现状

1. 总体表现情况

截至 2023 年 6 月 30 日，A 股[①]和中资港股[②]（港股不含两地上市企业[③]，

[①]　本报告 A 股是指在上海证券交易所、深圳证券交易所、北京证券交易所（简称"沪深北交易所"）上市的股票。

[②]　本报告中资港股是指在香港联合交易所上市的中资股。

[③]　两地上市企业是指同时在我国"沪深北交易所"和香港联合交易所上市的企业。

以下同口径）上市公司共计 6295 家。2022 年披露年度报告的上市公司共计
6080 家，披露 ESG 报告①的上市公司共计 2718 家，占披露年度报告上市公
司的比重为 44.70%（见表 8），其中 A 股 1773 家、中资港股 945 家。

表 8　按公司属性划分的 2022 年 ESG 报告披露情况

单位：家，%

公司属性	披露年度报告的 上市公司数量	披露 ESG 报告的 上市公司数量	占比
地方国企	1012	581	57.41
公众企业	441	277	62.81
集体企业	23	7	30.43
民营企业	3832	1323	34.53
其他企业	34	16	47.06
外资企业	187	65	34.76
中央企业	551	449	81.49
总　　计	6080	2718	44.70

根据中诚信绿金 ESG Ratings 数据库统计，6080 家披露年度报告的上市
公司的 ESG 评级结果整体呈正态分布趋势。A 级及以上的公司数量较少，
占比仅为 12.5%；B~BBB 级的公司数量较多，占比达到了 86.8%，其中
BB 级的公司数量仍为最多，占比为 46.8%（见图 4）。

对比 2021~2022 年 ESG 级别分布变化，上市公司 ESG 评级分布整体呈
现由低级别向高级别上移的趋势。其中，A 级及以上的公司数量占比明显上
升，提高 6.2 个百分点；B 级和 C 级的公司数量占比显著降低，下降 19.2
个百分点。这与我国 A 股、港股市场上市公司对 ESG 信息披露关注增强、
公司内部 ESG 管理提升密切相关。

分行业来看，ESG 平均得分较高的 5 个行业为银行、非银金融、公用事
业、钢铁和煤炭，而平均得分较低的 5 个行业为社会服务、计算机、建筑装
饰、房地产和综合。选取上述 10 个行业进行对比分析，银行业和非银金融
业上市公司 ESG 整体表现良好，其中银行业 A 级及以上占比为 40.7%，非

---

① 包括环境、社会及公司治理报告，环境信息披露报告，可持续发展报告，社会责任报告等。

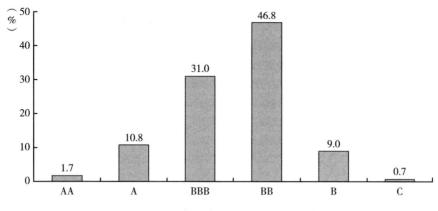

图 4 2022 年上市公司 ESG 评级分布

资料来源：中诚信绿金 ESG Ratings 数据库。

银金融业 A 级及以上占比为 28.6%，这得益于监管机构对金融机构的环境信息披露以及对 ESG 全流程管理的积极引导。而钢铁、公用事业、煤炭等行业 ESG 表现较好，这些行业中中央企业和地方国企占比较高，对 ESG 的关注度较其他性质的企业要高，且公用事业行业上市公司多为发电、燃气供应企业，其开展各类新能源发电、供热、天然气供应等业务符合国家绿色低碳产业支持方向，与行业 ESG 议题高度契合，所呈现的 ESG 评级水平相对较高；而钢铁、煤炭属于高污染行业，基于《企业环境信息依法披露管理办法》的要求，该行业企业在污染物排放、防治设施运行等方面制定的管理措施较为完备，披露的内容也较为完整，同行业可比信息较为一致，同时具有对在业内 ESG 维度表现是否优异的鉴别能力，整体 ESG 级别水平相比其他行业要高。而在 ESG 平均得分较低的行业中，综合、社会服务行业涉及的公司业务种类多样，披露信息和数据不统一，整体 ESG 评级水平并不高。计算机、房地产、建筑装饰行业 BB 级及以下的上市公司数量分布较多，占比约为 70%；A 级及以上的上市公司分布较少，行业整体对 ESG 管理的关注有待增强（见图 5）。

分公司属性来看，2022 年相关监管政策的推动，以及大型会议论坛、媒体平台等多渠道对 ESG 理念的宣传推广，极大地提升了公众对 ESG 的关

投资蓝皮书

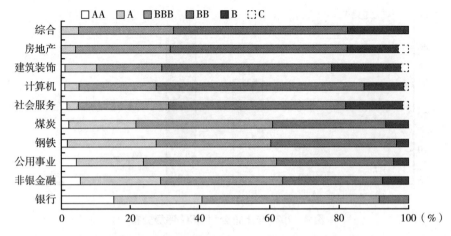

图 5　ESG 平均得分排名前五与后五行业的 ESG 评级分布

注度，叠加国资委对央企控股上市公司 2023 年 ESG 信息披露全覆盖的要求，国有控股上市公司愈加重视建立 ESG 信息披露和管理制度，并对整个 A 股市场发挥了强有力的带动作用。从图 6 可以看出，国有企业中高 ESG 级别的数量占比要明显高于其他性质的企业，其中中央企业 ESG 评级处于 A 级及以上的数量占比超过 35%，地方国企 ESG 评级处于 A 级及以上的数量占比接近 20%，均较上年略有提高。民营企业 ESG 评级主要集中在 B～BBB 级，且在 40 家 C 级上市公司中有 34 家为民营企业，其中单独发布 ESG 报告的只有 3 家，披露的有效 ESG 信息较为匮乏，整体呈现的 ESG 绩效水平较低。相较于国有企业，民营企业的 ESG 管理实践较为落后，ESG 信息披露意愿也有待进一步增强。

2.环境维度表现情况

从环境维度评级情况来看，6080 家上市公司中 C 级占比最高，达到 51.5%，A 级及以上占比仅为 2.7%，相较于 2021 年的 1.8%略有提升，环境维度等级分布变化并不明显（见图 7）。

分行业来看，银行业平均得分最高（见图 8）。近年来在监管机构对绿色金融和转型金融的大力引导下，叠加资本市场对绿色金融的关注，银行业对绿色金融方面的创新与实践应用愈加重视，且在国有银行、股份制银行的

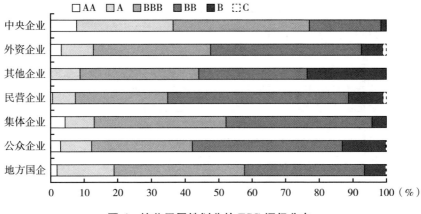

图 6　按公司属性划分的 ESG 评级分布

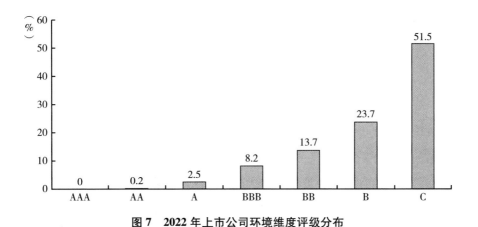

图 7　2022 年上市公司环境维度评级分布

资料来源：中诚信绿金 ESG Ratings 数据库。

实践引领下，在绿色金融领域探索实践的城市商业银行和农村商业银行数量不断攀升。目前，国有银行、股份制银行、部分城市商业银行已经制定了银行内部的绿色金融发展战略，布局重点业务推进工作，创新产品开发计划，并在信贷授信管理流程中构建了与 ESG 因素相融合的风险管理体系，对信贷客户进行风险识别，并尝试探索环境压力测试等多种环境风险传导管理手段。此外，自 2021 年中国人民银行发布《金融机构环境信息披露指南》以来，江西省、深圳市、粤港澳大湾区等地区陆续推动金融机构的环境信息披

露试点工作，银行业等金融机构环境信息披露工作逐步铺开，目前已有超200家银行机构参与环境信息披露实践。

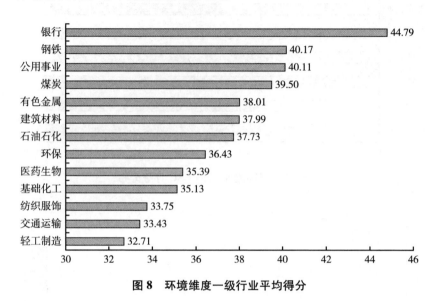

图8 环境维度一级行业平均得分

钢铁、煤炭、有色金属、建筑材料、石油石化虽为高碳排放行业，但在"双碳"政策的指引下，特别是在由"能耗双控"转向"碳排放双控"的监管趋势下，上述行业企业不断加大减污降碳协调增效力度，加大环境保护和节能相关投入，借助数据信息化平台提升各类污染物和资源消耗管理监控能力，尝试参与碳交易市场、购买绿电、投资新能源项目以减少碳排放。

从一级指标细分来看，环境维度主要衡量环境管理、可持续发展、排放物管理、环境争议事件管理、资源管理、绿色金融管理、绿色运营服务等方面的表现。从图9可以看出，环境管理（包括环境管理体系、环境风险管控、环境知识培训、环保投入等内容）平均得分相对较高，较多公司建立并披露了环境相关的管理制度和组织架构。其次是绿色运营服务、绿色金融管理，而可持续发展、排放物管理、资源管理等更为精细化的管理指标得分相对较低。其中，可持续发展包括绿色工厂、绿色园区、绿色供应链、绿色产品等绿色相关创新发展以及应对气候变化等评分内容，上市公司整体在绿色相关创新发展方面还需进一步加强，而在应对气候变化方面，近一半的企业得分在 10 以下，披露碳排放强度数据的企业仅占 1/4 左右。在全球气候变化的影响以及我国"双碳"目标的推进下，上市公司应加强碳排放的统筹管理，制定"双碳"目标规划，采取碳减排相关技术措施，并将气候风险纳入公司治理架构，识别气候变化带来的机遇与挑战，为下一步制定相关管理措施奠定基础。

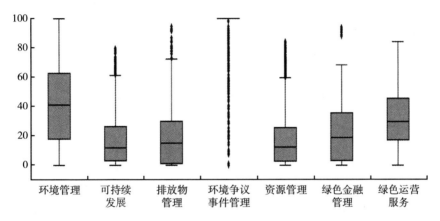

图 9　环境维度一级指标得分分布

注：箱线图中箱子中间的线代表数据的中位数。箱子的上下底分别是数据的上四分位数（Q3）和下四分位数（Q1），箱子的高度在一定程度上反映了数据的波动程度。上下边缘代表了该组数据的最大值和最小值。箱子外部的点为数据中的"异常值"。"绿色金融管理"、"绿色运营服务"主要为银行业、非银金融业公司设置的衡量指标。

3. 社会维度表现情况

从社会维度评级情况来看，6080 家上市公司中 BBB 级占比最高，达到 31.8%，A 级及以上占比为 27.1%，相较于 2021 年社会维度等级分布整体明显提升（见图 10）。

分行业来看，在众多行业中银行业社会维度表现最为突出，得益于银行业作为资金提供方能够发挥重要作用，在政策驱动下银行机构为"三农"、中小微企业提供资金支持，践行社会责任。同时，2007 年原银监会发布的《关于加强银行业金融机构社会责任的意见》、2009 年中国银行业协会发布的《中国银行业金融机构企业社会责任指引》等多个文件对社会责任履行要点、服务对象等明确了工作重点，在社会责任报告等披露实践方面也领先

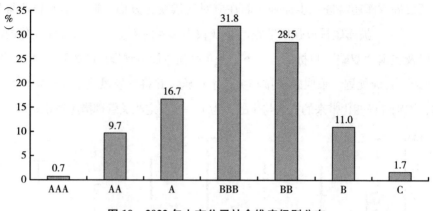

图10　2022年上市公司社会维度级别分布

资料来源：中诚信绿金 ESG Ratings 数据库。

其他行业。石油石化、钢铁、有色金属等重点工业行业社会维度表现较好，这些行业中中央企业和地方国企占比较高，而中央企业和地方国企作为履行社会责任、发挥积极社会影响的中坚力量，在履行社会责任、彰显责任价值方面表现尤为突出。非银金融、美容护理等服务性行业与社会民众接触面更广、提供服务更细，与安全管理、产品责任、客户责任等社会维度下的考察指标关联度较高，可披露的信息较为全面，综合平均得分较高（见图11）。社会维度部分国有银行得分见图12。

从一级指标细分来看，社会维度主要衡量安全管理、产品责任、客户责任、社会贡献、员工责任、供应商管理、投资者管理、社会争议事件管理、分销商管理、分包商管理、加盟商管理、经销商管理等方面的表现。其中，产品责任、员工责任和社会贡献的平均得分较高，而分销商管理、分包商管理、加盟商管理、经销商管理4个指标的平均得分较低，特别是针对商贸零售等服务企业的加盟商管理、建筑装饰企业的分包商管理，以及汽车整车制造企业的经销商管理得分较低，管理水平有待进一步提升（见图13）。

社会贡献和员工责任的得分分布比较集中，而产品责任、安全管理和客户责任3个指标的得分比较分散。供应商管理的得分不均衡，绝大部分集中在20~50的区间。投资者管理和分包商管理的得分分布趋向极端，并且这2个指标与

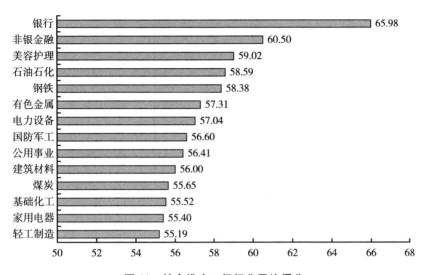

图 11 社会维度一级行业平均得分

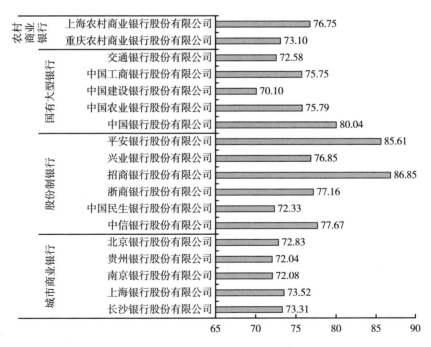

图 12 社会维度部分国有银行得分

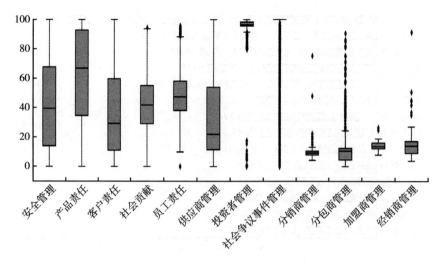

图13　社会维度一级指标得分分布

社会争议事件管理指标异常值较多，呈现上市公司社会风险管理水平的差异。

4. 治理维度表现情况

从治理维度级别情况来看，治理维度得分总体上较环境维度和社会维度更高，A 级及以上的公司数量占比为 43.9%，相较于 2021 年（35%）提升 8.9 个百分点；治理维度分布相对集中在 A 级和 BBB 级，合计占比为 70.4%。可见，上市公司在治理维度的管理水平整体表现较好（见图 14）。

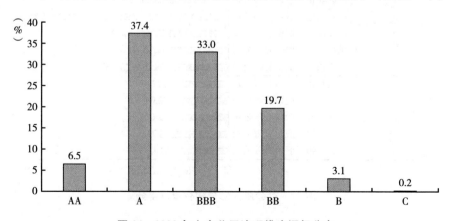

图14　2022 年上市公司治理维度评级分布

分行业来看，治理维度各个行业的平均得分均高于 50（见图 15），其表现优于环境维度和社会维度，自上而下进行的顶层治理设计可有效推动和解决企业治理中的内部性问题，完善合规管理流程。

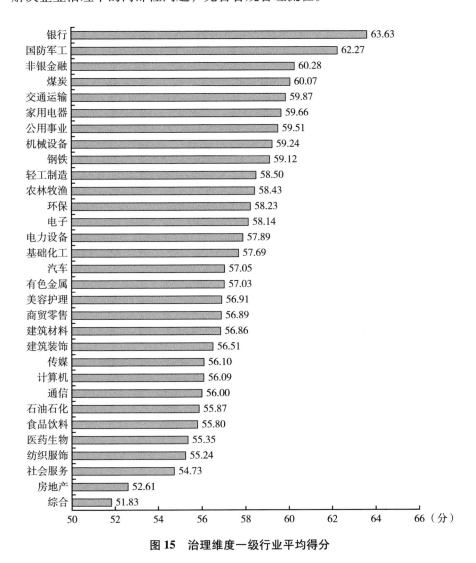

图 15 治理维度一级行业平均得分

银行业在众多行业中表现最为突出，国防军工、非银金融、煤炭、交通运输等关系民生安全、国家经济命脉行业的公司治理表现也排在前列，并且

这些行业中中央企业和地方国企的占比较高。在国企改革三年行动"收官"、推行现代企业制度等多项改革举措的推动下，结合我国经济发展阶段中国特色现代国有企业制度的继续深化，叠加 2022 年 5 月国务院国资委发布的《提高央企控股上市公司质量工作方案》对 ESG 实践的要求，中央企业更是将 ESG 提到了重要的战略位置，并逐步探索融入公司整体的战略体系。

从一级指标细分来看，治理维度主要衡量公司发展战略、高管行为、经营行为、内控管理、信息披露、公司治理结构和运行、公司治理争议事件管理等方面的表现。其中，信息披露指标得分较为集中但平均得分偏低，及时、透明、合规的信息披露为后续治理维度的评级奠定了良好的基础，也是促进公司内部在治理层面的表现不断提升的手段之一。内控管理、公司治理结构和运行这 2 个指标得分处于一个较高水平且得分差异较小，这也说明在"三会一层"的治理架构下，企业的内控管理和运行情况整体表现较好，且上市公司之间的差异较小（见图 16）。

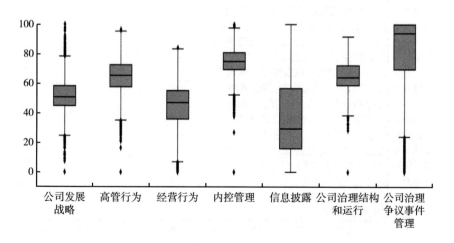

图 16 治理维度一级指标得分分布

公司发展战略在一级指标中的得分居中等偏上位置，得分分布相对较为集中，其指标内容主要包括发展现状、战略规划、产业投资和 ESG 管理等，前两项内容在上市公司年报中均有披露，因此得分较高。而在 ESG 管理上的表现，不同公司差异较大。据中诚信绿金统计，2022 年在已评级的上市公司中，披露 ESG 管理架构相关内容的公司共有 1284 家，具体 ESG 管理架构的设立形式包括：在董事会层面建立 ESG 管理委员会或可持续发展管理委员会；成立以董事长或总经理为领导的多部门协作的 ESG 工作小组；由其他相关职责部门（如环保、安全、人力、董办等）负责推进 ESG 相关管理工作。

整体而言，应加强内部管理及控制，建立科学的公司治理结构、市场化经营机制和法律合规制度以适应行业发展、公司内部运行所需，并将 ESG 整体融入公司治理体系，有效推动 ESG 工作的开展，从而提高公司整体决策及运营效率，为公司创造稳定的经济效益、实现可持续高质量发展奠定基础。

（二）中国上市公司 ESG 评级提升建议

1. 准确识别自身不足，提升 ESG 管理水平

上市公司应根据其业务特点，有效识别自身 ESG 实质性议题和内外部利益相关方，依据自身不足，在企业内部进行针对性改善任务下达和跟踪式反馈提升。

企业要建立健全 ESG 组织管理架构，明确各层级、各岗位的 ESG 责任，为企业履行 ESG 管理工作提供保障。同时，要将可持续发展理念融入公司运营和管理中，探索符合自身特色的 ESG 管理实施路径和载体，促使企业 ESG 理念和战略规划等落到实处、产生实效。此外，要在业务影响的范围内，针对不同利益相关方诉求，开展具有实质性的 ESG 实践，形成各具特色的 ESG 植入路径和模式。

2. 进行 ESG 利益相关者内外部有效沟通

企业应深刻认识沟通的重要价值，不断提升沟通意识。企业在日常运营中，一方面要与投资者、股东等重要利益相关方就 ESG 事宜进行沟通，努力在沟通过程中赢得利益相关方的理解、认同和支持；另一方面要与评级机

构保持沟通，实时了解资本市场 ESG 动向，以更好地回应评级要求，获取更多融资机会。

3. 有效进行 ESG 信息披露

上市公司应主动学习并了解 ESG 主流评级要求、指标内容、评级流程与回应方法，并与自身 ESG 管理及信息披露现状进行对比和梳理完善。针对不同 ESG 评级机构的评级逻辑，对评级结果进行有针对性的诊断解读。

披露的信息需要覆盖当地政府或交易所相关规则要求，同时应考虑主流 ESG 评级中关注的指标，有针对性地满足合规要求及评级指标要求。必要时可单独编制环境和社会相关报告，如编制环境报告、气候信息披露报告等。重点回应评级机构关注的议题，通过结构化的 ESG 报告回应评级机构需求。另外，企业应有效利用互联网和移动端等平台，及时发布和更新 ESG 战略、政策、管理及优秀案例信息，使信息传播更便捷、更深入。

六　总结

上市公司作为我国发展经济的基本盘，更是资本市场的基石，随着我国多层次资本市场的持续演进，股票相关制度诸如注册制需要相应改变，这同样是我国证券交易所与国际证券交易所交流合作、与国际信息披露标准接轨的良好契机，其中 ESG 将会是未来几年飞速发展的细分主题和监管的重要工作之一。我国证监会先后开展科创板、创业板、北交所试点注册制，秉持以信息披露为核心、强化中介机构把关责任等国际通行做法，继续把提高上市公司质量作为全面深化资本市场改革的重要内容。

以健全合规的 ESG 信息披露为基础，构建适合企业发展的本土化 ESG 评级体系，才能为投资人、监管方等利益相关方在财务信息之外发现企业价值并补齐风险敞口，更好地敦促企业通过开展 ESG 工作不断推进可持续、高质量发展。此外，如何在监管部门的指引下让"舶来品"ESG 评级体系更好地融入中国，以及在现阶段经济重心转移、产业结构调整、国家发展战略导向等宏观因素作用下，如何构建符合当下、具有中国特色的

ESG 评级体系，成为当前中国推进可持续发展的重要工作内容。ESG 评级体系的构建工作任重道远，需要激发各方活力、增强合作韧性，也需要各级监管方、证券交易所、ESG 评级机构、投资机构及企业等多方加强沟通交流，通力合作，共同推进 ESG 评级体系在整个生态圈的良性发展。

参考文献

财政部会计司：《关于就国际可持续准则理事会发布的〈方法论：提高 SASB 标准的国际适用性以及 SASB 标准的通用分类标准更新（征求意见稿）〉公开征求意见的函》（财会便函〔2023〕35 号），2023 年 5 月。

陈占夺：《企业管理的中国模式：中国特色现代企业制度》，《现代国企研究》2022 年第 5 期。

易会满：《努力建设中国特色现代资本市场》，《求是》2022 年第 15 期。

区 域 篇

Regional Report

B.11
北京市 ESG 投资分析

方意 林点 宋鹭*

摘 要: 在全球负面事件冲击的背景下，ESG 投资的重要性凸显。本报告对北京市 ESG 投资发展现状与监管政策进行城市间的比较分析。由结果发现，在 ESG 发展水平上，北京市国企及高市值公司的头部效应分化明显，环境维度的头部效应较社会与治理维度发展迅速，不同行业在 ESG 信息披露和评级表现上存在客观差距。在政策监管上，北京 ESG 投资政策与"两区"建设高度融合，并且以环境维度为主。此外，由于北交所服务中小企业的特殊定位，北交所比上交所、深交所在信息披露要求上滞后。建议北京市构建分层次、有顺序、实质性的 ESG 投资监管框架，充分依托"两区"建设与雄厚科技基础等优势，借鉴海外养老金等政策性资金的 ESG 投资市场化引导措施，协同行业协会、团

---

* 方意，经济学博士，中国人民大学国家发展与战略研究院教授，主要研究领域为国家金融安全、金融风险与金融监管；林点，硕士研究生，中央财经大学金融学院，主要研究领域为绿色金融；宋鹭，经济学博士，中国人民大学国家发展与战略研究院研究员，主要研究领域为数字金融。

体组织以及企业多方共同推动北京市 ESG 投资发展。

关键词： ESG 投资　北京市　ESG 信息披露　ESG 评级

一　ESG 投资概念

在学术界，对 ESG 投资的概念界定并不完全相同。根据不同研究对 ESG 投资内涵的描述，可将其区分为狭义 ESG 投资与广义 ESG 投资两类。

狭义 ESG 投资指的是投资者在投资时将投资对象的环境、社会与治理等非财务表现纳入投资决策考量之中。席龙胜和赵辉（2022）、李小荣和徐腾冲（2022）都表明，ESG 投资要求资本市场中的投资机构把企业 ESG 表现（ESG 评级）作为制定投资战略的重要参考。此外，凌爱凡等（2023）对 ESG 投资进行了更详细的描述，投资决策者通过最大化"财富+ESG 喜好"的期望效用，以获得在财富与 ESG 偏好之间形成的最优平衡。可见，狭义 ESG 投资的主体是投资者，考察 ESG 在投资决策过程中的作用。

广义 ESG 投资包含将 ESG 因素纳入投资决策、披露 ESG 信息以及争取利益相关者的认同等。谢红军和吕雪（2022）认为 ESG 投资的内涵与 ESG 实践相近，其不只局限于投资决策过程。另外，宋科等（2022）认为银行 ESG 投资在精准扶贫、支农支小、绿色金融以及支持国家重大发展战略等方面积极作为，并对外披露相关信息，以及通过积极维护消费者权益、员工关怀与员工福利等赢得利益相关者的广泛认同。可见，广义 ESG 投资涉及主体广泛，考察 ESG 在投资者投资和公司融资与经营中的作用。

事实上，狭义 ESG 投资是广义 ESG 投资的一个环节。如图 1 所示，狭义 ESG 投资发生在投资者的投资过程中。而广义 ESG 投资即 ESG 实践，不仅包含狭义的 ESG 投资过程，而且涉及企业的 ESG 信息披露与评级机构的 ESG 评级等。

本报告对 ESG 投资的分析框架建立在广义 ESG 投资之上，包含 ESG 信息披露、ESG 评级与狭义 ESG 投资三个方面。原因如下：第一，提升可持续发展水平需要投资者、企业、评级机构以及监管机构的共同努力，涉及广义 ESG 投资的整个生态圈建设情况；第二，狭义 ESG 投资决策以 ESG 市场信息为基础，而 ESG 市场信息中最重要的两个渠道便是企业对自身的 ESG 信息披露以及评级机构对企业 ESG 表现的评级。

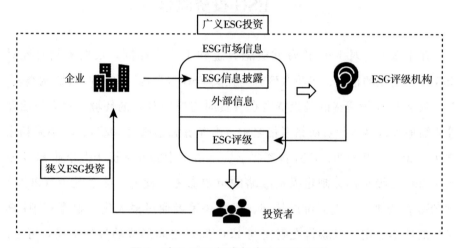

图 1　狭义 ESG 投资与广义 ESG 投资

资料来源：在刘均伟等（2022）基础上整理所得。

因此，下文结构安排如下：第二部分介绍北京市 ESG 投资发展背景，分析 ESG 投资的国内外发展现状；第三部分介绍北京市 ESG 投资发展基础，比较分析北京市 ESG 投资发展现状；第四部分是对北京市 ESG 投资发展中头部效应的理论分析；第五部分介绍北京市 ESG 投资监管政策，涉及 ESG 投资监管，进行国际比较，阐述北京市 ESG 投资监管情况，进行北京、上海与深圳的 ESG 投资监管比较；第六部分是结论，在对北京市 ESG 投资的现状与监管分析基础之上，结合北京市的优势提出 ESG 投资发展建议。

二　北京市 ESG 投资发展背景

北京市 ESG 投资发展必须放在全国及全球的发展视野中。本部分从国际、国内视角介绍 ESG 投资发展的整体情况（见表 1），以为后文分析北京市 ESG 投资发展情况奠定基础。

表 1　国内外 ESG 投资发展概况

	国际	中国
ESG 信息披露	现有国际 ESG 信息披露标准已形成框架体系，其中 GRI、SASB、ISO 26000 对中国有着广泛的影响力	针对国际 ESG 信息披露标准的实践有限，正在致力于构建"本土化"ESG 信息披露框架。目前，披露指标发展不平衡，披露主体少
ESG 评级	多家大型评级机构并存，评价标准不统一，结果相关性低	与国际 ESG 评级面临同样问题，此外，评级的完整性欠缺，国际影响力低
（狭义）ESG 投资	众多资产管理者和资产所有者在上市公司投资中把 ESG 因素纳入决策，并构建 ESG 治理团队与策略团队	各类金融机构正在政策引导下践行 ESG 相关理念

注：GRI、SASB、ISO 26000 标准分别是由全球报告倡议组织（Global Reporting Initiative）、可持续发展会计准则委员会基金会（Sustainability Accounting Standards Board Foundation）、国际标准化组织（International Organization for Standardization）提出的 ESG 信息披露标准。

资料来源：在孙忠娟等（2023）基础上整理所得。

（一）ESG 信息披露

国际范围内 ESG 信息披露标准已成体系，具有较大的影响力。从 20 世纪 90 年代开始，国际范围内成立了多个 ESG 组织，并且其逐步制定各自的 ESG 信息披露标准。典型的 ESG 信息披露标准包括 GRI、SASB、ISO 26000、IIRC、ISSB 和 CDSB[①] 等。其中，GRI、SASB、ISO 26000 三种标准体系在中国具有广泛的影响力。

由于国情不同，中国针对国际 ESG 信息披露标准的实践有限。作为社会主义国家，中国以"共同富裕"为奋斗目标，重视缩小地区、城乡收入

---

① IIRC、ISSB、CDSB 分别是由国际综合报告委员会（International Integrated Reporting Council）、国际可持续发展准则理事会（International Sustainability Standards Board）、气候披露标准委员会（Climate Disclosure Standards Board）提出的 ESG 信息披露标准。

差距。但现有国际 ESG 信息披露标准尚未涉及相关内容。可见，有必要探索中国"本土化"ESG 信息披露标准。

当前，中国加快探索 ESG 信息披露标准，但披露指标发展不平衡，披露主体少。首先，当前，中国披露指标发展不平衡，"社会"与"治理"层面的规定较少。"环境"层面有建设环保体系、打造绿色金融与建立低碳体系多个侧重点的治理文件。"社会"层面有《社会责任指南》（GB/T 36000-2015）、《社会责任管理体系　要求及使用指南》（GB/T 39604-2020），并且《社会责任指南》（GB/T 36000-2015）只是推荐性国家标准而非管理体系标准。"治理"层面主要对上市公司信息披露做出要求。其次，根据孙忠娟等（2023），当前，除了"上证公司治理板块""深证 100 指数"样本股必须披露社会责任报告外，中国对其他上市公司仅做出鼓励性要求，参与 ESG 信息披露的主体范围极小，市场整体的参与度低。

（二）ESG 评级

当前，海内外 ESG 评级机构繁多，各评级机构均推出自主设定的评级指标体系。海外的 ESG 评级市场经过长时间的发展，逐渐形成体系较完善、各具特点的 ESG 评级框架，如 MSCI ESG、S&P Global CSA、Sustainalytics 等。国内 ESG 评级机构有商道融绿、社会价值投资联盟、万得、妙盈科技等。

由于自主设定评级框架，国内外 ESG 评级都呈现评级标准不同、评级结果相关性低的现象。可能原因为：第一，ESG 评级多为商业产品，各家评级指标体系并不公开透明，评级结果自然存在差异；第二，ESG 评级需要依托对评级对象 ESG 信息的收集，而当前 ESG 信息的公开披露机构尚不完全和规范。

此外，中国 ESG 评级的完整性欠缺、国际影响力低。首先，完整性欠缺体现为：现阶段，中国各 ESG 评级体系对企业履行社会责任的探究较少，对企业风险管理能力与绿色发展规划的探究不够；部分评级机构未进行行业层面的区分；部分评级机构未将争议性负面事件纳入评级体系。其次，中国 ESG 评级机构的市场影响力有限，境外 ESG 投资主体仍以海外机构对 A 股的 ESG 评级结果为主要参考依据。海外机构对于中国国情及中国企业现状的理解存在一定偏误，这可能会导致其低估中国企业的 ESG 表现。

（三）（狭义）ESG 投资

长期以来，全球资产管理人走在识别和跟踪 ESG 投资机会的前列。具体表现为：第一，积极响应 ESG 投资号召，签署 PRI[①] 机构数量增加；第二，投资机构[②]内部开始逐渐成立 ESG 治理团队和策略团队；第三，ESG 投资策略不断完善，按全球可持续投资联盟（Global Sustainable Investment Alliance，GSIA）可分为：ESG 整合策略、负面筛选策略、正面筛选策略、可持续主题投资策略、企业参与和股东行动、影响力投资和社区投资。

近年来，中国的（狭义）ESG 投资在政策的引导下逐渐发展，例如，"两增两控"[③]、"双碳"目标[④]、上市公司投资者关系管理相关政策、《关于加快推进公募基金行业高质量发展的意见》等。

三　北京市 ESG 投资发展基础

此部分继续使用上述分析框架，分别从 ESG 信息披露、ESG 评级与（狭义）ESG 投资三个方面分析北京市 ESG 投资发展现状。

---

① PRI，即联合国责任投资原则组织（The United Nations-supported Principles for Responsible Investment，UN PRI）提出的负责任投资原则。

② 具体来说，包含银行与基金、保险、其他资管机构等。

③ "两增两控"，是普惠金融的举措，是对小微企业贷款的利好。"两增"，即信贷总额在 1000 万元（含）以下的小微企业贷款同比增速不低于各类贷款同比增速，贷款数量不低于上年同期。"两控"，即将普惠小微企业不良贷款率控制在不超过不良贷款率的 3 个百分点以及继续保持小微企业贷款利率处于合理水平。

④ "双碳"目标，是环境方面的举措，指碳达峰和碳中和，2030 年前实现碳达峰是近期目标，2060 年前实现碳中和是长期目标。碳达峰，指在某一个时点，二氧化碳的排放量不再增长，达到峰值，之后逐步回落。碳中和指国家在一定时间内产生的温室气体排放总量，通过植树造林、节能减排等形式实现正负抵消，达到相对"零排放"。

（一）ESG 信息披露

企业在年报之外以专项报告的形式（ESG 报告）对 ESG 信息进行详细的披露。与在公司年报中简单涵盖环境、社会与公司治理的笼统内容不同，上市公司出具 ESG 报告，代表其愿意向公众展示过去一年内自身在环境、社会责任与公司治理等方面的具体表现。具体而言，ESG 相关报告，包括社会责任报告、ESG（环境、社会与治理）报告、可持续发展报告等。

在国家层面上，上市公司的 ESG 信息披露意识增强，近年来，我国主动披露 ESG 报告的上市公司数量不断增加。2020~2022 年，我国上市公司主动披露 ESG 报告的数量快速增长，增长率由 2020 年的 6.98% 攀升至 2021 年的 13.35%、2022 年的 24.52%（见表2）。

表2　我国上市公司 ESG 报告披露情况

单位：个，%

年份	数量	增长率
2020	1011	6.98
2021	1146	13.35
2022	1427	24.52

资料来源：海南省绿色金融研究院。

在公司属性上，国企、高市值企业的 ESG 信息披露意愿更强。根据节点财经公布的 2022 年统计数据，在 A 股上市公司中，央企、地方国企的 ESG 报告信息披露率名列前二，分别达到 63.85% 和 43.19%。其在市值规模上呈现头部效应。市值在 300 亿元及以上的上市公司的 ESG 报告披露率较高，市值在 300 亿元以下的上市公司的 ESG 报告披露率不超过 50%，且市值越小，披露率越低。

拥有更高比例的国有企业对于北京市 ESG 报告披露的表现既是推动因素也是要求。对于地方城市 ESG 报告披露水平的分析，首先需要考虑到该城市拥有公司的数量、性质及规模等。娄洪武和黄蔷（2022）认为，经济发展水平、交通便利性、城市常住人口及引进外资情况影响上市公司总部位置的选取。王娜（2012）发现，与民营企业不同，国有企业更偏好将总部置于政治氛围浓厚的首都。此外，本报告通过数据分析发现，北京市 A 股上市公司中国有企业占比高达 37.69%，高于上海市约 11 个百分点。这表明，相比其他城市，北京市拥有更高比例的国有企业。由于国有企业在 ESG 报告披露方面的能力和意愿更强，一方面使北京市整体 ESG 报告披露表现提升，另一方面对北京市在推动可持续发展方面提出更高的期望和要求。

即便如此，北京市仍有部分行业龙头企业尚未披露 ESG 报告，例如，总部位于北京市的中铁特货物流股份有限公司并未出具 ESG 专项报告，其年报中披露的与 ESG 相关的内容笼统且以未受到相关部门处罚的信息为主。

（二）ESG 评级

企业 ESG 评级表现值得关注。从企业视角看，在信息不对称环境下，企业 ESG 表现有助于企业赢得金融机构、供应商、客户等利益关联者的信任，从而降低企业经营成本，提高企业经营效率（方先明、胡丁，2023）。从投资者视角看，ESG 投资需要公司掌握充分的 ESG 信息以进行策略构建，而权威机构推出的公司 ESG 评级结果能够提供良好的参考。

本报告分别对总部位于北京、上海和深圳（其中，考虑到广州的 A 股上市公司数量仅为 150 家，远远少于北京的 467 家、上海的 427 家和深圳的 413 家，因此后文主要比较分析北京、上海和深圳的公司 ESG 评级表现）的 A 股上市公司使用 Wind ESG 评级结果进行分析。Wind ESG 评级分为 CCC 级至 AAA 级七档，取 AAA~A 级为 ESG 表现优秀区间，BBB~B 级为中等区间，CCC 级为较差区间①。评级结果时间截至 2023 年 5 月 31 日。

相比上海、深圳，当前，北京公司的 ESG 评级表现更为集中，较差区间的公司数量更少。一方面，北京公司自身 ESG 表现集中于 BBB~B 级（中等区间）。截至 2023 年 5 月 31 日，北京 A 股上市公司达 467 家，接近 80% 的北

---

① CCC 级表现较差，仅有一档，但为方便表述，后文称其为较差区间。

京公司的ESG评级为BBB~B级（中等区间），CCC级（较差区间）的北京公司仅有1家（见图2）。另一方面，在北京公司数量增加的前提下，上海、深圳却拥有更多ESG表现较差的公司。北京仅有0.2%的公司的ESG评级为CCC级（较差区间），分别低于上海的约0.77%和深圳的约1.4%。

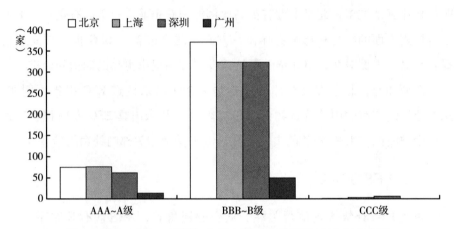

图2 北京、上海、深圳与广州A股上市公司的ESG评级表现

注：时间截至2023年5月31日。
资料来源：Wind ESG评级数据。

北京公司的头部效应显现，国企、高市值公司ESG的表现领跑。此外，与上海市、深圳市相比，北京市ESG表现优秀（AAA～A级）的公司中国有企业占比更高。如图3所示，北京ESG表现优秀（AAA～A级）公司中国企的占比在50%以上，而ESG表现中等（BBB～B级）公司中国企占比锐减至35%。国企尤其是中央国有企业通常拥有更大规模、更高市场占有率，处于行业内头部公司的地位。如同前文提及的情况一样，北京拥有更多国企，这也将放大国企、高市值公司在北京公司ESG表现中的头部效应，带动北京市整体的公司ESG表现水平。

头部效应明显的原因可能如下。第一，ESG的表现对头部公司与非头部公司的重要性不同。一方面，国企、高市值公司对于形象管理有着更大的需求，愿意在ESG方面进行投入；另一方面，在政策上，国企面临需要发挥带头作用的压力。第二，头部与非头部公司提升ESG表现的能力不同。

设备先进、产品领先、利润丰厚、对上下游议价能力强的企业更有可能成为
ESG 的赢家。而在生存线挣扎的小微企业难免会捉襟见肘、雪上加霜。

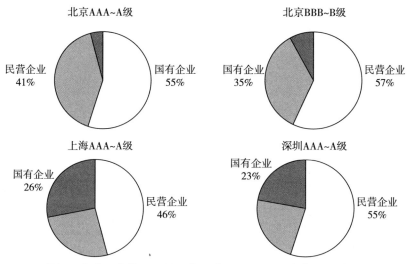

图 3　北京、上海、深圳 A 股上市公司 ESG 评级与公司性质

注：时间截至 2023 年 5 月 31 日；公司性质分类参照 Wind，除国有企业和民营企业之外，还有公众企业、集体企业、外资企业及其他企业（图中未列示比例部分）。

资料来源：Wind ESG 评级数据。

此外，处于不同行业的北京公司在 ESG 表现中存在差距。如表 3 所示，在当前北京市 ESG 表现优秀（单个维度评分在 5 分及以上）的公司中，在环境（E）、社会（S）与治理（G）维度中，能源与电信服务行业均拥有更高的占比。消费（可选消费、日常消费）、房地产与工业在环境（E）维度的占比较低，消费（可选消费、日常消费）在治理（G）维度的占比较低。非实体制造业在环保等方面具有天然优势，改善 ESG 表现的成本较低。而传统制造业本身在能源使用与污染物排放等方面处于劣势，改善 ESG 表现的成本较高。实际上，不同行业间 ESG 表现存在差距不仅源于公司个体的能力与策略问题，还来自行业自身的业务特点。换言之，缩小行业间 ESG 表现的差距，需要推动产业升级或供给侧结构性改革等触及行业特性的更深层次的变革。

表3　北京ESG表现优秀公司的行为分布情况

单位：%

	环境（E）	社会（S）	治理（G）
材料	18.52	40.74	88.89
能源	60.00	70.00	100.00
工业	14.02	42.06	93.46
房地产	13.33	13.33	100.00
电信服务	60.00	60.00	100.00
公用事业	26.67	46.67	93.33
金融	36.36	59.09	100.00
可选消费	9.62	13.46	88.46
日常消费	0.00	33.33	88.89
信息技术	23.68	20.39	90.79
医疗保健	15.09	33.96	92.45

注：时间截至2023年5月31日。

资料来源：Wind ESG评级数据。

（三）（狭义）ESG投资

在（狭义）ESG投资中，ESG债券值得关注。首先，对于（狭义）ESG投资，投资者在投资过程中考虑ESG因素，即带有ESG特性的金融工具，如银行ESG贷款、ESG债券以及ESG基金等。其次，相对来说，债券的发行主体拥有明确的城市定位并且数据获得性高，研究分析的可行性高。最后，由于发债主体范围广（包含政府、企业等），通过ESG债券进行ESG投资的对象范围更广。接下来对北京ESG债券表现进行分析。

参照Wind ESG债券分类，ESG债券包含绿色债券、社会债券、转型债券与可持续债券。其中，绿色债券发展的时间最早，投资者接受度最高。根据国际《绿色债券原则》（GBP）的相关定义，绿色债券是指所有将所得资金专门用于促进环境可持续发展、减缓和适应气候变化、遏制自然资源枯竭、保护生物多样性、治理环境污染等几大关键领域的项目，或为这些项目进行再融资的债券工具。发行人在债券发行前后通过第三方认证机构验证后，可申请贴上绿色债券的标签（郑裕耕等，2022）。

环境维度先行，北京 ESG 债券中绿色债券发行规模远超其余 ESG 债券。如表 4 所示，北京绿色债券年度新增发行总额高达数百亿元，而其余 ESG 债券新增发行总额不超过 100 亿元。其中，北京绿色债券以碳中和债券为主。这与中央和北京市人民政府对"双碳"目标的重视存在较大关系。

表 4　北京 ESG 债券新增发行总额

单位：亿元

类型	债券名称	2021 年	2022 年	2023 年 1~6 月
绿色债券	碳中和债券	416.5	219.5	342.3
	蓝色债券	0	40	10
社会债券	扶贫专项债	0	0	0
	纾困专项债	17	20	60.9
	乡村振兴债	80	50	5
	"一带一路"债	0	80	0
	疫情防控债	0	11.8	0
转型债券		0	105	0
可持续发展挂钩债券		210	195	0

注：时间截至 2023 年 5 月 31 日。
资料来源：Wind ESG 债券数据。

总之，在北京市 ESG 投资发展中，国企及高市值企业在信息披露和评级表现方面领先，头部效应明显。环境维度先行，ESG 债券市场发展中绿色债券发行规模巨大，尤其是碳中和债券。由于公司处于不同行业，一方面，这需要出台具备中国特色且有不同行业适用性的披露标准；另一方面，这使行业间的 ESG 评级表现存在客观差距。

四　北京市 ESG 投资发展中头部效应的理论分析

本部分将对北京市 ESG 投资发展的头部效应做进一步的理论分析。选择头部效应做进一步分析，而非环境维度先行或者行业间存在客观差距的原因在于：北京市国有企业数量更多，比例更高，这将进一步放大北京市 ESG

投资发展中国有企业与大型企业的头部效应。

"头部效应"一词源自幂律分布。幂律分布是由经济学家帕累托在对社会财富分配的研究中发现的（王晓楠等，2020），是一个不同于正态分布的概率分布函数（见图4）。在幂律分布中，资源或价值极度向头部位置集聚，这种现象也被称为"头部效应"。幂律分布中有关头部效应的一个典型例子是二八定律（Reed，2001）。此外，幂律分布在自然、社会等多个学科研究中广泛存在，例如，进出口波动对产业产出的影响（薛健、吴国蔚，2010）、学术期刊影响力的分布（俞立平、李磊，2015）、复杂网络中节点连接度的分布（许荣华等，2021）等。

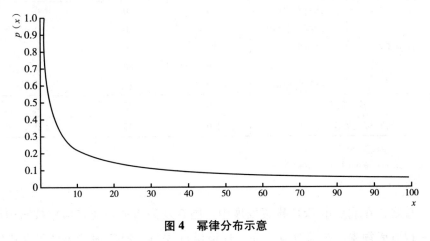

图4　幂律分布示意

资料来源：王晓楠等（2020）。

ESG投资发展中的头部效应，指的是国企与大型企业在ESG信息披露与评级表现方面遥遥领先。如同本报告在北京市ESG投资发展基础中发现的那样，北京国企与大型企业的ESG在北京公司ESG方面的表现领跑。具体而言，一方面，北京公司中国企与大型企业出具ESG专项报告的比例更高，进行更详细的ESG信息披露；另一方面，当前北京公司ESG评级表现优秀的大多为国企与大型企业。

头部效应的存在具有合理性。对于国企与民营企业、大型企业与中小企业在ESG信息披露与评级表现上的差距，其背后具备经济学原因。换言之，这种差距并不能被简单地解释为国企与大型企业在 ESG 实践中所采取的方法策略优于民营企业和中小企业。具体而言，头部效应的合理性如下。

首先，企业目标在企业成长的不同阶段存在差异。吕锡强和陈素清（2005）认为，企业目标并非古典经济学家和新古典经济学家所言的那样一成不变。随着企业的发展壮大，企业目标由追求利润最大化变为追求企业目标多元化，再变为追求企业目标人本化。人本化的企业是为了保障企业内部劳动者以及向社会提供财富和服务而存在的（张胜荣，1994）。换言之，在企业成长初期，即中小企业（企业形态），其目标是追求自身利润最大化。在企业成长中后期，即大型企业（企业形态），其已经在激烈的市场竞争中取得优势，实现盈利增长，把目标逐渐转向社会服务。

其次，ESG 实践本质上属于服务社会的高层次企业[①]的目标。黄世忠（2021）认为，ESG 投资（实践）的理论支柱之一是经济外部性。企业拥有良好的 ESG 表现，实践表明，企业行为对社会产生了正的外部性，是为社会服务的体现。因而，ESG 实践，即（广义）ESG 投资，属于为社会服务的较高层次的企业目标。那么，ESG 实践更多可能成为国企或大型企业的目标，而非中小企业的目标。

此外，头部效应的存在具有必要性，不应消除。国企与民营企业、大型企业与中小企业在 ESG 实践中的差距是客观存在的。此头部效应带来的差距并不是负面的、需要消除的，反而是有利的、应该保持的。头部效应的必要性具体如下。

首先，国企与大型企业处于市场优势地位，应该承担更多社会责任。国企与大型企业通常处于行业内龙头地位，规模较大，拥有上下游议价能力，能对市场产生较大影响力。较高的市场影响力，一方面使国企与大型企业在市场竞争与获取利润上取得优势地位，另一方面对其在为社会服务上提出更高的期望与要求。龚浩川（2023）认为，国有企业具有人民性目标，应以"增进人民福祉"为内核。这说明由于国企特殊的定位，在

---

①　此处的企业，包含需要融资的企业以及进行投资的机构等。

接受国家与社会的发展支持的同时，其理应承担更多社会责任，理应在ESG 实践上表现更佳。

其次，国企与大型企业的优秀 ESG 实践能对中小企业产生溢出与示范作用。一方面，通过龙头企业的示范，国企与大型企业的优秀 ESG 实践间接引导中小企业 ESG 的发展；另一方面，通过参股中小企业，国企与大型企业能够通过投后管理直接推动中小企业 ESG 实践发展。魏延鹏等（2023）认为，国有资本参股，通过发挥治理效应和资源效应提升民营企业的 ESG表现，促进民营企业可持续发展。

五 北京市 ESG 投资监管政策

本部分将从对国家层面 ESG 监管政策的梳理入手，再深入探讨北京市 ESG 监管政策，并进行不同地区 ESG 投资监管模式的比较分析。第一，宏观角度上通过国际比较，探索 ESG 投资监管发展的整体方向。第二，微观角度上通过国内城市间的比较，明确北京市 ESG 投资监管的相对进展。

（一）中国 ESG 投资监管

近年来，中国国家层面的 ESG 投资政策文件逐渐出现。2021~2022 年是中国 ESG 投资发展政策加快部署的重要时间段，许多 ESG 投资政策文件在此时涌现。中国国家层面 ESG 部分政策文件见表 5。

表 5　中国国家层面 ESG 部分政策文件

	发布主体	政策文件
信息披露	生态环境部	《企业环境信息依法披露管理办法》
	上交所	《上海证券交易所股票上市规则（2023 年 8 月修订）》
	深交所	《深圳证券交易所股票上市规则（2023 年 8 月修订）》
	证监会	《上市公司投资者关系管理工作指引》
	国资委	《提高央企控股上市公司质量工作方案》
	中国人民银行	《金融机构环境信息披露指南》

	发布主体	政策文件
标准制定	中国人民银行、国家市场监管总局、银保监会、证监会	《金融标准化"十四五"发展规划》
	证监会	《碳金融产品》
	绿色债券标准委员会	《中国绿色债券原则》
投资引导	银保监会	《银行业保险业绿色金融指引》
	生态环境部	《关于促进应对气候变化投融资的指导意见》《关于开展气候投融资试点工作的通知》
	中国保险资产管理业协会	《中国保险资产管理业 ESG 尽责管理倡议书》

资料来源：各部门官方网站。

当前，中国内地 ESG 相关政策是以环境、社会及治理三个方面分别出现的。这与欧盟和中国香港的 ESG 监管模式不同，后两个地区对于 ESG 的监管政策是对环境、社会与治理三个方面的综合要求①。

存在这种差异的可能原因有：第一，ESG 涉及范围广，在环境、社会与治理三个方面之下还能细分出更多领域，将多个方面的监管纳入统一框架具有较高难度；第二，中国各地区的经济发展差异大，不同的监管水平给综合监管带来难度；第三，中国幅员辽阔，地理环境差异大，经济、社会以及文化方面的差异大，因而各地区的环境、社会与治理三个方面的表现与问题不同。

（二）国际比较

下文主要对各国（地区）ESG 信息披露监管模式进行比较。选择 ESG 信息披露监管模式进行对比的原因如下。第一，ESG 信息披露是对 ESG 投资的基础建设，充分规范的 ESG 信息披露能有效提升 ESG 投资效率。第二，ESG 评级多为市场商业行为，没有明确证据表明应统一各机构的评级标准。

---

① 欧盟与中国香港的 ESG 监管模式，详见后文"国际比较"部分。

在 ESG 信息披露上，欧盟、美国、日本、中国香港及中国内地具有不同的监管模式。如表 6 所示，将 ESG 信息披露模式分为"自愿披露"与"强制披露"，包括"单维度披露要求"与"三维度整合披露要求"。

表 6　主要国家（地区）ESG 信息披露监管模式对比

	自愿披露	强制披露
单维度披露要求	美国（市场化驱动）	日本
三维度整合披露要求	中国内地（仍在探索中）	欧盟、中国香港

注："单维度披露要求"，即环境、社会与治理三个方面由不同部门分管，政策监管也是分散的；"三维度整合披露要求"，即对环境、社会与治理三个方面进行综合监管，以统一政策文件的形式提出要求。

资料来源：在刘均伟等（2021）基础上整理所得。

1. 欧盟与中国香港：三维度整合的 ESG 强制披露要求

欧盟与中国香港市场有一个集中的部门制定 ESG 监管政策，并且对 ESG 的信息披露规则、信息披露的强制性立法设立了完整的"监督—指引—培训—披露"体系。

表 7　欧盟、中国香港 ESG 监管：强制披露+三维度整合要求

	政策	主要内容
欧盟	《非财务报告指令》	强制员工数量超过 500 人的大型企业进行 ESG 信息披露
	《可持续发展报告指令》	要求对报告披露信息进行审计
中国香港	《环境、社会及管治报告指引》（多次修订）《上市规则》	1. 要求把上市公司的"环境"和"社会责任"相关内容作为"一般披露"事项 2. 所有申请在港交所上市的公司应遵循"不遵守就解释"的披露规则 3. 对董事会的 ESG 监管、决策做出了强制披露的要求

资料来源：欧盟委员会、香港交易及结算所有限公司官方网站。

2. 日本：仅在公司治理层面对企业 ESG 信息做出强制披露的要求

在新修订的《公司治理守则》中，东京证券交易所要求公司按照"不遵守就解释"的原则对公司治理情况进行强制披露，但对于其他 ESG 信息

仍采用原则性倡议，且以自愿参与和遵守为主。此外，《日本公司治理守则》《协作价值创造指南》《ESG 披露实用手册》等文件陆续出台。

3. 美国：ESG 政策主要由市场驱动，仍以自愿披露为主

与欧亚 ESG"政策法规先行"的做法有所不同，美国在联邦政府层面较少有主动性作为，对 ESG 的监管政策受市场驱动，市场自发的驱动力对 ESG 发展起到决定性作用。对于信息披露的要求大多遵循自愿原则，不存在"不遵守就解释"的规定。在 ESG 信息披露要求方面，纳斯达克、纽交所均不强制要求上市公司披露 ESG 信息，本着自愿原则鼓励企业在衡量成本和收益时考虑 ESG，如按照《ESG 报告指南》《ESG 报告指南 2.0》进行考虑。

4. 中国内地：目前暂未强制要求所有上市公司披露 ESG 信息，但近年呈现监管趋严的态势

国内对于 ESG 信息披露仍以单维度披露要求为主，目前，我国已经形成完善的环境信息半强制披露法规和针对上市公司、中央企业的半强制社会责任披露规则，但是成文的 ESG 信息披露规则尚未发布。

总的来说，全球主要成熟市场（欧洲、美国、英国、日本、中国香港）的 ESG 投资监管模式虽有差异，但在对 ESG 信息披露方面均给予极大的重视。无论是强制披露还是自愿披露，五个市场的交易所均构建了完整的 ESG 信息披露体系及制定了完整的 ESG 信息披露指南以帮助上市公司编制 ESG 报告。

（三）北京市 ESG 投资监管

当前，北京市 ESG 投资监管呈现如下特点：第一，政策主要集中于环境维度，集中表现为促进绿色金融发展；第二，深入融合至"两区"建设①之中。

第一，北京市 ESG 投资监管政策主要集中于环境维度，集中表现为促进绿色金融发展。这与国家层面的 ESG 投资监管特征一致，即环境、社会与治理三个维度的发展不平衡，环境维度的政策文件较多，而社会与治理维

---

① "两区"建设，即建设国家服务业扩大开放综合示范区、中国（北京）自由贸易试验区，这是中央批复支持北京的两项重大政策。

度的规定较少。

中央以及北京市对于环境维度的监管可能源于如下几个方面。首先，中国开始在环境治理方面进行研究的时间较早，加之近年来国际社会对于气候变化问题的重视，促使对环境维度的监管发展；其次，根据孙忠娟等（2023），社会维度在中国的内涵更为丰富，共同富裕框架下的"社会责任"比西方利益相关者框架下的"社会责任"更复杂；最后，根据黄世忠（2021），与通常意义上的公司治理不同，ESG 议题下的"治理"要求将环境议题和社会议题纳入治理体系、治理机制和治理决策，"治理"方面的监管难度提升。

由表 8 可知，近年来，北京市绿色金融政策重点关注绿色生态圈构建，以及开始强调绿色金融发展安全。首先，在绿色生态圈建设上，从整体上提出打造国家绿色发展示范区，展现出政府对于北京绿色发展生态建设的重视；其次，在产品市场方面，强调落实减排交易，促进绿色金融产品供给和评级机构发展；最后，除了鼓励发展绿色金融以外，北京市人民政府强调绿色金融体系要以安全为底线。

表 8　北京绿色金融发展的政策文件及 ESG 相关内容

发布时间	政策文件	ESG 相关内容
2021 年 8 月	《关于支持北京城市副中心高质量发展的意见》	打造国家绿色发展示范区
2021 年 9 月	《关于金融支持北京绿色低碳高质量发展的意见》	要求金融支持绿色低碳高质量发展
2022 年 3 月	《中国(北京)自由贸易试验区条例》	支持自愿减排交易机构建设 开展绿色金融产品服务 支持绿色金融评级机构发展
2022 年 8 月	《"两区"建设绿色金融改革开放发展行动方案》	将绿色金融发展与北京"两区"建设紧密结合 强调绿色金融体系以安全为底线

资料来源：北京市人民政府官方网站。

第二，"两区"建设体现 ESG 理念，是推动北京市 ESG 投资发展的重要举措。如表 9 所示，综合示范区中的一部分政策举措直接涉及环境、社会责任和公司治理领域。此外，在中国（北京）自贸区建设中，国际商务区直接设立全球 ESG 投融资研究中心，多个项目的建设涉及 ESG 发展相关领域。

表 9　综合示范区建设与北京市 ESG 投资发展

建设举措	建设内容	推动北京 ESG 投资发展情况
推动重点领域深化改革、扩大开放	金融、科技服务、数字经济和贸易、互联网信息、文化旅游、教育、健康医疗、专业服务、航空服务	促进 ESG 相关实业发展，ESG 可投资公司增多
推动重点园区示范发展	"三城一区"、大兴国际机场临空经济区特定区域、金融街、国家级金融科技示范区、丽泽金融商务区、国家文化与金融合作示范区、国家文化产业创新实验区、通州文化旅游区	提升金融科技水平，有利于建设优化 ESG 投资发展的基础设施、优化 ESG 投资策略
形成与国际规则接轨的制度创新体系	跨境服务贸易负面清单、投资贸易自由化便利化、完善财税支持政策、提升监管与服务水平、强化知识产权保护与应用、推动产业链供应链协同发展等，努力构建与国际接轨的制度创新体系	有利于推动形成兼具中国特色的、与国际接轨的 ESG 信息披露与评级规则
优化服务业开放发展的要素供给	跨境资金流动便利、数据跨境安全有序流动、人员从业便利、土地支持和技术保障	促进 ESG 投资发展中的资金、人才、技术流动

资料来源：北京市人民政府官方网站。

（四）国内城市的 ESG 投资监管比较

接下来对北京、上海与深圳在 ESG 信息披露、ESG 评价标准与 ESG 资金引导方面的政策进行对比分析。

1. ESG 信息披露

三地的 ESG 信息披露要求均主要表现为证券交易所对上市公司的信息披露要求涉及相关 ESG 信息，但仍以自愿披露为主。具体而言，三地的 ESG 信息披露要求主要是通过北京证券交易所、上海证券交易所及深圳证券交易所的上市公司信息披露文件中的部分内容体现的。上市公司在信息披露中不仅涉及财务信息，而且以加分事项引导，这需要重视披露环境、社会责任与公司治理等非财务信息。

在证交所上市公司 ESG 信息披露要求方面，上交所、深交所出台的相关文件较多，北交所出台的文件较少。如表 10 所示，自 2006 年以来，深交所、上交所均陆续出台上市公司相关文件，这些文件在不同程度上对上市公司的环境或社会责任信息做出了披露要求。其中，上交所发布的《上海证券交易所股票上市规则（2022 年 1 月修订）》将履行社会责任的披露情况纳入上市公司信息披露工作考核内容，并作为加分事项。另外，《深圳证券交易所上市公司自律监管指引第 1 号——主板上市公司规范运作》要求头部企业提供国证 ESG 评级结果。

表 10 上交所、深交所相关 ESG 信息披露文件

机构	文件
上交所	《上海证券交易所上市公司环境信息披露指引》 《上海证券交易所科创板股票上市规则（2019 年 4 月修订）》 《上海证券交易所股票上市规则（2022 年 1 月修订）》 《上海证券交易所上市公司自律监管指引第 1 号——规范运作》
深交所	《深圳证券交易所上市公司社会责任指引》 《深圳证券交易所创业板上市公司规范运作指引》 《深圳证券交易所主板上市公司规范运作指引》 《深圳证券交易所中小企业上市公司规范运作指引》 《深圳证券交易所上市公司信息披露工作考核办法（2020 年修订）》 《深圳证券交易所上市公司自律监管指引第 1 号——主板上市公司规范运作》

资料来源：上海证券交易所、深圳证券交易所官方网站。

北交所在 ESG 信息披露要求上的滞后，可能来自北交所与上交所、深交所在定位和发展时间上的客观差异。首先，相比全国性和综合性的上交所与深交所，北交所针对新三板市场，面向企业基本为中小型企业；其次，ESG 具有成本和风险，中小企业进行 ESG 信息披露、提升 ESG 表现和发展

ESG 投资的激励不足；最后，北交所成立时间较晚，2021 年 9 月至今的发展时间较短。这些原因都造成北交所相对上交所和深交所在对上市公司 ESG 信息披露要求上滞后。

其实，这种滞后对在北交所上市的中小企业有一定程度的保护作用。首先，我国中小企业众多，相比大型企业，中小企业本身面临融资能力不足、市场占据有限、人才获取不足等问题，其主营业务面临较大挑战。其次，上市央企的 ESG 投资监管政策（如表 11 所示）相对其他企业的 ESG 投资监管政策具有高要求，表明了 ESG 投资监管发展的潜在逻辑：先让大型企业尤其是央企，在（广义）ESG 投资（包括信息披露、评级表现、狭义投资）方面做出表率，进而逐渐摸索出对中小企业 ESG 投资监管的合理模式。最后，大中小企业应实现经济利益与外部责任的合理平衡。

表 11　上市央企的 ESG 投资监管政策

时间	文件	要求
2021 年 9 月	《中央企业上市公司 ESG 蓝皮书》	公布"央企 ESG·先锋 50 指数"，为国务院国资委统筹推动央企上市公司 ESG 工作提供重要参考。
2022 年 5 月	《提高央企控股上市公司质量工作方案》	要求央企贯彻落实新发展理念，探索建立健全 ESG 体系；推动更多央企控股上市公司披露 ESG 专项报告，力争到 2023 年，实现相关专项报告披露"全覆盖"
2022 年 8 月	《中央企业节约能源与生态环境保护监督管理办法》	明确要"一企一策"，制定碳达峰行动方案

资料来源：根据政府官方网站资料整理。

2. ESG 评价标准

三地并未强制要求使用统一的 ESG 评价标准体系，但均努力推动 ESG 评价标准体系完善。相比之下，上海、深圳已推出具有广泛影响力的 ESG 评级产品。

上海数据交易所上市多家 ESG 数据库，上海华证指数公司推出的华证 ESG 评级得到广泛应用。近年来，国内多个 ESG 领域的数据产品在上海数据交易所挂牌，如妙盈 ESG 评级、盟浪 FIN-ESG 数据库等，对国内 ESG 数

据的开发与应用具有推动作用。此外，上海华证指数公司推出的华证 ESG
九档评级结果得到学界和业界的广泛应用，不少研究将其作为上市公司 ESG
表现的代理指标。

深交所下属的深圳证券信息有限公司推出国证 ESG 评价方法，并基于
该评价方法编制一系列 ESG 指数。深交所推出 ESG 指数，包括深证成指
ESG 基准指数、深证 100ESG 基准指数、创业板指 ESG 基准指数、深证成指
ESG 领先指数、深证 100ESG 领先指数和创业板指 ESG 领先指数。

3. ESG 资金引导

三地均在符合 ESG 发展的领域进行一定程度的财税政策引导。对于企
业而言，ESG 实践在短期内具有高投入、高风险、不确定性的特点，存在
市场失灵的可能性，财税政策则是矫正市场失灵、促进 ESG 投资发展的重
要手段。

例如，北京印发《北京市关于鼓励汽车更新换代消费的方案》，鼓励
用本市乘用车置换新能源小客车，符合条件的车主可获得 8000 元或
10000 元补贴；上海对消费者购买绿色智能家电等个人消费给予支付额
10%、最高 1000 元的一次性补贴；深圳福田区出台防疫惠企政策《深圳
市福田区稳企惠民纾困"十条"政策》，有针对性地在城中村租户与商户
纾困、生产经营、防疫消杀服务、金融信贷、心理关爱等方面对企业、个
人予以支持。

六　结论

根据已有研究，可将 ESG 投资概念分为狭义 ESG 投资和广义 ESG 投资
两类。广义 ESG 投资即 ESG 实践，包含 ESG 信息披露、ESG 评级及（狭
义）ESG 投资三个方面。本报告以广义 ESG 投资为基础，对北京市 ESG 投
资进行分析。

在北京市 ESG 投资发展现状上，国有企业及高市值公司的头部效应明
显，环境维度先行，不同行业间存在客观差距。第一，头部效应明显，国有

企业及高市值公司在 ESG 信息披露和评级表现中遥遥领先。第二，环境维度先行，ESG 债券市场中绿色债券的发行规模巨大，尤其是碳中和债券。第三，针对不同的行业特性，一方面，出台具备中国特色且具有不同行业适用性的披露标准以指导不同行业的公司进行更具可行性的详细披露；另一方面，缩小不同行业间的 ESG 表现差距，进行产业升级以实现高质量发展。

在北京市 ESG 投资监管上，政策以环境维度为主，与"两区"建设高度融合，北交所相对于上交所、深交所在信息披露要求上滞后。首先，北京市 ESG 投资监管政策偏重于环境维度，与国家层面的特征一致。其次，北京市"两区"建设体现 ESG 理念，能够为北京市 ESG 投资发展提供良好的生态圈。最后，在对北京市、上海市与深圳市 ESG 投资监管的比较中发现，北交所相对于上交所、深交所在 ESG 信息披露要求上滞后。这种滞后主要源于北交所服务中小企业的特殊定位。

基于对北京市 ESG 投资现状与监管情况的分析，本报告结合北京市 ESG 投资发展的相对优势，分别针对监管机构、行业协会与团体组织及企业提出发展建议。具体建议如下。

（一）监管机构

构建分层次、有顺序、实质性的 ESG 投资监管框架。首先，对国有企业与民营企业、大型企业与中小企业提出不同强度的 ESG 投资监管要求，促使国有企业与大型企业承担更多的社会责任；其次，循序渐进地推进 ESG 监管政策部署，平衡好经济利益与正外部性之间的关系；最后，面对"漂绿"现象，探索进行 ESG 投资的实质性监管。

融入"两区"建设，推动 ESG 投资生态圈建设。当前，相比其他地方城市，北京市拥有独特的"两区"建设规划并且"两区"建设蕴含着深刻的 ESG 理念。考虑将北京市 ESG 投资发展融入"两区"建设更宏大的生态中，构建合理高效的北京市 ESG 监管制度。

发挥雄厚科技优势，加快 ESG 基础设施建设。具体而言，可以从以下几个方面考虑：第一，提升披露数据质量、协调政府公开 ESG 相关信息；

第二，为 ESG 指标设定统一的数据规范；第三，提升国内 ESG 评级机构的国际影响力。

发挥政策性资金作用，市场化引导 ESG 投资方向。学习日本、英国等国家的 ESG 发展经验，引导以主权基金和养老金为代表的长期资金在投资决策中纳入 ESG 原则，有效提升 ESG 投资在市场内的占比，加快 ESG 理念传播的速度。

（二）行业协会与团体组织

主动参与 ESG 行业标准的研讨与制定。ESG 披露标准与评价标准在极大程度上与披露信息和被评企业的业务特点有关。换言之，不同行业适用的 ESG 披露标准和评价体系不尽相同。因此，熟知自身行业特点的行业协会与团体组织应积极参与政府部门、专家学者、评级机构的标准研讨，推动符合自身行业特点的 ESG 标准出台。

积极宣传 ESG 投资理念，促使企业进行 ESG 管理与披露。从现有上市公司公布的 ESG 报告来看，大部分公司侧重披露与 ESG 相关的管理政策，较少披露执行方法和具体举措，反映执行效果的数据更为有限。将政策转变为具体举措，将认知更多、更充分地转变为行动，尚需时日。此时，行业协会与团体组织可充分发挥其影响力，促进 ESG 理念传播，加深企业与投资机构对 ESG 理念的认识。

（三）企业

积极履行可持续发展责任，详尽依规披露 ESG 信息。企业应认识到 ESG 发展具有长远收益，应顺应 ESG 发展趋势。在关心财务表现的同时，企业应更好地肩负起环境、社会和治理责任，依据监管要求详尽披露 ESG 表现。此外，在当前对 ESG 专项报告无强制要求的监管情形下，企业可积极尝试出具 ESG 专项报告。

借鉴行业龙头的经验，切实提升 ESG 表现。企业对于 ESG 理念的实践，不应仅停留于编撰报告上。仅仅停留在提升报告中的"ESG 表现"上极容易误导企业走上"漂绿"歧途。因此，企业应主动借鉴行业龙头的经验，参考咨询公司的建议，接受投资机构的投后管理，将 ESG 表现落在实处，真正提升自身的 ESG 表现水平。

参考文献

方先明、胡丁：《企业 ESG 表现与创新——来自 A 股上市公司的证据》，《经济研究》2023 年第 2 期。

龚浩川：《论国有企业的人民性目标及其治理机制》，《当代法学》2023 年第 3 期。

黄世忠：《支撑 ESG 的三大理论支柱》，《财会月刊》2021 年第 19 期。

李小荣、徐腾冲：《环境-社会责任-公司治理研究进展》，《经济学动态》2022 年第 8 期。

凌爱凡、黄昕睿、谢林利、杨晓光：《突发性事件冲击下 ESG 投资对基金绩效的影响：理论与实证》，《系统工程理论与实践》2023 年第 5 期。

刘均伟、周箫潇、王汉锋：《ESG 投资系列（5）：ESG 监管：因地制宜、殊途同归》，中金公司研究报告，2021。

刘均伟、周子彭、王汉锋：《中金 ESG 手册（1）：ESG 的边界和影响》，中金公司研究报告，2022。

娄洪武、黄蕾：《基于 GIS 技术的中国上市公司总部空间格局分析》，《科技创新与应用》2022 年第 23 期。

吕锡强、陈素清：《企业目标变化的历史轨迹及其动因的分析》，《商场现代化》2005 年第 12Z 期。

宋科、徐蕾、李振、王芳：《ESG 投资能够促进银行创造流动性吗？——兼论经济政策不确定性的调节效应》，《金融研究》2022 年第 2 期。

孙忠娟、郁竹、路雨桐：《中国 ESG 信息披露标准发展现状、问题与建议》，《财会通讯》2023 年第 8 期。

王娜：《本土企业总部的区位特征研究》，《中国证券期货》2012 年第 8 期。

王晓楠、刘蕾、张佳、王健生：《大数据时代下幂律分布在医学领域中的应用价值》，《医学争鸣》2020 年第 2 期。

魏延鹏、毛志宏、王浩宇：《国有资本参股对民营企业 ESG 表现的影响研究》，《管理学报》2023 年第 7 期。

席龙胜、赵辉：《企业 ESG 表现影响盈余持续性的作用机理和数据检验》，《管理评论》2022 年第 9 期。

谢红军、吕雪:《负责任的国际投资:ESG 与中国 OFDI》,《经济研究》2022 年第3 期。

许荣华、胡仁杰、綦方中、马庆国:《基于幂律特性的企业用电量网络构建与中心企业分析》,《复杂系统与复杂性科学》2021 年第 1 期。

薛健、吴国蔚:《进出口贸易对长三角地区产业产出影响幂率分布的实证研究》,《统计与决策》2010 年第 9 期。

俞立平、李磊:《期刊影响力指标的幂律分布特征与差异研究》,《情报杂志》2015 年第 3 期。

张胜荣:《人本主义企业体制理论》,《经济学动态》1994 年第 10 期。

郑裕耕、方微、吴俣霖:《ESG 债券的价格特征及商业银行相关业务建议》,《债券》2022 年第 6 期。

Reed W. J., "The Pareto, Zipf and Other Power Laws," *Economics Letters*, Vol. 74, Issue 1, 2001.

Abstract

Based on the accurate understanding of the development direction and path of ESG investment in the context of China, the "China ESG Investment Development Application 2023" summarizes and summarizes the characteristics and trends of ESG investment in China in recent years. According to the structure of the general report, industry section, thematic section, and regional section, it studies six ESG investment hotspots, including the finance industry, oil and gas industry, and power industry, and summarizes their development status and future trends, Special topics were introduced on ESG investment in the context of climate risk, the impact of ESG management on enterprise competitiveness, and the ESG rating system. The current development status and regulatory policies of ESG investment in Beijing were specifically analyzed, providing think tank support for promoting the development of ESG investment concepts and practices in China.

This report points out that ESG investment is a strategic starting point for exploring the path of Chinese path to modernization and achieving high-quality economic development. Against the backdrop of the significant challengeof climate change faced by humanity and China's implementation of carbon neutrality and carbon peaking strategies, the ESG investment concept is gradually accelerating its popularity in China, becoming a focus of attention in academia, policy circles, as well as the financial and energy industries. In the past five years, China has been continuously advancing policy exploration and practical innovation related to ESG. As of 2022, 99 asset management institutions in mainland China have joined the United Nations Organization for Responsible Investment Principles (UNPRI), with 28.5% of A-share listed companies issuing ESG related reports, an increase of 4.2% compared to 2021; The People's Bank of China, China Securities

Regulatory Commission and other policy entities have successively issued policies demanding the establishment and improvement of ESG information disclosure policies, and the standardization of ESG investment behavior. Under the background of the vigorous development of ESG investment, it is of great significance to explore the impact of ESG investment on relevant industries, enterprises and places, as well as the problems and challenges it faces, in order to deal with climate risks and achieve Chinese path to modernization. Promote joint transformation of multiple industries through ESG investment; Assist enterprises in enhancing total factor productivity; Guiding local authorities to improve the ESG regulatory policy system represents the direction of efforts for high-quality development of China's economy in the future.

However, the construction of China's ESG system is still in its early stages, and it is crucial to grasp the development path of ESG investment. At present, China is facing the important challenge of how the investment concept innovation originated from the financial field can effectively promote the transformation and upgrading of the real economy, especially how to help enterprises in various industries truly transform their investment and operation methods. In the future, by scientifically grasping the characteristics of ESG investment and focusing on the inherent requirements of high-quality economic development, China will steadily build a sound ESG policy system that will strongly promote Chinese-style modernization, and make ESG investment seek the best sustainable development path from the reality of China's economy, industries, enterprises, and even the local.

The report suggests that in the future, we should embark on a path of ESG investment development with Chinese characteristics and avoid the risk of ESG traps. Firstly, in order to address climate change risks, it is necessary to strengthen the functions of ESG investment in risk assessment, risk management, and other aspects; Secondly, it is necessary to strengthen the close connection between the construction of ESG policy system and industrial reality, potential, and trends to promote the upgrading of industrial structure; Once again, pay attention to the differences in the regions, industries, and nature of ESG investment policies; Finally, local governments should incorporate ESG investment into the local development regime policy system through Policy Innovations, and help improve the ESG investment supervision system.

Keywords: ESG Investment; Green Finance; Industry Transformation; High-quality Development; Risk Management

Contents

I　General Report

Abstract: ESG investment is the strategic focus to promote Chinese path to modernization. This report introduces the basic connotation of ESG investment, explains how to accurately understand ESG investment in the Chinese context, and comprehensively presents the ESG investment landscape in China from the perspectives of climate risk management, industry, enterprise, and local perspectives. This report believes that China needs to strengthen the functions of ESG investment in risk assessment, risk management, and other aspects; It is necessary to strengthen the close connection between the construction of ESG policy system and industry reality, potential, and trends; Attention needs to be paid to the differences in regions, industries, and nature of ESG investment policies; Local governments should incorporate ESG investment into the political system of local development through Policy Innovations, and help improve the ESG investment supervision system.

Keywords: ESG Investment; Climate Change Risks; Industrial Transformation; Enterprise Production Efficiency; Local Development

Ⅱ Industrial Reports

B.2 ESG Investment Development Report on the Financial Industry

Research Team / 022

Abstract: We analyze the environmental, social and governance (ESG) practices of various financial institutions, and the role of financial institutions in ESG integration, ESG investment, and ESG promotion. We emphasize how financial institutions make ESG investments and how they leverage their unique functions to promote ESG integration and development in financial markets. ESG practices-banks: Robust growth in green loans; increasing focus on climate risk management. ESG practices-insurance companies: Formation of ESG-related insurance product portfolio. ESG practices-securities firms: Leveraging multiple business lines to guide ESG investment. ESG investing in bond assets: Fixed income investment methods which incorporate ESG factors consist of integration, screening, and thematic investing. Under the guidance of China's ecological civilization construction goal, China's green bond market has undergone three stages: Category expansion, system improvement, and system unification and re-regulation. Furthermore, private equity and alternatives are also important trends of ESG investment practices.

Keywords: ESG Investment; ESG Integration; Green Bonds; "GSS+" Bonds

B.3 ESG Investment Development on the

Oil and Gas Industry *Wang Zhen, Xing Yue* / 075

Abstract: In recent years, ESG concept has profoundly changed development environment of the oil and gas industry. Firstly, ESG investment guides funds to green industries, improving financing constraints of high carbon projects. Secondly, ESG consumption concept drives market preference towards green products,

promoting low-carbon transformation of petroleum enterprises. Thirdly, ESG regulatory policies increase compliance risks and operating costs. Fourthly, ESG incentive mechanism helps to realize the goal of "carbon neutrality" in oil and gas industry. ESG practice of oil and gas industry is being deepened continuously for facing challenges and opportunities. Oil and gas industry is racing to promote energy transition, undertake social responsibility, improve corporate governance and follow ESG information disclosure standards. Looking forward, oil and gas industry should proactively adapt to the changing environment and timely adjust company development strategy, including implementing the low-carbon development strategy, utilizing green finance policies and products, considering ESG factors in the investment decision process, establishing the well-structured and scientific ESG management system, enhancing the quality of ESG information disclosure.

Keywords: Oil and Gas Industry; Energy Transition; Green Finance; ESG Investment

B.4 ESG Investment Development Report on the Energy and Power Industry

Ma Li, Song Haiyun, Feng Xinxin and Xiao Hanxiong / 111

Abstract: From the perspective of ESG investment in the power industry, the proportion of A-share power companies disclosing environmental, social, and governance information exceeds 60%, and is increasing year by year. The international standards used by most A-share power enterprises are the United Nations Sustainable Development Goals (SDGs) and GRI standards. It can be seen that although there are significant differences in the rating standards of each rating agency, the proportion of power companies that receive the highest rating is relatively small. Foreign energy and power enterprises such as BP, E. ON, Enel, and Iberdrola have accumulated rich experience in ESG practice. The ESG practice of domestic energy and power companies is still in its early stages, and some A-share listed companies have conducted beneficial explorations. From the perspective of ESG investment trends in the power industry, firstly, the power industry is accelerating its transformation, continuously promoting the optimization and adjustment of power structure, and continuously increasing the proportion of clean energy; Secondly, the power industry generally regards ESG investment as an important tool to promote industry transformation; The third is that the power industry regards "greenhouse gas emissions" and "green technologies, products and services" as important ESG issues, which have had a related impact on enterprises.

Keywords: Energy and Power Industry; ESG Investment; ESG Governance

B.5　ESG Investment Development Report on the

Electric Vehicle Industry

Yin Gefei, Deng Wenjie, Jia Li, Hu Yanan and Duan Liling / 122

Abstract: This report studies the basic ESG situation, ESG requirements, and ESG performance of listed companies in the electric vehicle industry, and conducts a quantitative analysis of the ESG value of listed companies in the electric vehicle industry. The results showed that the electric vehicle industry has broad development prospects and is favored by the capital market; The ESG performance of listed electric vehicle companies is positively correlated with investment returns. Companies with more comprehensive ESG governance, more environmentally friendly impacts, and more prominent contributions to society are more likely to receive attention from the capital market, and investors will receive more substantial investment returns. It is recommended that regulatory agencies, enterprises, asset management institutions, investment institutions, rating agencies, index agencies, etc. jointly promote the quality and efficiency of information disclosure, improve ESG management capabilities, and build a distinctive valuation system, with systematic improvement from top to bottom.

Keywords：Electric Vehicles； Listed Companies； ESG Investment；
Quantitative Analysis of ESG Value

B.6 ESG Investment Development Report on the Manufacturing Industry

Li Na, Ye Guoxing, Li Zhefeng and Zhang Lina / 154

Abstract：This report analyzes ESG policies, information disclosure, ratings, and ESG development problems in the manufacturing industry based on both theoretical and empirical aspects. It selects a sample of manufacturing companies publicly listed on the A-share market in China's Shanghai and Shenzhen stock markets from 2009 to 2022 as the research object, supplements the data through interpolation methods, and replaces adjacent values. Finally, 14,993 unbalanced panel data research samples are obtained. The research finds that：（1）ESG performance of manufacturing enterprises has a significant promotion effect on corporate financial performance, and this effect is more significant in the eastern region than in the central and western regions；（2）In manufacturing, better social and governance performance can help improve corporate financial performance, while better environmental performance may have a significant negative impact on financial performance；（3）The nature of property rights plays a negative moderating role in the relationship between manufacturing corporate ESG performance and corporate financial performance. State-owned enterprises have weakened the promotion effect of manufacturing enterprises' ESG performance on corporate financial performance, while non-state-owned enterprises are more able to play a positive role in manufacturing companies' ESG performance on corporate financial performance；（4）Manufacturing companies' ESG performance can directly improve corporate financial performance, and can improve corporate financial performance through the intermediary mechanism of improving corporate reputation. This report systematically examines the environmental contribution, social responsibility and corporate governance of the manufacturing industry, and puts forward countermeasures and suggestions for ESG investment in the manufacturing industry, which meets the strategic requirements of the high-quality development of manufacturing companies themselves and the overall economy.

Keywords: Manufacturing Industry; Green Transformation; ESG Investment; ESG Performance; Financial Performance

B.7　ESG Investment Development Report on the

Abstract: Starting with the definition and concept of blue carbon, this paper analyzes the significance of carbon sinks and the current national and local support policies and practical experience for carrying out blue carbon emission trading. It studies three major areas, namely, the implementation of carbon neutrality through blue carbon emission trading to help enterprises ESG, the use of blue carbon in the process of participation in green financing enterprise identification, and the implementation of ESG concepts by blue carbon financial institutions, and deeply explores the internal relationship and integrated development of blue carbon and ESG investment.

Keywords: Blue Carbon; Green Financing Enterprises; Blue Carbon Industry

Ⅲ　Special Topics Reports

B.8　ESG Investment Analysis in the Context of Climate Risk

Abstract: This report systematically introduces the definition and various scenarios of climate risk, discusses ESG investment in response to climate change,

and evaluates the quality and performance of climate-related financial disclosure of China's A-share and Hong Kong's H-share listed mainland companies, with the ESG and TCFD reports issued by more than 5, 000 domestic listed mainland companies as samples, for the year 2022. The research finds that: 1) climate-related financial disclosures of Chinese companies are still in their infancy, but not significantly lagging behind; 2) capital market sector companies have a pioneering power in climate-related financial disclosures; and 3) climate-related strategic and risk information disclosures and mechanism development of Chinese listed companies need to be enhanced. In this paper, the research on climate-related disclosures also introduces the cases of climate risk assessment, stress testing in the banking industry, and related assessment tools, which provides a theoretical framework and practical reference for enterprises and financial institutions to improve the ESG investment system under climate risk.

Keywords: ESG Investment; Climate-related Risk; Climate Stress-testing; Climate Scenario Analysis; Task Force of Climate-related Financial Disclosure

B . 9　Research on the Impact of ESG Management on

　　　　Enterprise Competitiveness

Liu Zimin, Lv Fengxue, Cui Zhiwei and Wang Jianyu / 246

Abstract: In the era of carbon peak and carbon neutrality, achieving low-carbon and green development for enterprises not only helps to enhance their competitiveness, but also contributes to the high-quality development of China's economy. This report uses data from 1497 listed companies from 2012 to 2021 to explore the impact of ESG management on their competitiveness from both theoretical and empirical perspectives. Research has found that ESG management can significantly enhance the competitiveness of enterprises, which is more significant in the eastern region, heavily polluting industries, and non-state-owned enterprises; Mechanism analysis reveals that ESG management by enterprises mainly enhances their competitiveness by alleviating financing constraints and increasing green technology innovation. The quantity and quality of green technology innovation can play a positive promoting role; From a macro perspective, the development level and corresponding policies of green finance will have a significant impact on ESG management and corporate competitiveness. Regions with higher levels of green finance development have a significant promoting effect on both; From the comparison before and after the release of relevant policies, it can be seen that ESG management has a more significant promoting effect on the competitiveness of enterprises after the policy is released. This article not only enriches the research on ESG management and corporate competitiveness, but also provides theoretical support and empirical reference for the government to formulate and improve current green finance development policies and lead social investment decisions.

Keywords: ESG Management; Enterprise Competitiveness; Financing Constraints; Green Technology Innovation; Green Finance

B.10 Research on ESG Rating Systems and Analysis of Companies' ESG Performance

Gao Weitao, Li Zhanyu and Li Yue / 271

Abstract: As non-financial indicators for evaluating the performance of companies in environmental protection, fulfillment of social responsibility and corporate governance, ESG ratings have gained more attention of investors. ESG ratings are created to help the market quickly measure the ESG performance or value of companies, and to break down the information barriers between investors and the actual production or operations in companies. Conforming to current policy trends and regulatory requirements, ESG management is increasingly incorporated into the strategic planning of enterprises in China. This chapter is based on the CCXGF's ESG rating methodology and analyses Chinese listed

companies with the latest 2022 ESG ratings from CCXGF's ES-sense platform. It is found that Chinese listed companies need further improvement in ESG information disclosures and ESG ratings. Listed companies need to accurately identify their own deficiencies and develop their ESG management with industrywide features. They should as well establish effective communication to clarify material ESG concerns with internal and external stakeholders. Lastly, disclosing comprehensive and objective ESG information is truly valid. In addition, regulators at all levels, stock exchanges, ESG rating agencies, listed companies and enterprises with different ownership structures need to strengthen communication among each other. Thus, China-specific ESG rating system can be constructed sooner, and ESG can better spur high-quality development of China's economy over the period of "dual-carbon" goals.

Keywords: ESG Rating System; Chinese Listed Companies; ESG Rating Performance; ESG Rating Application

Ⅳ Regional Report

B.11 Analysis of ESG Investments in Beijing

Fang Yi, Lin Dian and Song Lu / 308

Abstract: ESG investment has become increasingly important globally in the context of negative events. This article compares and analyzes the current status and regulatory policies of ESG investment development in Beijing and other cities. The results show that there is significant differentiation in the head effect of state-owned enterprises and high-value companies in Beijing's ESG development level. The environmental dimension is developing rapidly compared to the social and governance dimensions, and there are objective gaps in ESG information disclosure and rating performance among different industries. In terms of policy regulation, Beijing's ESG investment policy is highly integrated with the "two zones" construction, with a focus on the environmental dimension. In addition, due to the special positioning of the Beijing Stock Exchange in serving small and medium-sized enterprises, it lags behind the Shanghai Stock Exchange and the Shenzhen Stock Exchange in information disclosure requirements. It is recommended that Beijing should build a hierarchical, sequential, and substantive ESG investment regulatory framework, fully rely on the advantages of the "two zones" construction and strong technological foundation, and learn from the market-oriented guidance measures for ESG investment of overseas pension funds and other policy-oriented funds, and work together with industry associations, group organizations, and companies to promote the development of ESG investment in Beijing.

Keywords: ESG Investments; Beijing; ESG Information Disclosure; ESG Rating

皮 书

智库成果出版与传播平台

❖ 皮书定义 ❖

皮书是对中国与世界发展状况和热点问题进行年度监测，以专业的角度、专家的视野和实证研究方法，针对某一领域或区域现状与发展态势展开分析和预测，具备前沿性、原创性、实证性、连续性、时效性等特点的公开出版物，由一系列权威研究报告组成。

❖ 皮书作者 ❖

皮书系列报告作者以国内外一流研究机构、知名高校等重点智库的研究人员为主，多为相关领域一流专家学者，他们的观点代表了当下学界对中国与世界的现实和未来最高水平的解读与分析。截至2022年底，皮书研创机构逾千家，报告作者累计超过10万人。

❖ 皮书荣誉 ❖

皮书作为中国社会科学院基础理论研究与应用对策研究融合发展的代表性成果，不仅是哲学社会科学工作者服务中国特色社会主义现代化建设的重要成果，更是助力中国特色新型智库建设、构建中国特色哲学社会科学"三大体系"的重要平台。皮书系列先后被列入"十二五""十三五""十四五"时期国家重点出版物出版专项规划项目；2013~2023年，重点皮书列入中国社会科学院国家哲学社会科学创新工程项目。

权威报告·连续出版·独家资源

皮书数据库
ANNUAL REPORT(YEARBOOK)
DATABASE

分析解读当下中国发展变迁的高端智库平台

所获荣誉

- 2020年，入选全国新闻出版深度融合发展创新案例
- 2019年，入选国家新闻出版署数字出版精品遴选推荐计划
- 2016年，入选"十三五"国家重点电子出版物出版规划骨干工程
- 2013年，荣获"中国出版政府奖·网络出版物奖"提名奖
- 连续多年荣获中国数字出版博览会"数字出版·优秀品牌"奖

皮书数据库

"社科数托邦"
微信公众号

成为用户

登录网址www.pishu.com.cn访问皮书数据库网站或下载皮书数据库APP，通过手机号码验证或邮箱验证即可成为皮书数据库用户。

用户福利

- 已注册用户购书后可免费获赠100元皮书数据库充值卡。刮开充值卡涂层获取充值密码，登录并进入"会员中心"—"在线充值"—"充值卡充值"，充值成功即可购买和查看数据库内容。
- 用户福利最终解释权归社会科学文献出版社所有。

数据库服务热线：400-008-6695
数据库服务QQ：2475522410
数据库服务邮箱：database@ssap.cn
图书销售热线：010-59367070/7028
图书服务QQ：1265056568
图书服务邮箱：duzhe@ssap.cn

社会科学文献出版社 皮书系列
SOCIAL SCIENCES ACADEMIC PRESS (CHINA)

卡号：393681249654
密码：

S 基本子库
SUB DATABASE

中国社会发展数据库（下设 12 个专题子库）

紧扣人口、政治、外交、法律、教育、医疗卫生、资源环境等 12 个社会发展领域的前沿和热点，全面整合专业著作、智库报告、学术资讯、调研数据等类型资源，帮助用户追踪中国社会发展动态、研究社会发展战略与政策、了解社会热点问题、分析社会发展趋势。

中国经济发展数据库（下设 12 专题子库）

内容涵盖宏观经济、产业经济、工业经济、农业经济、财政金融、房地产经济、城市经济、商业贸易等 12 个重点经济领域，为把握经济运行态势、洞察经济发展规律、研判经济发展趋势、进行经济调控决策提供参考和依据。

中国行业发展数据库（下设 17 个专题子库）

以中国国民经济行业分类为依据，覆盖金融业、旅游业、交通运输业、能源矿产业、制造业等 100 多个行业，跟踪分析国民经济相关行业市场运行状况和政策导向，汇集行业发展前沿资讯，为投资、从业及各种经济决策提供理论支撑和实践指导。

中国区域发展数据库（下设 4 个专题子库）

对中国特定区域内的经济、社会、文化等领域现状与发展情况进行深度分析和预测，涉及省级行政区、城市群、城市、农村等不同维度，研究层级至县及县以下行政区，为学者研究地方经济社会宏观态势、经验模式、发展案例提供支撑，为地方政府决策提供参考。

中国文化传媒数据库（下设 18 个专题子库）

内容覆盖文化产业、新闻传播、电影娱乐、文学艺术、群众文化、图书情报等 18 个重点研究领域，聚焦文化传媒领域发展前沿、热点话题、行业实践，服务用户的教学科研、文化投资、企业规划等需要。

世界经济与国际关系数据库（下设 6 个专题子库）

整合世界经济、国际政治、世界文化与科技、全球性问题、国际组织与国际法、区域研究 6 大领域研究成果，对世界经济形势、国际形势进行连续性深度分析，对年度热点问题进行专题解读，为研判全球发展趋势提供事实和数据支持。

法律声明

"皮书系列"（含蓝皮书、绿皮书、黄皮书）之品牌由社会科学文献出版社最早使用并持续至今，现已被中国图书行业所熟知。"皮书系列"的相关商标已在国家商标管理部门商标局注册，包括但不限于 LOGO（　）、皮书、Pishu、经济蓝皮书、社会蓝皮书等。"皮书系列"图书的注册商标专用权及封面设计、版式设计的著作权均为社会科学文献出版社所有。未经社会科学文献出版社书面授权许可，任何使用与"皮书系列"图书注册商标、封面设计、版式设计相同或者近似的文字、图形或其组合的行为均系侵权行为。

经作者授权，本书的专有出版权及信息网络传播权等为社会科学文献出版社享有。未经社会科学文献出版社书面授权许可，任何就本书内容的复制、发行或以数字形式进行网络传播的行为均系侵权行为。

社会科学文献出版社将通过法律途径追究上述侵权行为的法律责任，维护自身合法权益。

欢迎社会各界人士对侵犯社会科学文献出版社上述权利的侵权行为进行举报。电话：010-59367121，电子邮箱：fawubu@ssap.cn。

社会科学文献出版社